디딤돌 생화학

Step Biochemistry

노광수 · 유민 공저

정문각 JMK

머리말

현 시대의 생화학은 대단히 신속하고 무한적으로 발달하고 있으며 그 끝이 어디까지 인지 모르고 있다. 본 저자의 생화학은 생명과학과 연관된 학문영역에서 중추적인 역할을 하고 있기 때문에 평소에 생화학은 성경(Bible)과 같다는 지론을 가지고 있다.

자연과학 계열의 생물학과 화학, 응용 분야인 보건학, 의학, 약학, 간호학, 식품학 등의 광범위한 전공 분야의 학생들이 배우는 과목으로서 생화학을 모르면 인체 내에서 일어나는 모든 대사과정을 이해할 수 없을 정도로 중요도가 매우 높은 학문이라 할 수 있다.

생물체 내에 존재하는 모든 물질들과 이들의 대사는 생노병사와 관련된 운동, 건강, 질병, 노화 및 생명윤리 등과 밀접한 관계를 가지고 있다.

본 저서는 전체 14장으로 구성하였으며, 전반부는 단백질, 탄수화물, 지질, 핵산, 비타민의 인체 구성 물질로, 중반부는 구성 물질들의 대사과정으로, 후반부는 혈액, 요, 호르몬의 임상 및 생명윤리 등으로 군더더기 없이 구성하여 의료생화학이 추구하여야 할 방향으로 집필하였다. 본 내용 중 구체적 언급이 없으면 인체 내에서 일어나는 대사과정으로서, 사람 외 경우는 구체적으로 세균, 식물 등으로 명시하였다.

용어들은 학국생물과학협회에서 발간한 생물학 사전과 생물학 용어집을 참고하여 이해하기 쉽게 작성하였다.

본 저서가 출판된 후 교육 현장으로부터 격려와 함께 몇 가지 피드백을 받게 되었다. 특히 보다 쉽고 간략한 구성을 원하는 요구가 있었다. 우리는 이러한 요구를 적극 반영하여 개정판에서는 가능한 한 쉽게 해설하기 위해 노력하였으며, 꼭 필요한 내용 외에는 과감하게 삭제하거나 병합을 시도하였다. 한편 PCR 등 의료 관련 자료도 일부 추가하였다.

2021년 7월

대표저자 노 광 수

차 례

제 8 장 전자전달계와 산화적 인산화반응(Electron transport system & Oxidative phosphorylation) / 111

제 9 장 아미노산 대사(Amino acid metabolism) / 129

제 10 장 지질 대사(Lipid metabolism) / 155

제 11 장 핵산 대사(Nucleic acid metabolism) / 165

제 12 장 혈액과 요(Blood and Urine) / 179

제 13 장 호르몬(Hormone) / 199

제 14 장 생명공학과 생명윤리(Biotechnology & Bioethics) / 215

찾아보기 / 237

제 1 장

아미노산과 단백질

Amino acid & Protein

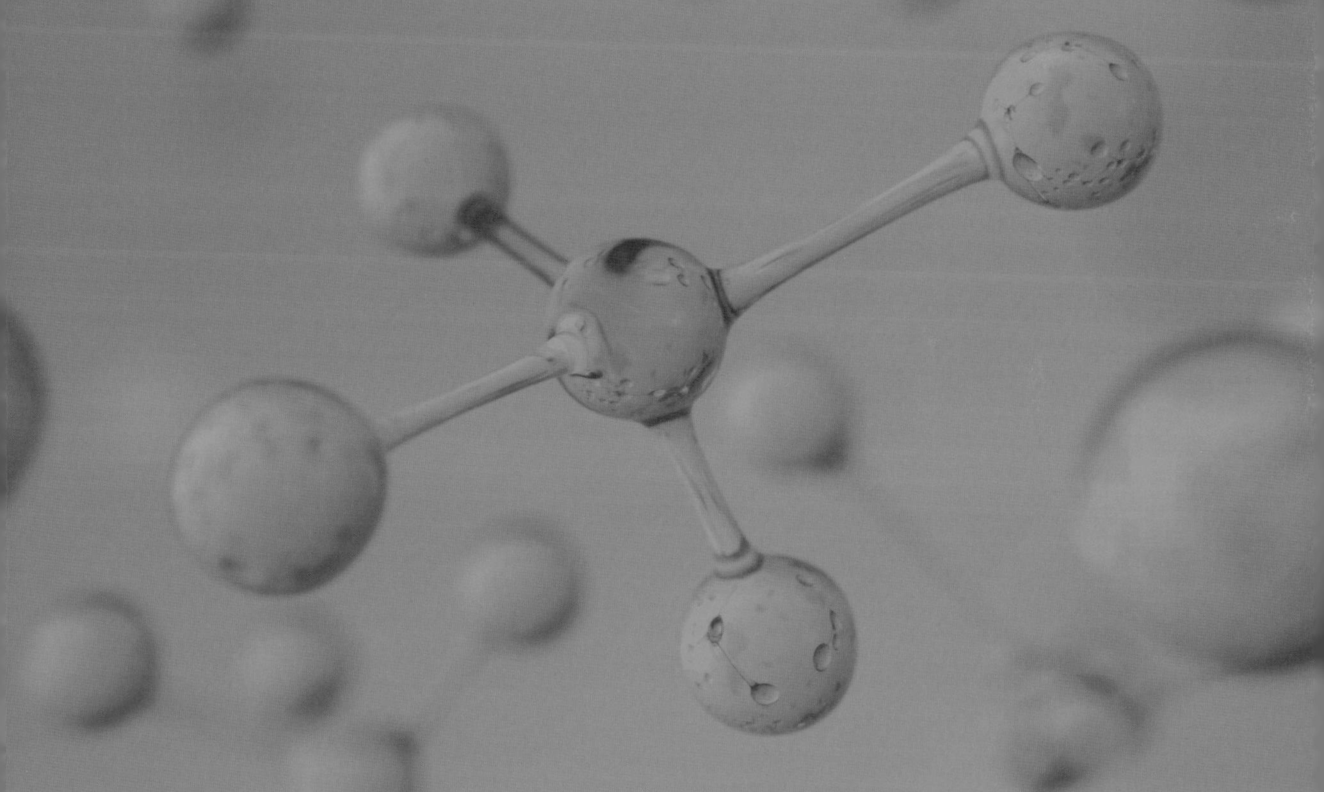

단백질(protein)은 C, H, O, N, S로 구성되어 있는 물질로서 생물체 내에서 가장 다양한 역할을 한다. 세포 내에서 촉매, 수축, 구조, 수송, 항체 그리고 조절 등의 생물학적인 기능을 지닌다. 단백질의 종류에 따라 크기, 형태, 전 하, 용해도 등의 물리적인 성질도 다양하다. 생물체에서 발견되는 단백질의 종류는 생물에 따라 다양하나 일반적으로 수천 또는 수만 개에 달하며, 단백질의 구성단위는 아미노산(amino acid)이다.

01 아미노산의 구조와 펩티드

아미노산(amino acid)은 α-탄소와 여기에 연결된 아미노기(amino group; $-NH_2$), 카르복실기(carboxyl group; $-COOH$), 수소 원자 및 곁사슬[(side chain; R(residual)기]로 구성되어 있다.

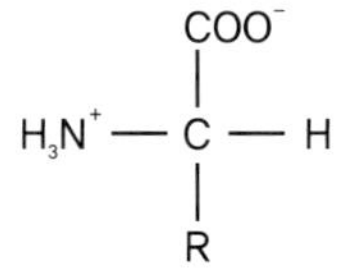

아미노산의 일반적인 구조

곁사슬에 따라 20종의 아미노산의 종류가 있으며 글리신(glycine)을 제외한 19종의 아미노산은 D형과 L형이 있다. 이는 α-탄소의 비대칭으로 인해 생기는 것으로 입체이성체(stereoisomer) 중 단백질에는 L-형의 아미노산들만 존재한다. 두 개의 입체이성체는 서로 겹쳐질 수가 없는 거울상의 관계이므로 이를 거울상이성체(enantisomer)라 한다(그림 1-1).

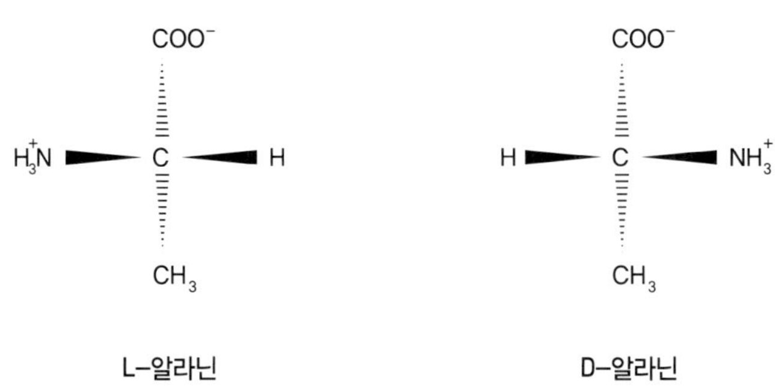

그림 1-1 • 알라닌의 입체이성체

유리상태의 아미노산은 중성 pH 용액에서 아미노기는 양전하를, 카르복실기는 음전하를 띠는 양성이온(zwitterion)의 형태로 존재한다. 이때의 순전하(net charge)는 0(zero)이 된다. 아미노산의 이온화는 pH에 따라 달라지는데, 산성용액 내에서는 아미노기가 양성자를 얻어서 이온화되며, pH가 높아지면 카르복실기가 양성자를 잃음으로 인해 이온화된다(그림 1-2).

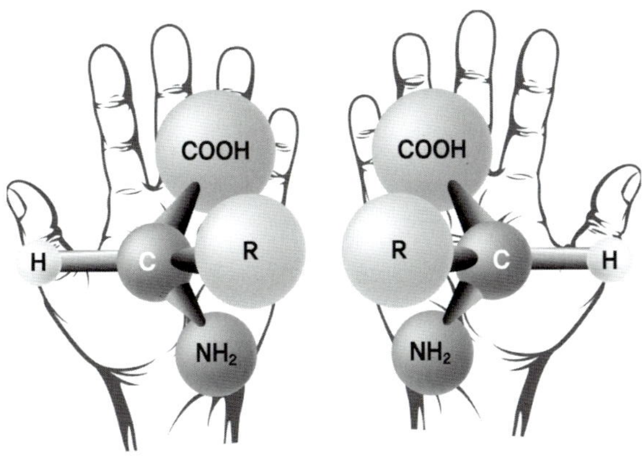

거울상이성체

20종 아미노산은 곁사슬의 성질에 따라 나눌 수가 있다. 아미노산을 분류하는 기준이 다양하지만, 비극성(nonpolar)의 소수성(hydrophobic) 아미노산군, 전기적으로 중성인 극성(polar) 아미노산군 및 친수성의 양전하를 띤 염기성 아미노산군과 음전하를 띤 산성 아미노산 군으로 대별하고자 한다(그림 1-3).

탄화수소(CH)로 구성된 소수성 아미노산에는 글리신(glycine), 알라닌(alanine), 발린(valine), 류신(leucine), 이소류신(isoleucine), 메티오닌(methionine), 프롤린(proline), 페닐알라닌(phenylalanine), 트립토판(tryptophan)이 있다. 글리신은 가장 간단한 구조로서 α-탄소에 수소

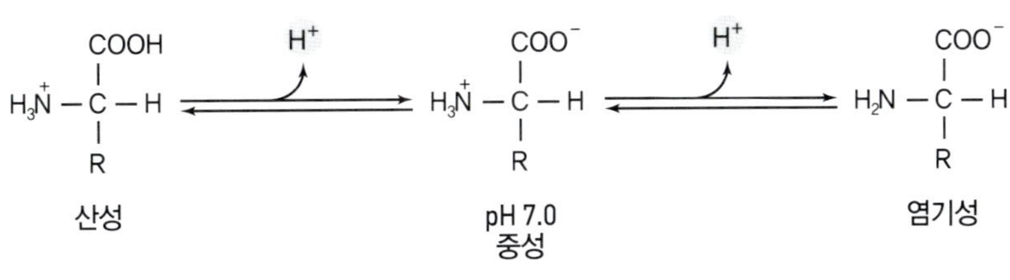

그림 1-2 • pH에 따른 아미노산의 이온화

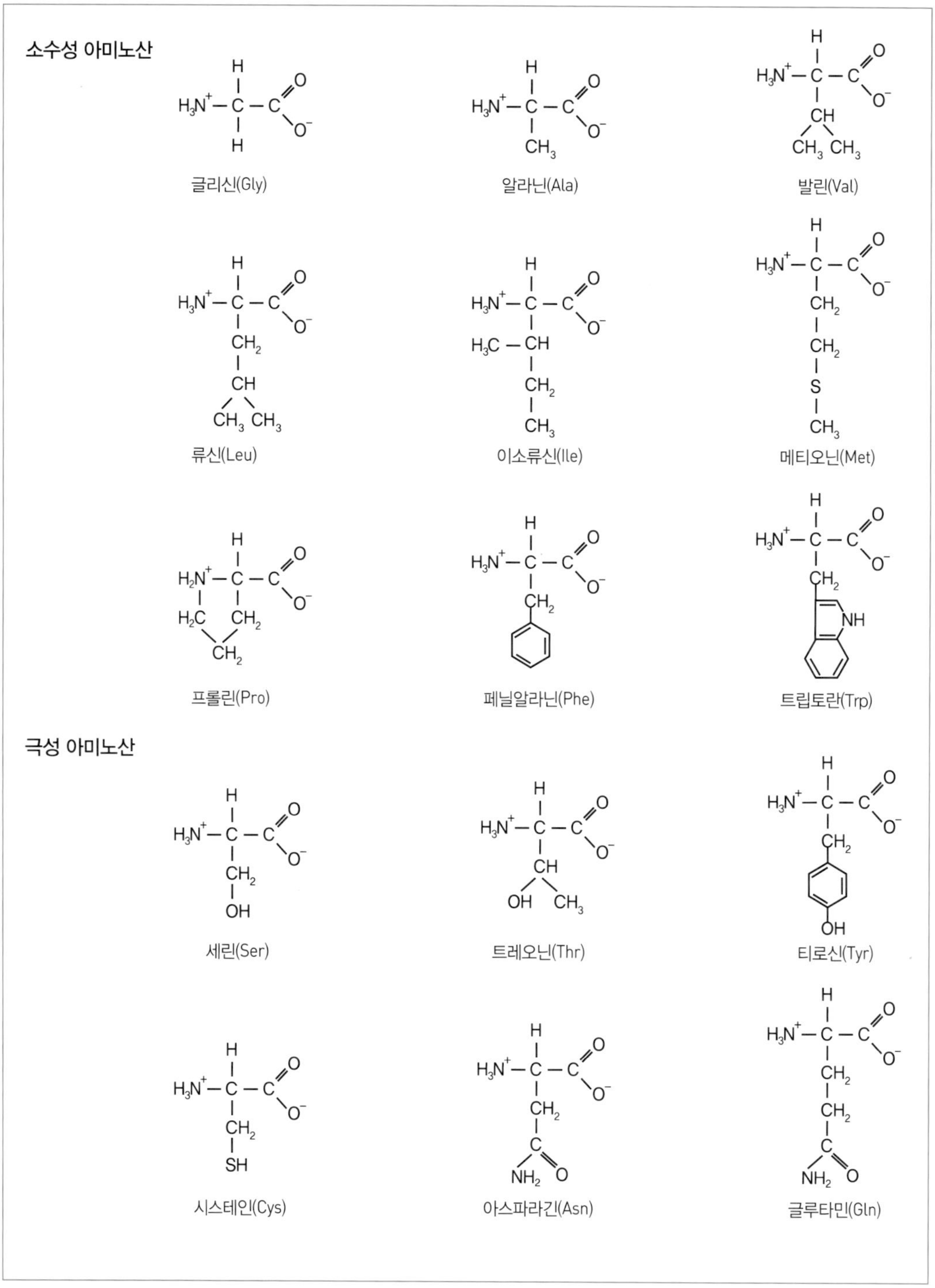

그림 1-3 • **20종 아미노산의 구조**

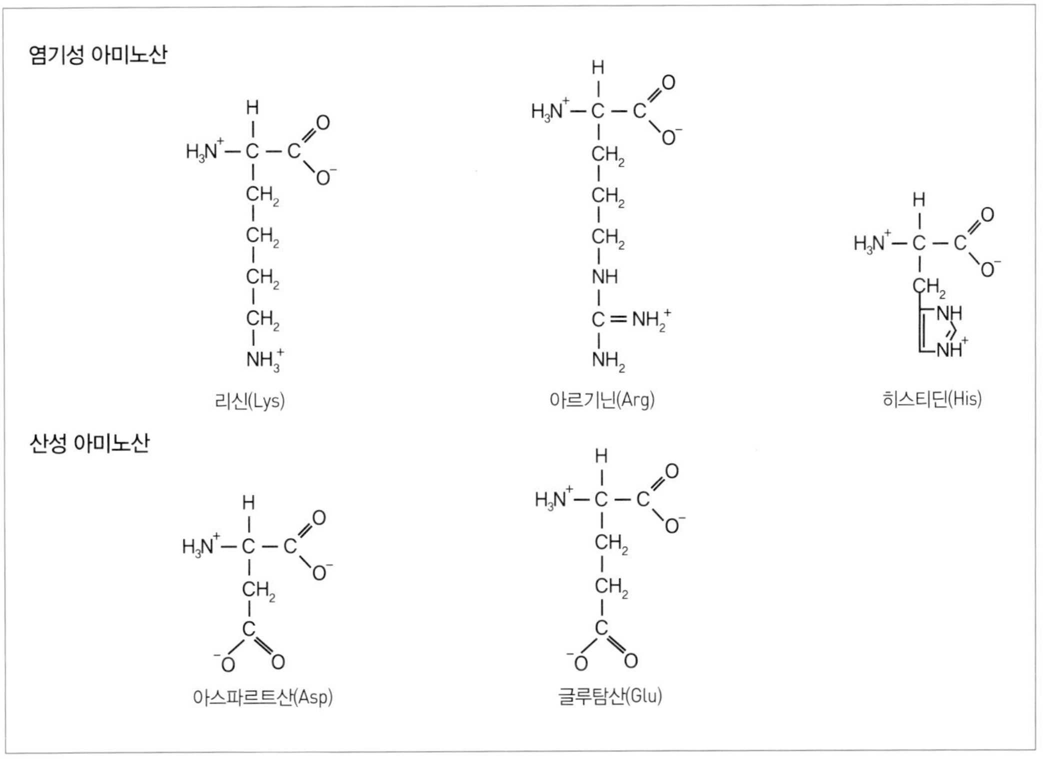

그림 1-3 • **20종 아미노산의 구조-계속**

원자가 두 개 결합되어 있기 때문에 비키랄(achiral)성으로서 입체이성체가 없다.

발린, 류신, 이소류신은 탄화수소 곁가지를 가지고 있다. 메티오닌은 탄화수소 곁사슬에 황 원자가 결합되어 있다. 프롤린은 α-아미노기 대신 이미노기(imino group)가 결합된 유일한 아미노산으로, 곁사슬이 이미노기의 질소 원자에 결합되어 고리 구조를 하고 있다. 페닐알라닌과 트립토판은 방향족 고리 구조를 가지고 있다.

중성인 극성 아미노산에는 세린(serine), 트레오닌(threonine), 티로신(tyrosine), 시스테인(cysteine), 아스파라긴(asparagine), 글루타민(glutamine)이 있다. 세린과 트레오닌은 수산기가 있으며, 티로신은 방향족고리 구조에 수산기가 있기 때문에 페닐알라닌과 트립토판과 구별된다. 시스테인은 세린과 유사한 구조를 하고 있으나 수산기 대신에 티올기(thiolgroup; $-SH$)가 붙어 있다. 시스테인 2분자가 이황화 결합(disulfide bond; $S-S$)에 의해 연결되어 시스틴(cystine)을 형성한다. 아스파라긴과 글루타민은 카르복시아미드기(carboxyamide)를 가지고 있어서 전하를 띠지 않은 곁사슬이 가수분해되면 이 아미노산은 pH 7.0에서 음전하를 띤 곁사슬을 가지는 아스파르트산과 글루탐산으로 전환된다.

양전하를 띤 아미노산에는 리신(lysine), 아르기닌(arginine), 히스티딘(histidine)이 있다. 리신은 α-탄소의 아미노기 외에 ε-탄소에 또 하나의 ε-아미노기를, 아르기닌은 구아니디노기

(guanidino group)를, 히스티딘은 이미다졸기(imidazole group)를 가지고 있다.

음전하를 띤 아미노산에는 아스파르트산(aspartic acid)과 글루탐산(glutamic acid)이 있다. 두 아미노산은 음전하를 띤 카르복실기를 하나 더 가지고 있는 산성 아미노산이다.

단백질은 수많은 아미노산들이 펩티드 결합(peptide bond)에 의해 연결된 중합체(polymer)로서, 이 결합은 한 아미노산의 아미노기와 다른 한 아미노산의 카르복실기 사이에서 물 1분자가 이탈됨으로써 만들어진다(그림 1–4).

펩티드 결합에 의해 연결된 아미노산 분자들은 펩티드(peptide)라 하는데, 펩티드에 존재하는 아미노산 분자의 수에 따라 디펩티드(dipeptide), 트리펩티드(tripeptide) 등으로 구별된다. 수많은 아미노산들이 펩티드 결합에 의해 이루어진 중합체를 폴리펩티드(polypeptide)라 하며, 보통 이것의 분자량이 5,000~10,000을 초과하면 이 폴리펩티드를 단백질이라 한다.

폴리펩티드 또는 단백질의 구조에서 유리 아미노기가 있는 아미노산을 아미노 말단(amino(N)–terminal), 유리 카르복실기가 있는 아미노산을 카르복실 말단(carboxyl(C)–terminal)이라 한다. 아래의 서열을 가진 4개의 아미노산들로 구성된 테트라펩티드(tetrapeptide)의 경우 카르복실 말단을 제외한 다른 아미노산의 이름을 부를 때는 어미에 –yl을 붙인다.

Ala – Gly – Phe – Ser

(Alanylglycylphenylalanylserine)

02 단백질의 구조

단백질(protein)의 아미노산 조성을 밝히기 위해 생물체로부터 얻고자 하는 단백질을 분리한 다음 아미노산을 얻기 위해 가수분해한 후 분해물에 존재하는 개개의 아미노산의 양을 측정하는 것이다. 가수분해된 단백질의 양과 분자량을 알게 되면 개개의 아미노산 수를 계산할 수 있다. 이와 같은 방법 에 의해 측정된 단백질의 아미노산 조성을 표 1–1에 나타내었다.

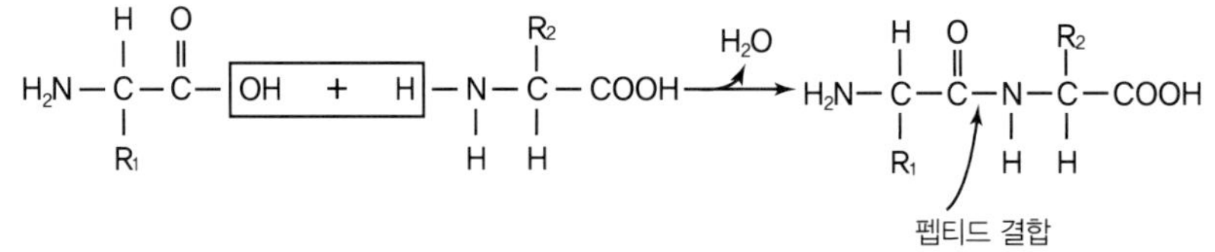

그림 1–4 • **펩티드 결합의 합성**

표 1-1 • 인체에 존재하는 단백질의 아미노산 조성

	헤모글로빈 A	시토크롬 C	리소자임
글리신	40	13	8
알라닌	72	6	7
발린	62	3	7
류신	72	6	26
이소류신	0	8	8
페닐알라닌	30	3	13
티로신	12	5	8
트립토판	6	1	1
세린	32	2	18
트레오닌	32	7	10
시스테인	6	2	4
메티오닌	6	3	3
프롤린	28	4	8
리신	44	18	9
아르기닌	12	2	11
히스티딘	38	3	3
아스파르트산 + 아스파라긴	50	8	20
글루탐산 + 글루타민	32	10	26

1951년 Linus Pauling과 Robert Corey는 X선 결정법으로 아미노산과 펩티드의 정밀한 구조를 연구하였다. 펩티드기를 구성하는 원소들은 동일한 평면상에 놓여 있는 빳빳한 평면(rigid planar)인 구조를 하고 있다. 카보닐기(carbonyl group; C=O)의 탄소 원자와 이미노기(imino group; −NH)의 질소 원자 사이에는 공명(resonance)에 의해 부분적인 이중결합(partial double bond)을 하고 있다. 이 결합으로 인해 자유롭게 회전이 되지 않는다. 그러나 −NH의 질소와 α−탄소 사이($N-C_\alpha$) 및 α−탄소와 C=O의 탄소 사이($C_\alpha-C$)에는 회전이 자유롭다. 이들에 대한 결합각을 φ(phi)와 ψ(psi)로 나타낸다. C=O의 산소 원자와 −NH의 수소 원자는 서로 트란스(trans) 배열을 하고 있다(그림 1-5).

단백질은 1차에서부터 4차 구조까지로 나눌 수 있다. 4차 구조에는 3차 구조를, 3차 구조에는 2차 구조를, 2차 구조에는 1차 구조를 포함하고 있다. 이와 같이 단백질들은 구조적인 연관성을 가지고 있다(그림 1-6).

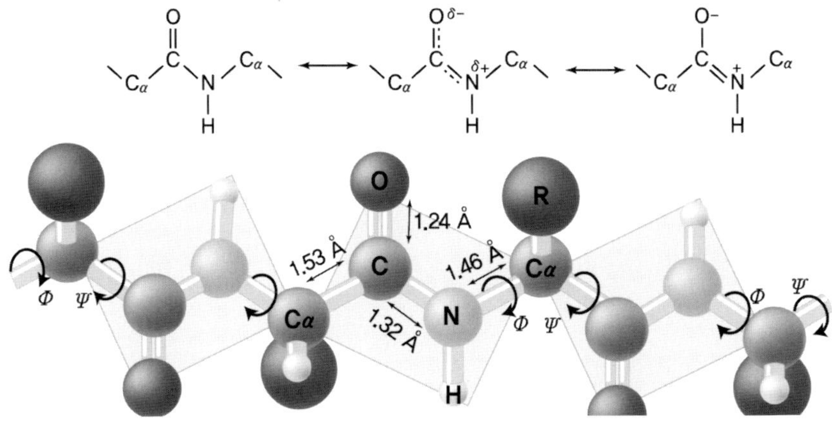

그림 1–5 • 펩티드의 구조

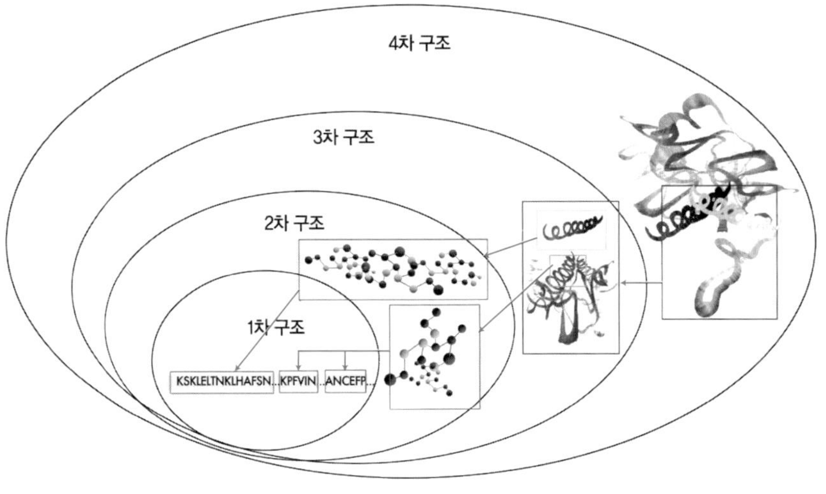

그림 1–6 • 단백질 구조의 연관성

(1) 1차 구조

단백질의 아미노산 서열은 단백질의 구조와 기능을 결정하는 데 중요한 역할을 한다. 이 단백질의 아미노산 서열을 단백질의 1차 구조(primary structure)라 한다. Sanger(1953)가 펩티드 계통 호르몬인 인슐린(insulin)의 아미노산 결합 순서를 결정한 것이 1차 구조를 밝히게 된 효시이다(그림 1–7).

(2) 2차 구조

아미노산들과 아미노산 간에 입체적이고 공간적인 관계에서 규칙적으로 접혀진 구조를 단백질의 2차 구조(secondary structure)라 한다. 1930년대 말에 Pauling과 Corey는 α–나선 구조(α–helix structure)구조와 β–병풍 구조(β–pleated sheet structure)라는 두 주기적인 폴리펩티드 구조를 제안하였다.

사람을 비롯한 포유동물의 머리카락, 손 · 발톱, 양털, 발굽, 뿔 등의 성분인 α–케라틴(α–kelatin)은 불용성의 섬유상 단백질(fibrous protein)로서 α–나선 구조를 하고 있다. 이 나선형으로 꼬여 있는 구조에서 폴리펩티드의 주된 사슬은 나선의 안쪽부분을 형성하고, R기들은 나선의 바깥쪽으로 향해 있다. 주사슬(main chain)에 존재하는 개개의 아미노산의 C=O기는 4개의 잔기(residue) 앞에 있는 아미노산의 –NH기와 수소 결합(hydrogen bond)됨으로써 α–나선이 안정화된다. 개개의 아미노산잔기는 1.5Å으로, 나선 한 바퀴(pitch)당 3.6개의 아미노산이 존재한다. 따라서 α–나선의 한 바퀴는 5.4Å이다. 나선의 방향은 오른쪽 또는 왼쪽일 수도 있으나, 단백질에서 볼 수 있는 나선은 오른쪽(시계방향)으로 감겨 있다(그림 1–8).

거미줄과 누에 명주실의 주성분인 피브로인(fibroin)과 같은 β–케라틴은 병풍 모양의 역평행(antiparallel)한 β–병풍 구조를 지니고 있는 것으로, 인접한 사슬들의 C=O기와 –NH기들 사이의 수소 결합에 의해 안정화되어 있으며, R기들은 병풍면에 대해 상하의 수직으로 배열하고 있다(그림 1–9).

이 두 구조 외에 콜라겐 삼중나선(collagen triple helix) 구조도 알려져 있는데, 이 구조는 결합조직과 뼈의 성분으로 사람에게 많이 들어 있는 콜라겐 섬유(collagen fiber)에서 찾아 볼 수

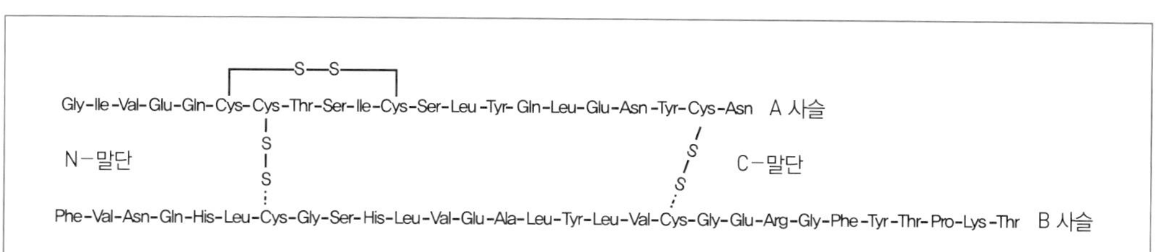

그림 1–7 ● 인슐린의 1차 구조

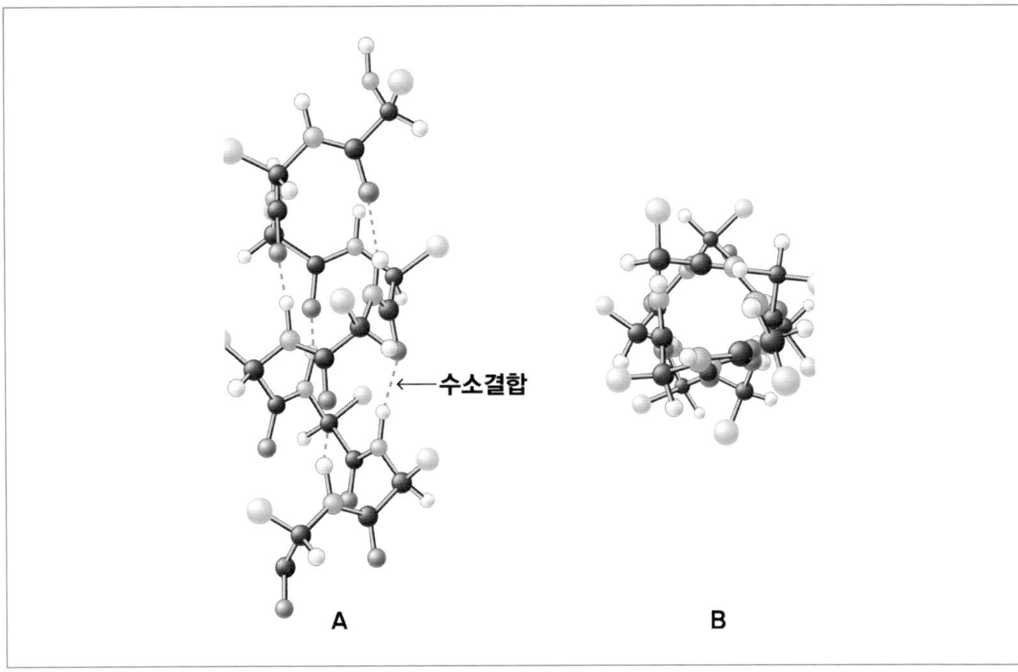

그림 1-8 • **α-나선 구조.**
측면(A)과 위(B)에서 본 구조.

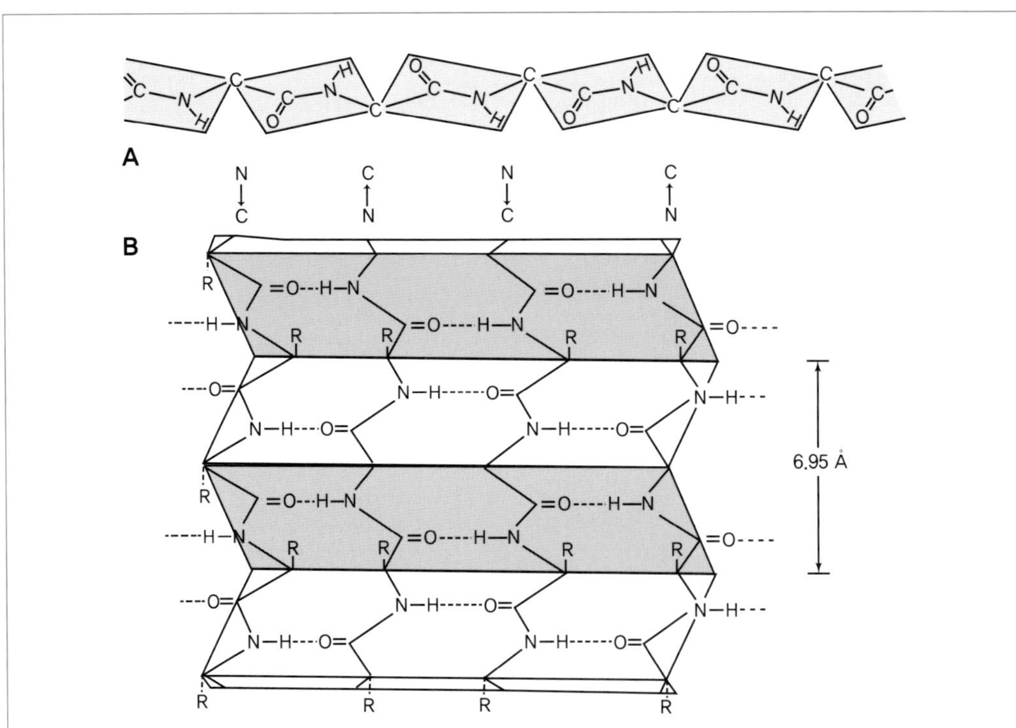

그림 1-9 • **β-병풍 구조.**
펩티드 사슬의 β형(A)과 β-병풍 구조(B).

있는 것으로, 왼쪽으로 꼬여 있는 개개의 3줄 폴리펩티드 사슬이 모여 오른쪽 방향으로 꼬여 있는 구조이다. 글리신이 전체 아미노산의 약 1/3, 프롤린과 히드록시프롤린(hydroxyproline)이 약 1/5 이상 존재한다(그림 1-10).

(3) 3차 구조

단백질의 3차 구조(tertiary structure)는 단백질이 공간 내에 어떻게 접혀 있느냐 하는 것이다. 구형 단백질(globular protein)은 가용성 단백질(water-soluble protein)로서 섬유상 단백질보다 더 접혀 있고 조밀한 구조를 하고 있으며, 향유고래, 물개 등의 근육에 존재하여 산소 운반의 기능을 갖는 미오글로빈(myoglobin; Mb)이 이에 속한다. 헤모글로빈의 산소 결합력은 H^+나 CO_2에 의해 영향을 받지만 미오글로빈은 영향을 받지 않는다.

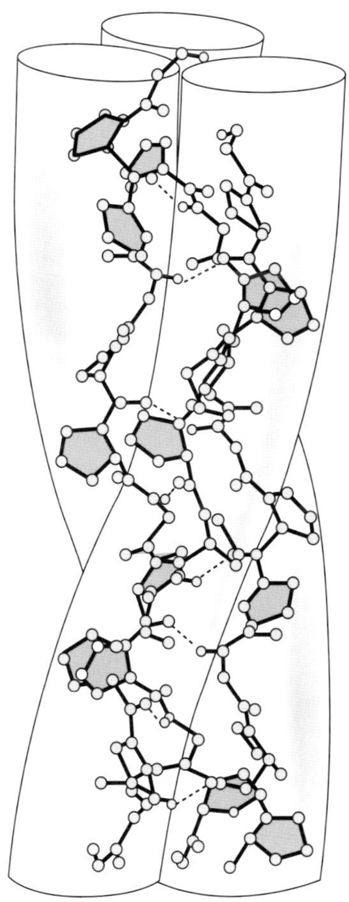

그림 1-10 • 콜라겐 삼중나선 구조

$$Mb + O_2 \underset{\text{조직}}{\overset{\text{폐}}{\rightleftharpoons}} MbO_2$$

미오글로빈은 153개의 아미노산들로 구성된 글로빈(globin)과 보결분자단(prosthetic group)인 헴기(heme group)로 구성되어 있는 단일 폴리펩티드로서, 121개의 아미노산은 8군데(A−H)의 α−나선 영역에 존재하고, 나머지는 나선 사이나 분자의 끝부분인 비나선 부분을 형성한다. 그러나 β−구조는 존재하지 않는다. 3차 구조를 하고 있는 모든 단백질에 α−나선 구조만 들어 있는 것은 아니다. 리소자임(lysozyme), RNase, 키모트립신(chymotrypsin), 카르복시펩티다아제(carboxypeptidase)는 α−나선과 β−구조를 모두 가지고 있다. 헴기는 소수성 주머니(hydrophobic pocket)에 꼭 들어맞는 구조를 하고 있으며, 헴기의 포르피린(porphyrin) 고리와 글로빈의 소수성 R기가 소수성 결합에 의해 연결되어 있다. 단백질 분자의 내부에는 소수성 R기가, 표면에는 친수성 R기가 존재하기 때문에 물에 대한 친화력이 크다(그림 1−11).

헴기는 Fe(II) 이온과 프로토포르피린 IX(protoporphyrin IX)로 구성되어 있다. 프로토포르피린 IX는 5각형의 피롤(phyrol) 고리 구조 4개가 메틴(methine; −CH=)기에 의해 서로 연결되어 있으며, Fe(II) 이온에 있는 6개의 배위결합(coordination) 부위 중 평면을 형성하는 4개는

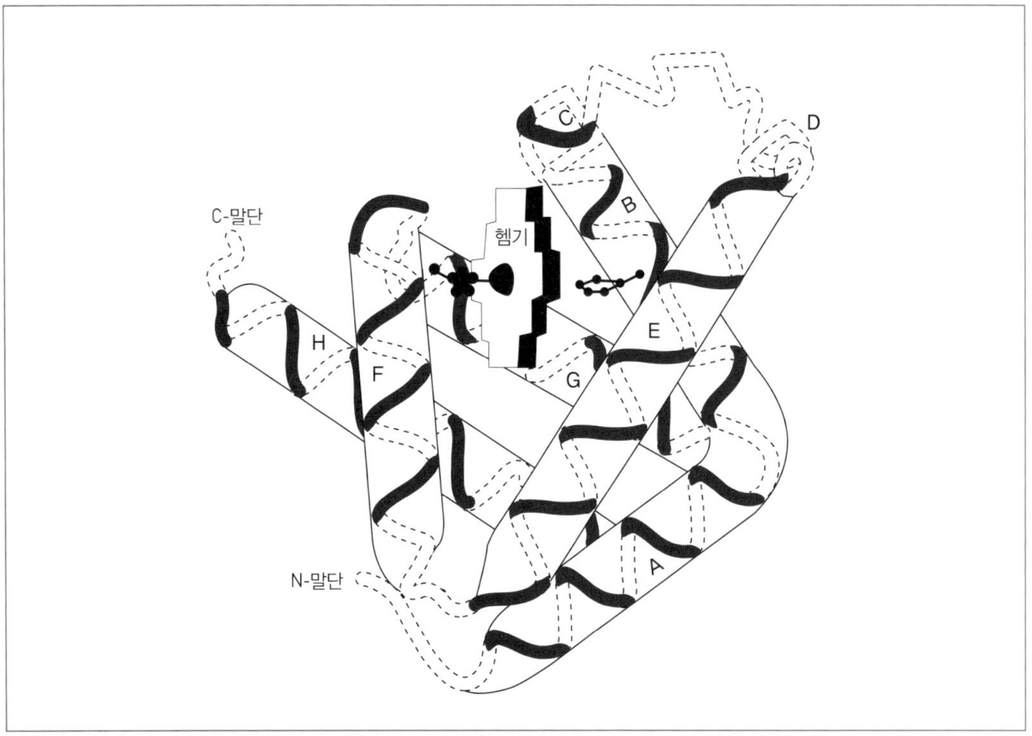

그림 1−11 • 미오글로빈의 구조

피롤 고리 구조의 질소 원자에 결합하여 헴기를 형성한다. 나머지 2개 중 5번 배위부위에는 F8 히스티딘이 결합하고 6번 배위부위에는 산소 분자가 결합한다.

단백질 분자의 아미노산들 사이에서 발견되는 공유결합인 이황화 결합은 2개의 시스테인 잔기의 티올기들이 산화반응에 의해 형성된다. 단백질의 2, 3차 구조가 안정화되기 위해서는 비공유결합으로서 정전기적 상호작용(eletrostatic interaction), 수소 결합(hydrogen bond), 소수성 상호작용(hydrophobic interaction) 및 반데르발스의 힘(van der waals force) 등이 필요하다(그림 1-13).

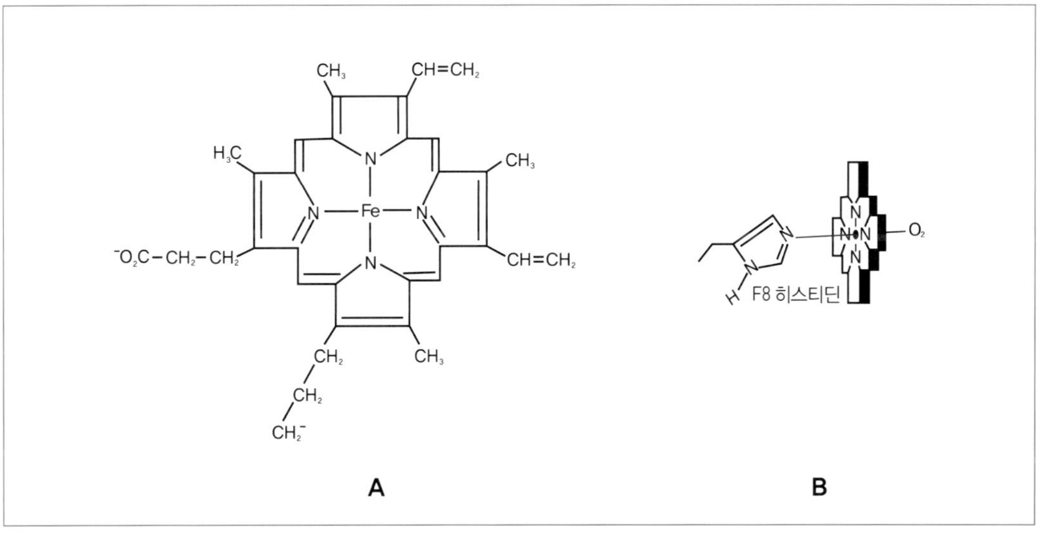

그림 1-12 • 헴기의 구조(A)와 산소의 결합(B)

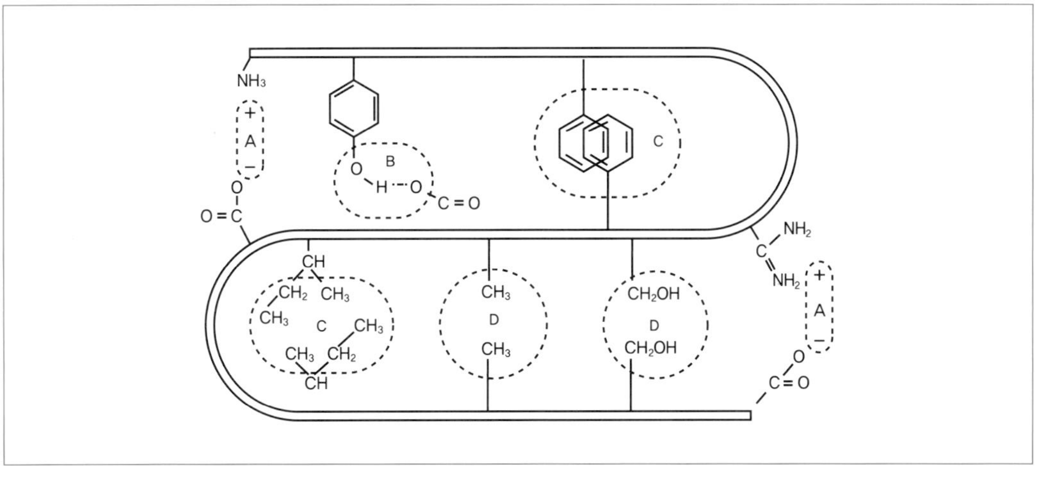

그림 1-13 • 단백질 분자의 입체구조를 유지하는 결합

(A) 이온 결합, (B) 수소 결합, (C) 소수성 결합, (D) 반데르발스의 힘

(4) 4차 구조

2개 이상의 폴리펩티드 사슬로 구성되어 있거나 여러 개의 폴리펩티드 사슬이 모여 있는 구조를 단백질의 4차 구조(quaternary structure)라 한다. 헤모글로빈(hemoglobin; Hb)은 4개의 폴리펩티드 사슬로 구성된 분자량이 64,500인 분자로서, 사람의 혈액 중 적혈구 내에 존재하여 산소 운반 기능을 하는 물질이다. 산소 운반에 관하여서는 제12장에서 상세하게 다룰 것이다.

$$\mathrm{Mb} + 4\mathrm{O_2} \underset{\text{조직}}{\overset{\text{폐}}{\rightleftarrows}} \mathrm{Mb(O_2)4}$$

4개의 폴리펩티드 사슬 중 2개는 141개의 아미노산으로 구성된 α 사슬(α chain)이고, 나머지 2개는 146개의 아미노산으로 구성된 β 사슬(β chain)이다. 각 사슬에는 하나의 헴기가 존재한다(그림 1-14).

단백질 내의 약한 결합이나 상호작용이 끊어짐으로 인해 구조가 변화되면서 기능이 상실되는 현상을 변성(denaturation)이라 한다. 단백질의 복잡한 3차원 구조는 열, pH, 우레아(urea), β-머캅토에탄올(β-mercaptoethanol) 등의 처리에 의해 쉽게 변성된다. 변성이 되면 폴리펩티

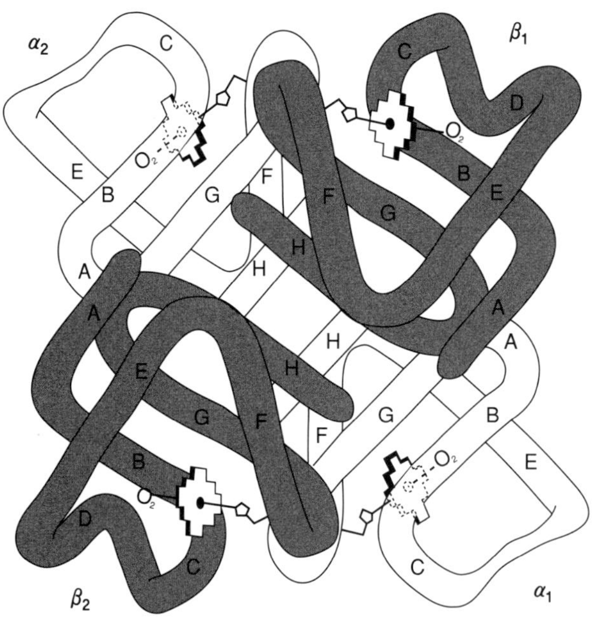

그림 1-14 • **헤모글로빈의 구조**

드 사슬은 마구잡이 불규칙적으로 펴져서 생물학적인 활성을 상실하게 된다. 그러나 변성 요인이 제거되면서 원래의 구조로 되돌아가게 되면 활성이 회복되는데, 이를 재생(renaturation)이라 한다(그림 1–15).

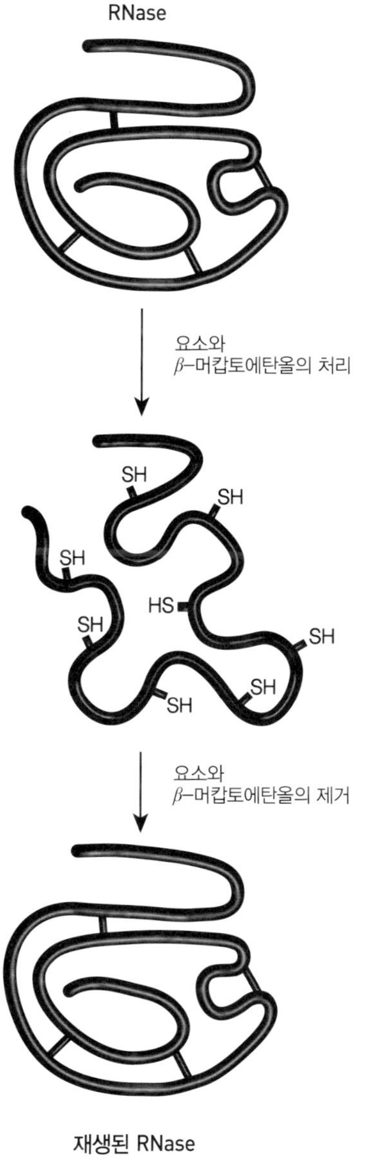

그림 1–15 • **변성제에 의한 변성과 재생**

제 2 장

효소

Enzyme

생물의 생체 내에서는 여러 가지 형태의 화학반응이 일어나고 있으며, 거의 모든 화학반응은 효소(enzyme)에 의해서 일어나고 있다. 효소가 관여하지 않는다면 생체 내의 대사과정은 매우 느리게 일어나기 때문에 에너지 수요에 대처할 수 없게 될 것이다. 효소의 기능은 촉매(catalysis)로서, 효소가 존재하면 반응속도를 10^{20}배 정도까지 증가시킬 수 있다.

비촉매반응과 촉매반응의 활성화 에너지(activation energy; $\Delta G^{\neq}$)와 자유에너지 변화(free energy change; ΔG°) 사이의 관계를 나타낸 그림 2-1을 보면, 기질(substrate)과 생성물(product)의 정점인 전이상태(transition state)에서 가장 높은 자유에너지를 가지게 된다. 기질과 전이상태에서의 자유에너지 차이가 활성화 에너지이다. 반응속도는 활성화 에너지에 의해 달라지는데, 효소는 활성화 에너지를 낮추어주는 역할을 한다.

과산화수소(H_2O_2)가 산소와 물로 전환되는 반응에서 촉매에 의한 활성화 에너지를 측정하면 표 2-1에서 보는 바와 같다.

$$2H_2O_2 \longrightarrow 2H_2O + O_2$$

표 2-1 • 촉매에 의한 과산화수소 분해 반응의 활성화 에너지 비교

반응조건	활성화 에너지 [$kJmol^{-1}(kcalmol^{-1})$]	상대속도
비촉매	75.2(18.0)	1
백금 표면	48.9(11.7)	2.77×10^4
카탈라아제에 의한 촉매	23.0(5.5)	6.51×10^8

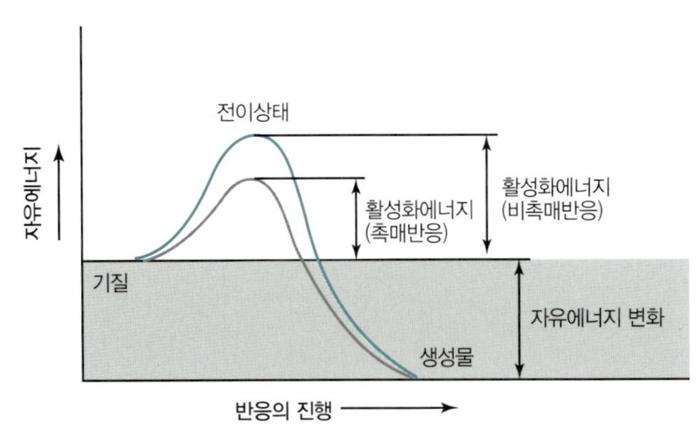

그림 2-1 • 효소에 의한 활성화 에너지

비촉매반응보다 백금 표면에서의 활성화 에너지가 낮아지며, 백금표면보다는 카탈라아제(catalase)에 의한 촉매가 이루어질 때 활성화 에너지가 더 낮아지므로 반응속도는 매우 빨라지게 된다(표 2−1).

01 효소의 명명과 분류

효소의 명명은 국제생화학분자생물학협회(International Union of Biochemistry and Molecular Biology; IUBMB)의 효소명명위원회에서 수많은 효소를 계통적으로 분류하여 계통명(systematic name)을 부가하였다. 효소가 촉매하는 화학반응의 유형에 따라 여섯 가지 군으로 대별하고, 이를 다시 작은 군으로 분류하여 4자리수의 분류번호인 E.C No(enzyme commission number)가 붙여진다. 예를 들면, 해당과정의 1단계에서 포도당을 포도당 6−인산으로 전환시키는 반응에 관여하는 헥소키나아제(hexokinase)는 E.C No 2의 전이효소에 속하며, 2.7.1.1이다.

1) 산화환원효소(oxidoreductase)

산화환원반응에 관여하는 효소로서 젖산 탈수소효소(lactate dehydrogenase)와 같은 탈수소효소가 있다.

2) 전이효소(transferase)

기질 중의 어떤 기를 다른 기질에 옮겨 주는 반응에 관여하는 효소로서 여러 아미노기 전이효소(aminotransferase)가 있다.

3) 가수분해효소(hydrolase)

고분자물질을 형성하는 에스테르 결합, 글리코시드 결합, 펩티드 결합 등을 가수분해하여 저분자물질로 분해하는 효소로서 아밀라아제(amylase), 펩신(pepsin), 트립신(trypsin) 등의 소화효소들이 있다.

4) 리아제(lyase)

기질을 가수분해하지 않고 어떤 기를 절단하는 효소로서 푸마라아제(fumarase)가 있다.

5) 이성체화효소(isomerase)

기질의 이성체 간의 전환을 촉매하는 효소로서 포도당 6-인산을 과당 6-인산으로 이성화하는 포도당-인산 이성체화효소(glucose-phosphate isomerase)가 있다.

6) 리가아제(ligase)

ATP나 고에너지 물질로부터 인산기를 분해하거나 어떤 물질을 결합시키는 효소로서 아미노아실-tRNA 합성효소(aminoacyl-tRNA synthetase)가 있다.

02 효소-기질 결합

효소(enzyme; *E*)는 기질(substrate; *S*)이 결합하는 자리인 활성부위(active site)를 가지고 있어서 기질이 결합하여 효소-기질 복합체(enzyme-substrate complex; *ES*)가 형성되면 효소-기질 상호작용에 의해 전이상태의 생성이 촉진되어 생성물(product; *P*)이 만들어진다. 활성부위에는 효소 활성에 필요한 특정 아미노산들이 존재한다. 효소와 기질은 비공유결합으로 형성된다.

$$E + S \rightleftharpoons ES \rightleftharpoons E + P$$

효소와 기질 사이의 결합을 설명하는 모델로서, 자물쇠-열쇠 모델(lock and key model)과 유도적합 모델(induced-fit model)이 있다. 자물쇠-열쇠 모델은 효소의 활성부위가 기질과 상보적인 구조로 되어 있어 결합한다는 것이다. 유도적합 모델은 기질의 결합이 활성부위의 입체구조를 유도하여 결합한다는 것이다(그림 2-2). 해당과정 1단계(그림 7-2 참조)에서 헥소키나아제(hexokinase)에 기질인 포도당(glucose)과 ATP의 결합을 유도적합 모델로 설명할 수 있다(그림 2-3).

03 효소 활성에 미치는 요인

1) 온도

화학반응은 온도상승에 따라 반응속도도 증가한다. 그러나 효소는 단백질로 구성되어 있으므로 온도를 상승시키면 효소는 변성되어 촉매능력을 상실하게 된다. 효소는 일정한 온도까지는 온도상승에 비례하여 효소 반응속도는 증가하지만 그 이상의 온도에서는 효소 반응속도는 감소한다. 따라서 효소 반응속도는 특정한 온도에서 최고에 도달한다. 이를 최적 반응온도

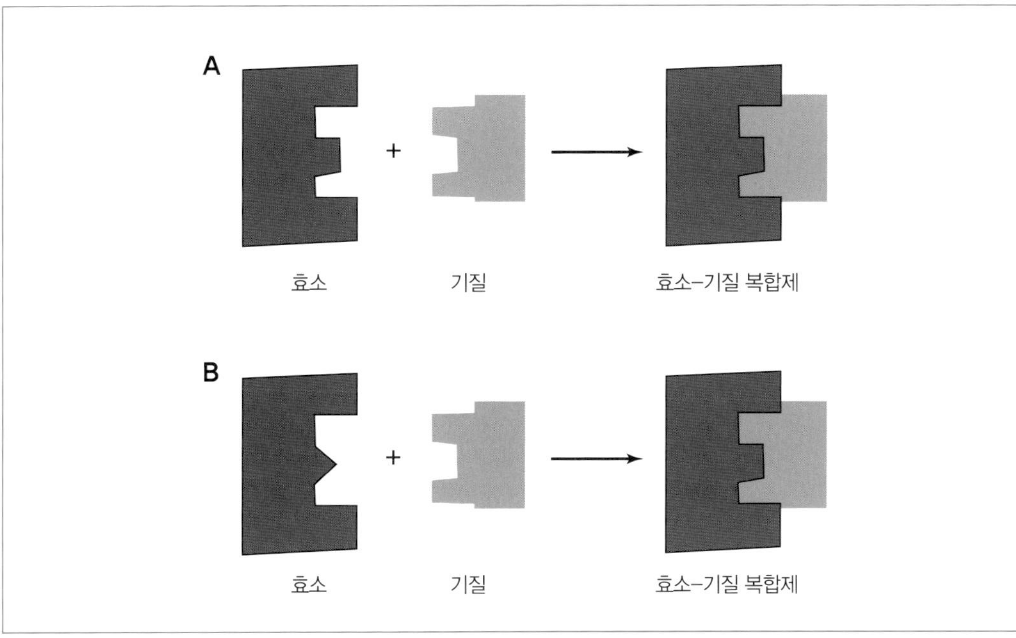

그림 2–2 • **자물쇠–열쇠 모델(A)과 유도적합 모델(B)**

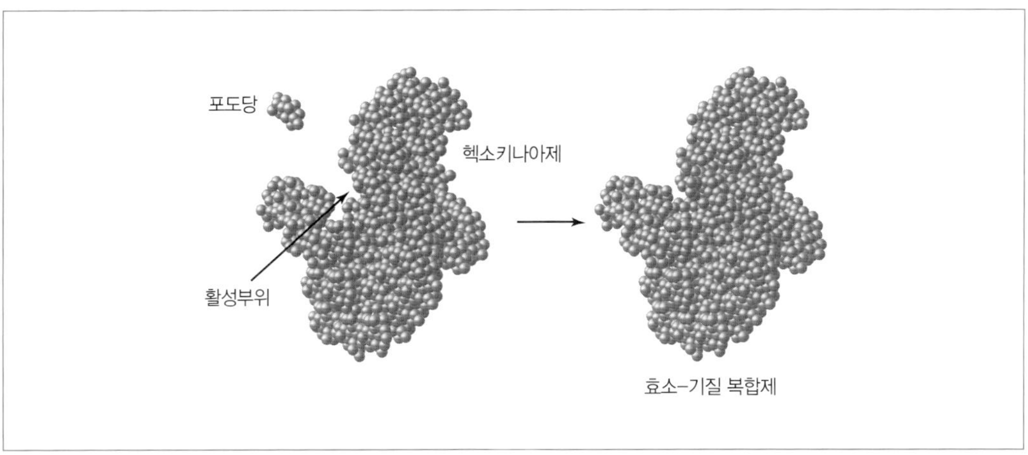

그림 2–3 • **헥소키나아제에 포도당과 ATP의 결합**

(optimal temperature)라 한다. 사람에 존재하는 대부분 효소의 최적온도는 35~40℃이다(그림 2–4).

2) pH

효소는 아미노기와 카르복실기가 이온화 상태로 존재하므로 효소 반응속도는 pH에 의해 영향을 받는다. 특정한 pH에서 효소는 가장 안정되고 활성화 상태를 유지하므로 이때 효소의

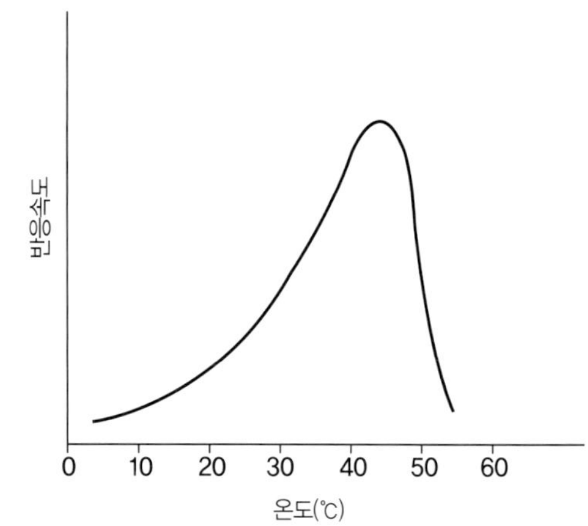

그림 2-4 • **온도의 영향**

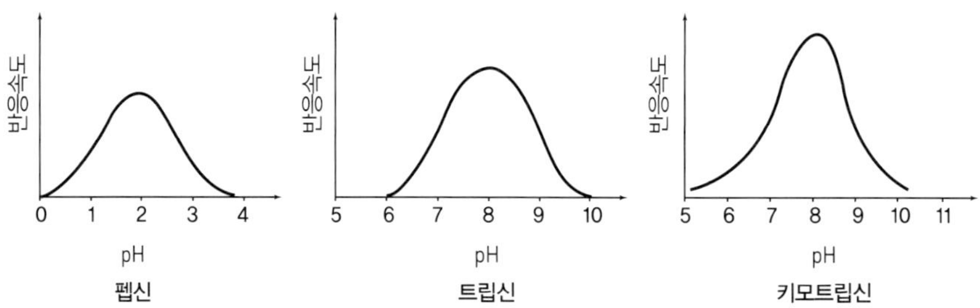

그림 2-5 • **pH의 영향**

활성이 가장 높은데, 이를 최적 pH(optimal pH)라 한다. 최적 pH를 벗어나면 효소는 불안정하게 되어 비활성 상태로 변하므로 효소 활성은 감소한다. 대부분의 포유동물의 최적 pH 범위는 6~8 정도이나 사람의 위에서 작용하는 펩신의 최적 pH는 약 1.6이며, 소장에서 작용하는 트립신과 키모트립신의 최적 pH는 8.0이다(그림 2-5).

04 효소의 보조인자

대부분의 효소들은 촉매를 위한 비단백질 성분인 보조인자(cofactor)를 필요로 한다. 보조인자에는 Mg^{2+}, Zn^{2+}, Fe^{2+}, Ca^{2+}, Co^{2+} 등의 무기 금속이온(inorganic metal ion)과 유기화합물(organic compound)인 비타민(vitamin)을 성분으로 하는 보조효소(coenzyme)가 있다. 보조

효소는 단백질로 구성된 아포효소(apoenzyme)와 결합하여 홀로효소(holoenzyme)가 되어야만 효소 활성을 나타내지만, 보조효소 단독으로는 효소 활성을 나타낼 수 없다. 보조효소에는 산화환원반응에 관여하는 NAD(nicotinamide adenine dinucleotide), NADP(nicotinamide adenine dinucleotide phosphate), FAD(flavin adenine dinucleotide) 등이 있다(표 2-2).

표 2-2 • 보조효소와 이것의 비타민 전구체

보조효소	반응	비타민 전구체
티아민 피로인산(TPP)	알데히드 전이반응	티아민(비타민 B_1)
FAD	산화-환원반응	리보플라빈(비타민 B_2)
NAD	산화-환원반응	니아신(비타민 B_3)
보조효소 A(CoA)	아실기 전이반응	판토텐산(비타민 B_5)
피리독살 인산(Pyridoxal phosphate)	아미노기 전이반응	피리독신(비타민 B_6)
비오틴(Biotin)	카르복실화반응	비오틴

05 효소 반응속도론

효소에 의해 촉매되는 반응속도(reaction velocity; V)를 효소 반응속도론(enzyme kinetics)이라 한다. 효소 촉매에 의한 반응속도(V)는 일정 시간(time; t)당 만들어지는 생성물(P)의 양뿐만 아니라 소모되는 기질(S)의 양으로도 나타낸다.

$$V = \frac{d[P]}{dt} = -\frac{d[S]}{dt}$$

효소의 농도가 일정할 때 기질 농도([S])의 변화에 따라 반응속도는 달라진다. 기질의 농도가 낮을 때에는 반응속도가 직선의 형태로 증가하는데, 이는 속도가 기질의 농도에 의존함을 나타내는 것이다. 이를 1차 반응속도론이라 한다. 기질의 농도가 높을 때에는 반응속도가 기질의 농도에 의존하지 않으며 일정하게 된다. 이를 0차 반응속도론이라 한다(그림 2-6).

효소들의 반응속도론을 미카엘리스-멘텐 모델(Michaelis-Menten model)로 설명할 수 있다. 이 모델은 1913년 Leonor Michaelis와 Maud Menten에 의해 제안되었다.

효소 촉매반응에서 기질은 효소-기질 복합체를 형성한 다음 생성물로 전환된다. k_1, k_2, k_3, k_4는 각 반응에서의 속도상수(rate constant)를 나타낸다.

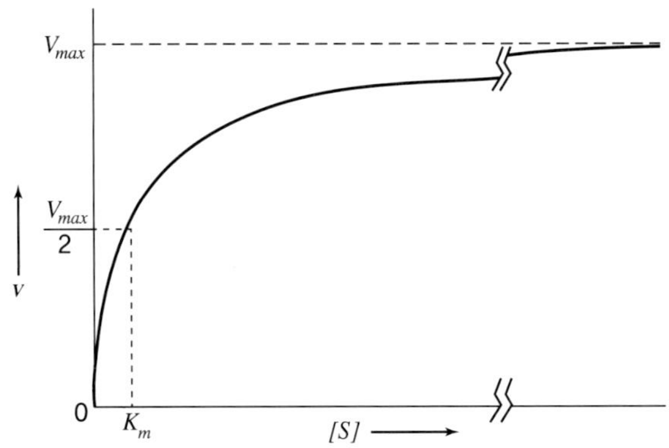

그림 2-6 • **기질 농도에 대한 반응속도론**

$$E + S \underset{k_1}{\overset{k_1}{\rightleftarrows}} ES \underset{k_2}{\overset{k_2}{\rightleftarrows}} P + E$$

효소(E)와 기질(S)로부터 효소-기질 복합체(ES)가 생기는 반응과 ES가 E와 S로 해리되는 반응은 매우 신속히 일어나지만, ES가 생성물(P)로 되는 반응은 반응속도가 완만하므로 $S \rightarrow P$의 반응속도는 $ES \rightarrow P + E$에 좌우된다. P의 생성에 대한 총 반응속도는 P의 생성속도에서 P의 분해속도를 뺀 것이다. [　　]는 농도(concentration)를 나타낸다.

$$V \underset{dt}{\overset{d[P]}{\rightleftarrows}} k_2\,[ES] - k_{-2}\,[P][E]$$

최초 반응속도(initial velocity; V_o)를 측정했을 때 $[P]$는 매우 작아서 ES가 분해되어 P를 만드는 반응에 의해 결정되므로 $V_o) = k_2[ES]$가 된다. 즉, 최초 반응속도는 효소-기질 복합체 농도에 비례한다.

ES의 생성속도는 다음과 같다.

$$ES \text{ 생성속도} = k_1[E][S] + k_{-2}[E][P]$$

그런데 ES 생성속도는 $E + S \rightarrow ES$에 의존되기 때문에 $V = k_1[E][S]$가 된다.

ES의 해리속도는 다음과 같다.

$$ES\text{의 해리속도} = k_{-1}[ES] + k_2[ES]$$

$[ES]$ 일정하게 되는 정상상태(steady state)에서는 ES의 생성속도와 ES 해리속도는 같게 된다.

$$k_1[E][S] = k_{-1}[ES] + k_2[ES] = [ES](k_{-1} + k_2)$$

이 식을 정리하면 다음의 식이 된다.

$$\therefore = \frac{[E][S]}{[ES]} = \frac{k_{-1} + k_2}{k_1}$$

k_1, k_{-1}, k_2가 일정하기 때문에 $\frac{k_{-1} + k_2}{k_1}$ 도 일정하다.

이를 미카엘리스 상수(Michaelis constant; *Km*)라 정의한다.

$$Km = \frac{k_{-1} + k_2}{k_1} = \frac{[E][S]}{[ES]}$$

전체 효소 농도(total enzyme concentration; [*ET*])는 효소 농도([*E*])와 효소기질 복합체 농도([*ES*])를 합한 것이다.

$$[E_T] = [E] + [ES]$$

$$[E] = [E_T] - [ES]$$

이 식을 *Km* 식에 대입하면,

$$Km = \frac{([E_T] - [ES])[S]}{[ES]}$$

$$Km[ES] = [ES][S] - [ES][S]$$

$$Km[ES] + [ES][S] = [E_T][S]$$

$$[ES](Km + [S]) = [E_T][S]$$

$$[ES] = \frac{[E_T][S]}{Km + [S]}$$

위 식을 $V_o = k_2[ES]$에 대입하면,

$$V_o = \frac{k_2[E_T][S]}{Km + [S]}$$

$$V_o = \frac{k_2[E_T]}{\frac{Km}{[S]} + 1}$$

$V_o = k_2[ES]$에서 반응속도가 최대(V_{max})가 되려면 존재하는 모든 효소는 기질이 결합된 효소기질 복합체 상태가 되어야 한다. 따라서

$$V_{max} = k_2[ES]$$

위 식을 V_o 식에 대입하면,

$$V_o = \frac{V_{max}[S]}{Km + [S]}$$

이 식을 미카엘리스-멘텐식(Michaelis-Menten equation)이라 한다. 이 식을 이용하여 그림 2-6을 보면 [S]가 Km 값보다 매우 낮을 경우의 반응속도는 기질의 농도에 비례한다{$V_o = (V_{max}[S]/Km)$}. [S]가 Km 값보다 매우 높을 경우의 반응속도는 기질의 농도와 무관하게 최대가 된다($V_o = V_{max}$). 반응속도가 최대 반응속도의 $\frac{1}{2}$일 때의 Km 값은 기질의 농도에 해당한다. $V_o = \frac{1}{2} V_{max}$이므로 이를 미카엘리스-멘텐식에 대입하여 정리하면 $Km = [S]$가 된다. Km을 알면 임의의 기질 농도에서의 반응속도를 계산할 수 있다. 미카엘리스-멘텐식을 역수로 취하여 정리하면 다음의 식이 된다.

$$\frac{1}{V_0} = \frac{Km + [S]}{V_{max}[S]} = \frac{Km}{V_{max}}\frac{1}{[S]} + \frac{1}{V_{max}}$$

이 식을 라인위버-버크식(Lineweaver-Burk equation)이라 한다.

이 식을 $\frac{1}{[S]}$ 에 대한 $\frac{1}{V_0}$로 도표를 작성하면

라인위버-버크 이중 역수(Lineweaver-Burk double reciprocal plot)가 된다(그림 2-7). 이 도표로부터 Km과 V_{max}값을 구할 수 있다. Km은 효소와 기질 사이의 친화력을 나타내는 기준이 된다.

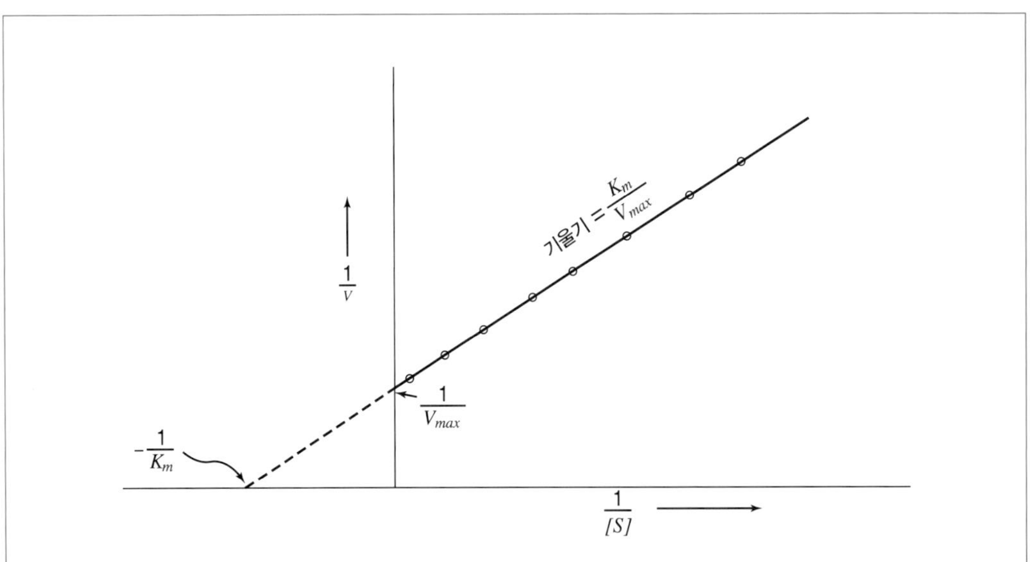

그림 2-7 • 라인위버-버크 이중 역수 도표

V_{max}는 효소의 회전회수(turnover number; K_{cat})와 관계가 있으며, 속도상수 k_2와 같다. 회전회수는 효소가 기질로 완전히 포화되었을 때 단위시간(1초)당 1 mol의 효소에 의해 생성물로 전환되는 기질의 몰수로 나타낸다.

$$V_{max} = k_2[E_T]$$

$$K_{cat}(mol\ \sec^{-1}) = \frac{V_{max}}{[E_T]}$$

몇 가지 효소반응에서의 회전회수와 Km 값을 표 2-3에 나타내었다.

표 2-3 • 몇 가지 효소반응에서의 K_{cat}와 Km

효소	K_{cat}(mol $\sec^{-1}$)	Km(mM)
카탈라아제(catalase)	4×10^7	25
아세틸콜린에스테라아제 (acetylcholinesterase)	1.4×10^4	9.5×10^{-2}
키모트립신(chymotrypsin)	1.9×10^2	6.6×10^{-1}
리소자임(lysozyme)	0.5	6×10^{-3}

06 효소의 억제작용

효소의 활성이 억제제(inhibitor)에 의해서 반응속도가 낮아지거나 완전히 정지되는 현상을 억제(inhibition)라 한다. 효소반응의 억제는 가역적 억제와 비가역적 억제로 나눈다.

비가역적 억제(irreversible inhibition)는 억제제가 효소와 공유적 또는 비공유적으로 단단하게 결합되기 때문에 원래의 효소로 되돌아 올 수 없다.

$$E + S \rightleftharpoons ES \qquad E + I \longrightarrow EI$$

아세틸콜린에스테라아제(acetylcholinesterase), 키모트립신(chymotrypsin), 트립신(trypsin), 엘라스타아제(elastase)와 같은 세린 단백질분해효소(serine protease)의 활성부위에 있는 세린 잔기에 비가역적 억제제(irreversible inhibitor)인 디이소프로필플루오르인산(diisopropylfluorophosphate; DIPF)이 결합하여 공유결합을 형성하면 이 효소들은 불활성 상태가 된다(그림 2-8). 이러한 성질을 이용하면 활성부위에 존재하여 촉매 활성에 중요한 작용을 하는 아미노산 잔기를 알아 낼 수 있다.

가역적 억제(reversible inhibition)는 억제제가 효소에 결합하여 효소-기질 복합체를 형성한 후 빠르게 해리되어 원래의 효소로 다시 되돌아오는 특징을 가지고 있다. 이 억제는 억제제가

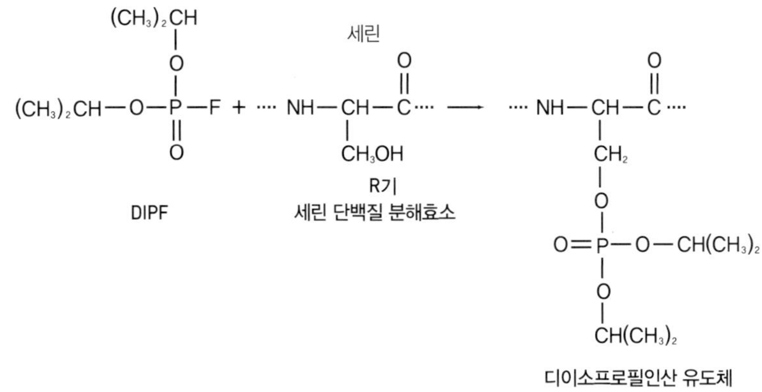

그림 2-8 • DIPF에 의한 비가역적 억제작용

효소의 어느 부위에 결합하느냐에 따라 경쟁적 억제(competitive inhibition)와 비경쟁적 억제(noncompetitive inhibition)로 나눈다.

경쟁적 억제에서는 억제제가 기질의 구조와 유사하여 효소의 활성부위에 경쟁적으로 결합함으로써 기질의 결합을 억제한다. 기질의 농도를 높이면 효소반응의 속도를 증가시킨다(그림 2-9).

$$E + S \rightleftharpoons ES \quad E + I \rightleftharpoons EI$$

구연산 회로 중 숙신산(succinate)이 숙신산 탈수소효소(succinate dehydrogenase)에 의해 푸마르산(fumarate)으로 전환되는 단계에서(그림 7-13 참조), 기질인 숙신산과 구조가 유사한 말론산(malonate)과 옥살로아세트산(oxaloacetate)은 숙신산 탈수소효소에 대한 경쟁적 억제제이다(그림 2-10).

비경쟁적 억제에서는 효소 활성부위와 다른 부위에 억제제가 결합하여 활성을 억제한다. 기질은 활성부위에 결합할 수 있지만 억제제가 결합되어 있기 때문에 효소는 반응을 촉매하지 못한다. 기질의 농도를 증가시켜도 효소반응은 극복되지 않는다(그림 2-11).

$$E + S \rightleftharpoons ES \quad E + I \rightleftharpoons EI$$
$$ES + I \rightleftharpoons ESI$$

경쟁적 억제에서 라인위버-버크식은 다음과 같다.

$$\frac{1}{V} = \frac{Km}{V_{max}}(1+\frac{[I]}{K_I})\frac{1}{[S]} + \frac{1}{V_{max}}$$

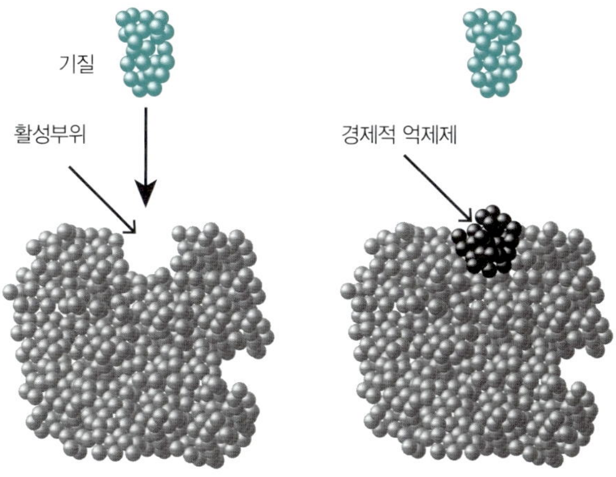

그림 2-9 • 경쟁적 억제작용 양상

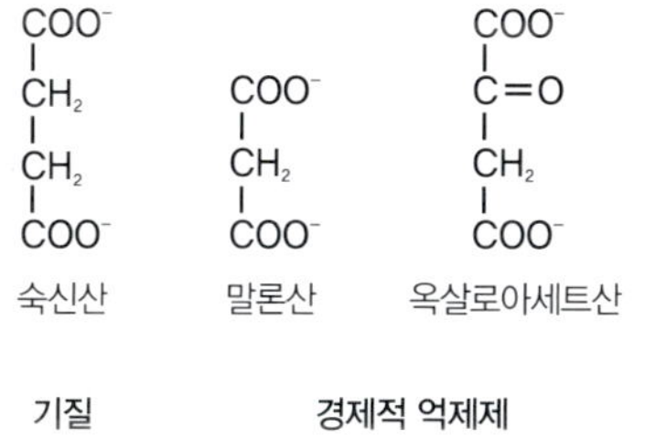

그림 2-10 • 숙신산과 경쟁적 억제제인 말론산 및 옥살로아세트산

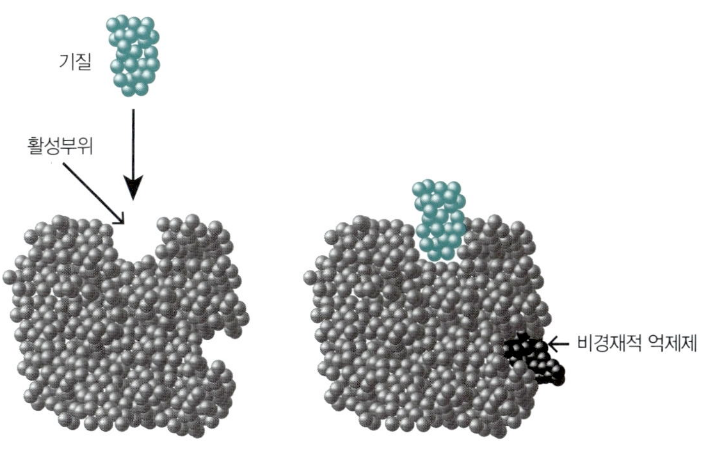

그림 2-11 • 비경쟁적 억제작용 양상

이 식을 라인위버–버크 이중 역수 도표로 그리면 그림 2–12와 같다.

도표를 통해, 경쟁적 억제제가 있으면 Km값이 증가하므로 효소와 기질 사이의 친화력이 감소한다는 것을 나타내며, V_{max}는 변화가 없으므로 최대 반응속도에는 영향을 미치지 않는다는 것을 알 수 있다.

비경쟁적 억제에서 라인위버–버크식은 다음과 같다.

$$\frac{1}{V} = \frac{Km}{V_{max}}(1+\frac{[I]}{K_I})\frac{1}{[S]} + \frac{1}{V_{max}}(1+\frac{[I]}{K_I})$$

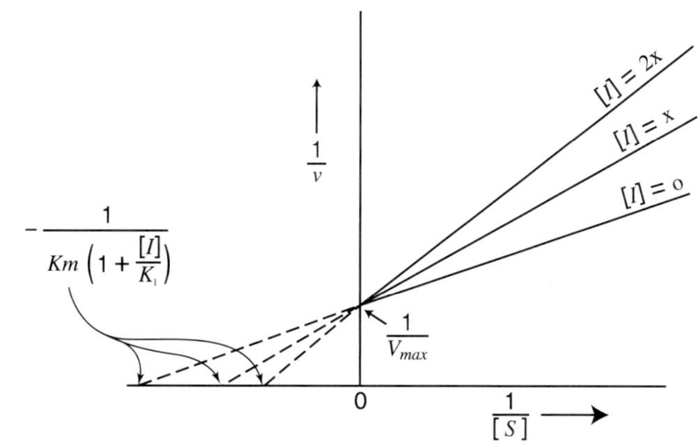

그림 2–12 • **경쟁적 억제작용의 라인위버–버크 이중 역수 도표**

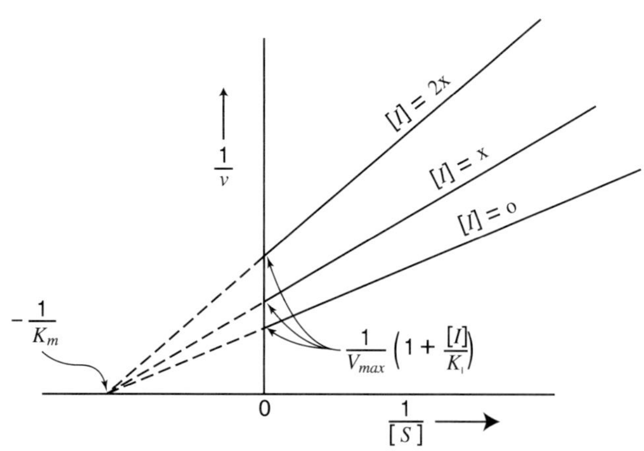

그림 2–13 • **비경쟁적 억제작용의 라인위버–버크 이중 역수 도표**

이 식을 라인위버-버크 이중 역수 도표로 그리면 그림 2-13과 같다.

도표를 통해, 비경쟁적 억제제가 있으면 Km값이 변화가 없으므로 효소와 기질 사이의 친화력에는 영향을 미치지 않지만, V_{max}는 감소하므로 최대 반응속도에는 영향을 미친다는 것을 알 수 있다.

07 알로스테릭 효소

키모트립신(chymotrypsin)과 같은 비알로스테릭 효소(nonallosteric enzyme)는 미카엘리스-멘텐 반응속도론을 따르는 반면, 아스파르트산 카바모일전이효소(aspartate transcarbamoylase; ATCase)와 같은 알로스테릭 효소(allosteric enzyme)는 미카엘리스-멘텐 반응속도론을 따르지 않는다. 알로스테릭이라는 용어는 다른(other)을 의미하는 그리스어의 알로스(allos)와 구조(structure)의 스테레오스(stereos)의 합성어로, 다른자리 입체성 효소라고도 한다. 알로스테릭 효소는 활성부위 외에 다른자리를 가지고 있어 이 자리에 결합하는 인자(factor)들에 의해 조절된다. 인자에는 억제인자와 활성인자들이 있다.

알로스테릭 효소는 조절효소(regulatory enzyme)로서, 생물체 내에서 일어나는 대사과정의 반응속도를 조절하는 중요한 역할을 한다. 대부분의 대사는 여러 효소들이 관여하는 다효소계(multienzyme system) 반응이다. 카바모일 인산(carbamoyl phosphate)과 아스파르트산(aspartate)으로부터 일련의 과정을 거쳐 최종 산물(final product)인 CTP가 생성되는 과정은 다효소계 반응이다. ATCase는 카바모일 아스파르트산(carbamoyl aspartate) 생성을 촉매하는 효소로서, 최종 산물인 CTP에 의한 피드백 억제(feedback inhibition) 작용에 의해 억제된다(그림 2-14). 반면 ATP는 ATCase에 대한 활성인자이다.

기질인 카바모일 인산 농도를 고정시키고 아스파르트산의 농도에 대한 ATCase의 반응속도를 나타내면 S자형 곡선(sigmoidal curve)을 나타내며, 억제인자와 활성인자가 존재할 때는 곡선의 모양이 변한다(그림 2-15).

ATCase는 미카엘리스-멘텐 반응속도론을 따르지 않기 때문에 최대 반응속도의 1/2일 때의 기질 농도를 Km이라 하지 않고 $K_{0.5}$라고 한다. 억제인자와 활성인자에 의해서는 V_{max}가 변하지 않는데, 이는 최대 반응속도에는 영향을 미치지 않는다는 것을 의미한다. $K_{0.5}$는 억제인자에 의해서는 증가하지만 활성인자에 의해서는 감소한다.

ATCase는 2개의 사슬을 하나의 단위로 하여 삼량체로 구성되어 있는 촉매 소단위체(catalytic subunit)와 3개의 사슬이 하나의 단위로 이량체를 구성하고 있는 조절 소단위체(regulatory subunit)로 되어 있다.

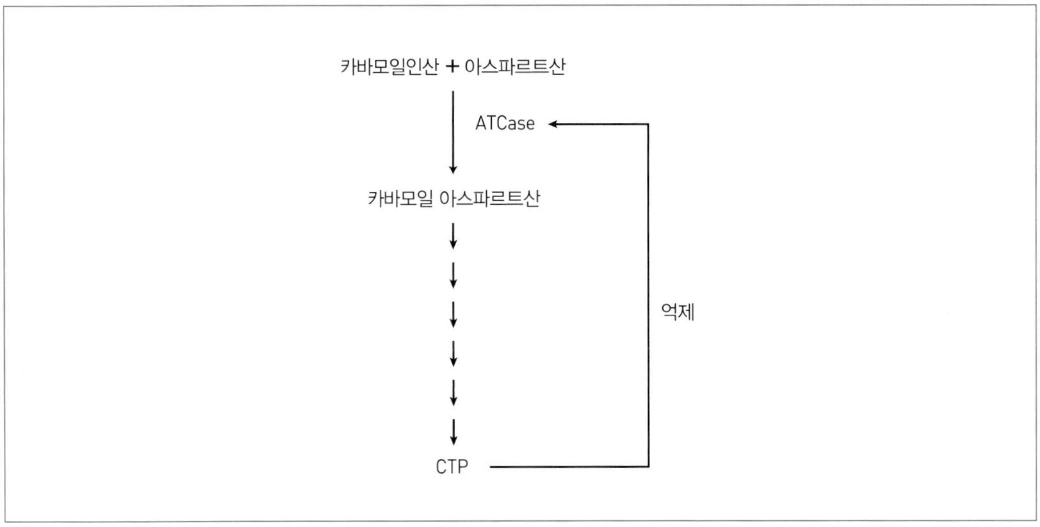

그림 2-14 • **ATCase에 대한 피드백 억제작용**

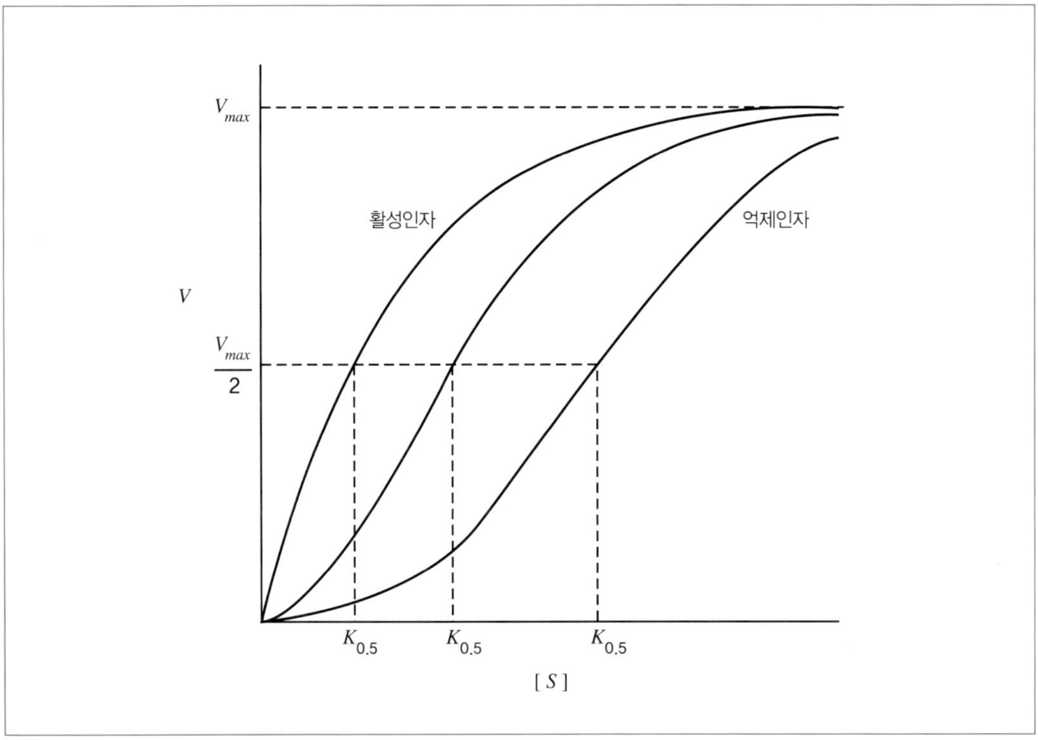

그림 2-15 • **알로스테릭 효소의 반응속도론**

제 3 장

탄수화물

Carbohydrate

탄소, 수소, 산소가 1 : 2 : 1의 비율로 구성된 탄수화물(carbohydrate)은 생물이 살아가는 데 필요한 에너지원으로서의 역할뿐만 아니라 생명체 구조에 중요한 구성 성분으로 작용하는 물질이다. 탄수화물은 단당류(monosaccharide), 이당류(disaccharide)를 포함하는 올리고당류(oligosaccharide), 다당류(polysaccharide)로 분류한다. 단당류는 분자 내에 하나의 알데히드기(aldehyde group) 또는 케톤기(ketone group)를 가지며, 탄소 수에 따라 6탄당(hexose), 5탄당(pentose) 등으로 분류된다. 6탄당에는 포도당(glucose), 과당(fructose), 만노오스(mannose) 및 갈락토오스(galactose) 등이 있으며, 5탄당에는 DNA의 성분인 데옥시리보오스(deoxyribose)와 RNA의 성분인 리보오스(ribose)가 있다. 이당류는 단당류 2분자가 글리코시드 결합(glycosidic bond)으로 연결된 것으로, 수크로오스(sucrose), 말토오스(maltose), 락토오스(lactose) 등이 있다. 다당류는 여러 분자의 단당류가 결합된 것으로 셀룰로오스(cellulose), 글리코겐(glycogen), 녹말(starch) 등이 있다.

01 단당류

단당류(monosaccharides)는 가장 단순한 구조를 가진 당(sugar)으로, 모든 탄수화물의 구성요소(building block)이다.

분자 내의 탄소 수에 따라 3탄당(triose), 4탄당(tetrose), 5탄당(pentose), 6탄당(hexose), 7탄당(heptose) 등으로 나눈다. 알데히드기를 가지고 있는 단당류를 알도오스(aldose)라 하며, 케톤기를 가지고 있는 단당류를 케토오스(ketose)라 한다. 가장 단순한 단당류인 D-글리세르알데히드(D-glyceraldehyde)는 탄소 3개와 알데히드기를 가지고 있는 알도3탄당(aldotriose)이며, 디히드록시아세톤(dihydroxyacetone)은 탄소 3개와 케톤기를 가지고 있는 케토3탄당(aldotriose)이다(그림 3-1).

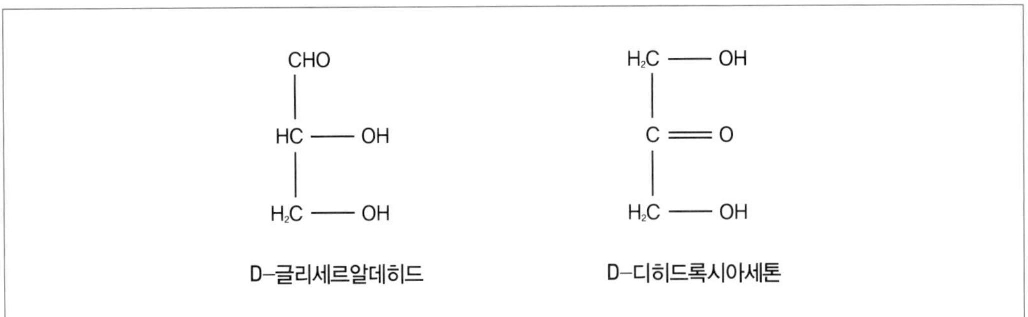

그림 3-1 • D-글리세르알데히드와 디히드록시아세톤의 구조

모든 분자들은 거울상이 있어서 서로 겹쳐질 수 있는 것들도 있으나 그렇지 않은 것도 있다. 이를 광학이성체(optical isomer)라 하는데, 비대칭 탄소(asymmetrical carbon)에 의해 결정된다. 광학이성체의 개수는 2^n식(n=비대칭 탄소수)으로 계산할 수 있다. 가장 중요한 단당류로서 알도6탄당인 D-포 도당의 2, 3, 4, 5번 탄소에는 4개의 다른 치환기가 붙어 있다. 이 4개의 비대칭 탄소가 있기 때문에 16개의 광학이성체가 존재한다.

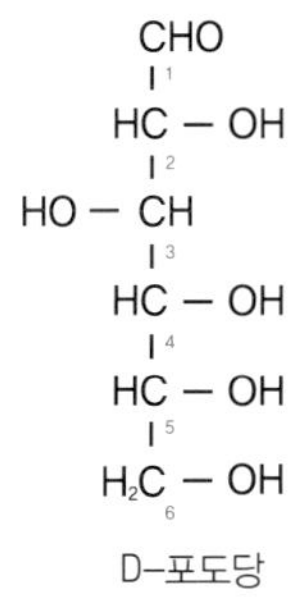

D-포도당의 구조

광학이성체 구조를 가질 수 있게 하는 중심 탄소인 키랄성 탄소(chiral carbon) 중에서 하나에서만 입체 구조가 다른 부분입체이성체(diastereomer)를 에피머(epimer)라 한다. D-만노오스와 D-갈락토오스는 각각 D-포 도당의 C-2와 C-4 에피머이다(그림 3-2).

대부분의 단당류들은 자발적으로 고리 구조(ring structure)를 형성한다. 알도오스는 알데히드기와 수산기(hydroxyl group) 중 하나가 헤미아세탈 결합(hemiacetal bond)을 형성하며, 케토오스는 케톤기가 수산기와 헤미케탈 결합(hemiketal bond)을 형성한다. 6개의 원자로 구성된 고리 구조를 피라노오스(pyranose)라 하며, 5개의 원자로 구성된 고리 구조를 퓨라노오스

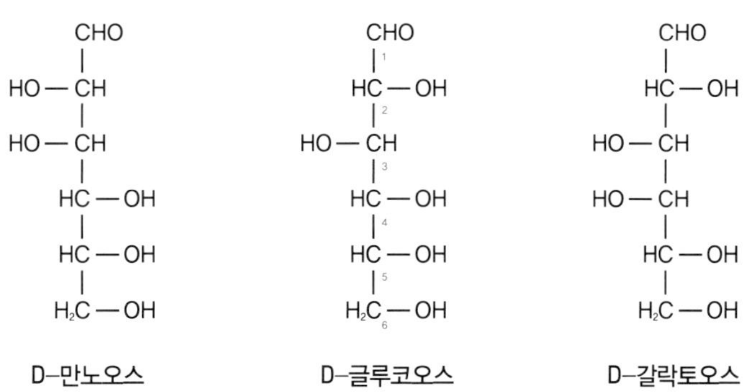

그림 3-2 • D-포도당의 에피머인 D-만노오스와 D-갈락토오스

(furanose)라 한다. 알도6탄당(aldohexose)인 포도당과 케토6탄당(ketohexose)인 과당을 고리 구조인 피셔 투영식(Fisher projection)과 하워스 투영식(Haworth projection)으로 나타내었다(그림 3-3).

고리 구조가 형성될 때 포도당의 1번 탄소가 비대칭 탄소가 되기 때문에 α-D-포도당(α-D-glucose)과 β-D-포도당(β-D-glucose)이 형성되는데, 이 두 이성체를 아노머(anomer)라 한다. 이때 1번 탄소가 아노머 탄소(anomeric carbon)이다. 과당의 경우에는 2번 탄소가 아노머 탄소이다. 아노머는 자발적으로 상호 전환이 일어나는데, 이 과정을 변광회전(mutarotation)이라 한다. 이 과정은 고리 구조의 개폐에 기인되며, α-와 β-아노머 사이의 평형은 중성 용액에서는 몇 시간 내에 도달하지만 산과 염기 조건에서는 촉진된다(그림 3-4).

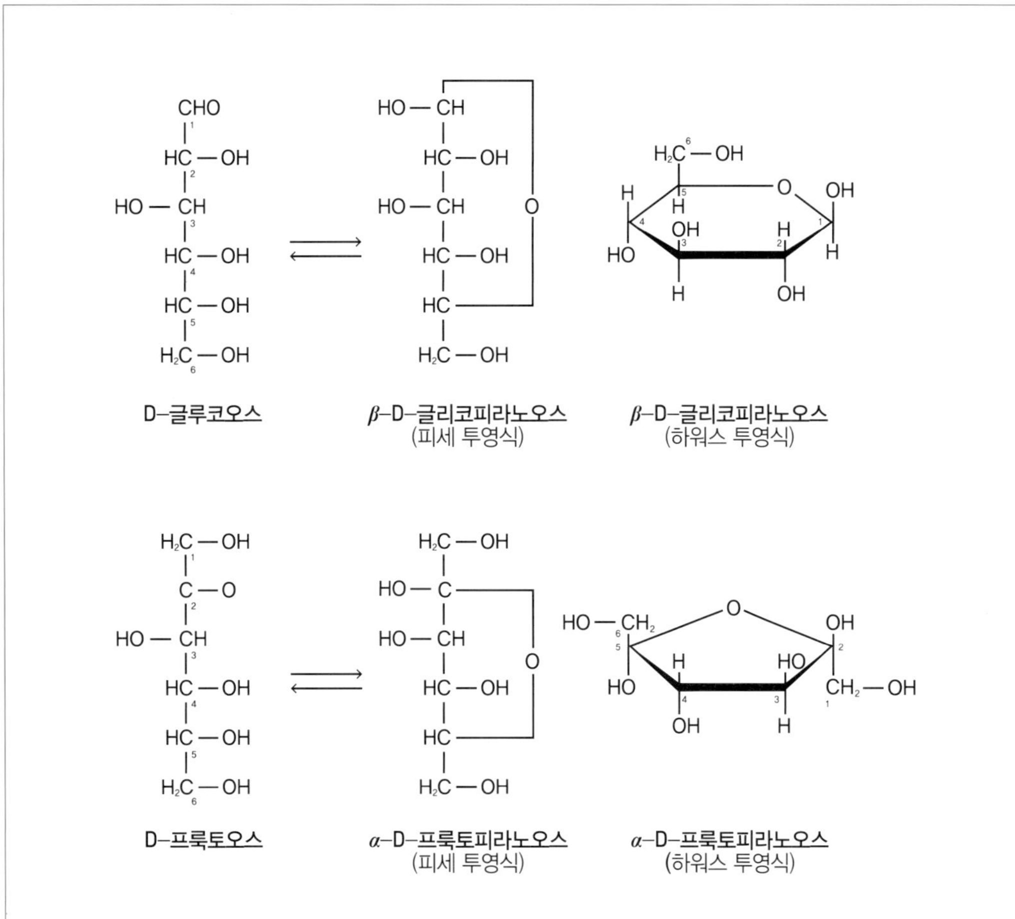

그림 3-3 ● **포도당과 과당의 고리 구조**

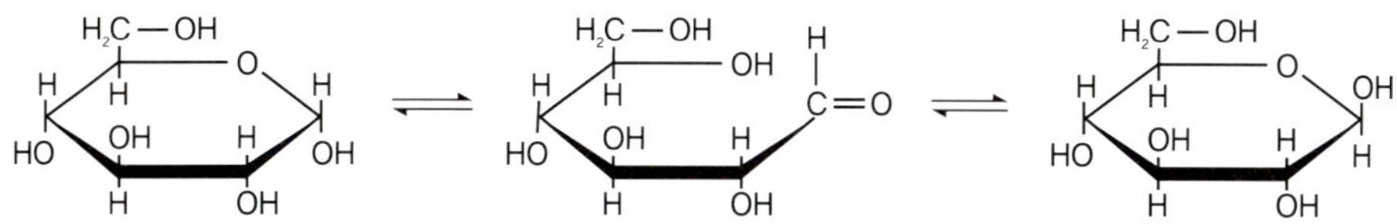

그림 3-4 • D-포도당의 변광회전

02 이당류

올리고당류(oligosaccharide)를 소당류라고도 하며, 2~10개의 단당류들로 이루어진 탄수화물이다. 올리고(oligo)라는 용어는 그리스어를 어원으로 하는 약간(a few)이라는 의미이다. 올리고당류 중에서 가장 대표되는 물질은 이당류(disaccharide)로서 단당류 두 분자가 글리코시드 결합(glycosidic bond)에 의해 형성된다. 이 결합은 한 단당류의 수산기가 다른 한 단당류의 아노머 탄소와 반응하여 형성된다.

발아 중인 곡물 종자에 많이 들어 있는 말토오스(maltose)는 포도당 두 분자가 $\alpha(1\rightarrow4)$ 글리코시드 결합에 의해 형성된 물질로, 소장에 존재하는 말타아제(maltase)에 의해 가수분해가 된다.

락토오스(lactose)는 동물과 인간의 모유에 풍부하게 존재하는 유일한 이당류로, 포도당과 갈락토오스가 $\beta(1\rightarrow4)$ 글리코시드 결합에 의해 형성된다. 소화과정에서 락타아제(lactase)에 의해 가수분해가 된다.

수크로오스(sucrose)는 포도당과 과당의 $\alpha(1\rightarrow2)$ 글리코시드 결합체로, 사탕수수와 같은 식물에서는 만들어지지만 사람을 포함한 고등동물에서는 존재하지 않는다. 소화과정에서 수크라아제(sucrase)에 의해 가수분해가 된다.

말토오스와는 다르게 셀로비오스(cellobiose)는 포도당 두 분자가 $\beta(1\rightarrow4)$ 글리코시드 결합으로 되어 있으며, 이소말토오스(isomaltose)는 포도당 두 분자가 $\alpha(1\rightarrow6)$ 글리코시드 결합으로 되어 있다. 고등동물들은 말토오스를 소화시킬 수 있으나 셀로비오스는 소화시키지 못한다(그림 3-5). 셀로비오스는 셀룰로오스(cellulose)가 분해되어 생긴다.

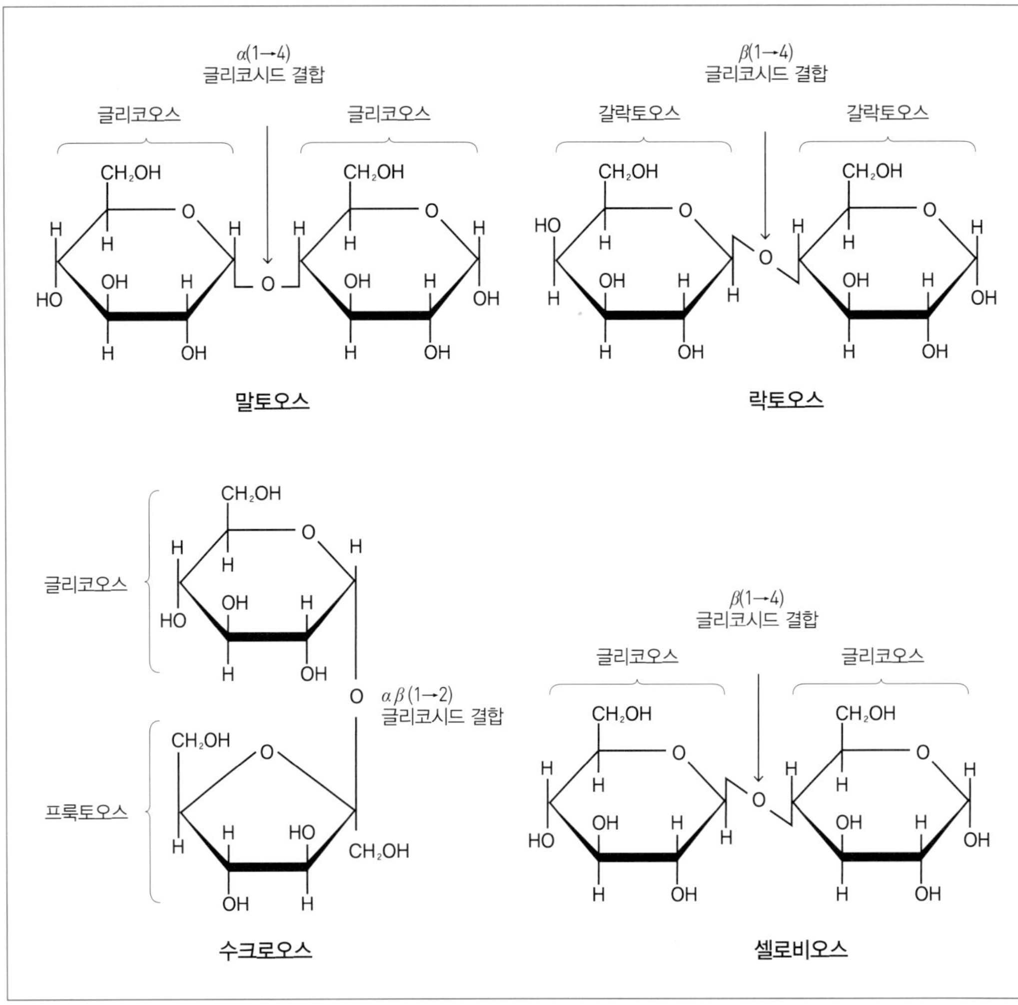

그림 3-5 • 이당류

03 환원당

이당류는 환원 말단(reducing end)을 가지는 환원당(reducing sugar)과 비환원 말단(nonreducing end)을 가지는 비환원당(nonreducing sugar)으로 나눈다. 퓨라노오스의 1번 탄소와 피라노오스의 2번 탄소는 환원력을 가진다(환원 말단). 말토오스, 락토오스 등은 각각 하나의 환원 말단과 하나의 비환원 말단을 가지는 환원당이다. 그러나 수크로오스는 환원 말단을 가지지 않는 비환원당이다. 왜냐하면, 아노머 탄소인 α-포도당의 1번 탄소와 β-와 당의 2번 탄소가 글리코시드 결합에 관여하기 때문이다.

알데히드(−CHO) 또는 케톤(−C=O)기를 가지고 있는 환원당은 알칼리 용액에서 구리, 은, 시안화철 이온들을 환원시켜 여러 가지 색깔의 침전물을 생성하는데, 이 성질을 이용하여 환원당을 검정한다.

$$CuSO_4 + 2NaOH\ Na_2SO_4 + 2Cu(OH)2$$

$$\text{환원당} + 2Cu(OH)_2\ Cu_2O + H_2O + \text{산화된 당}$$

베네딕트 시약에 포함되어 있는 황산동($CuSO_4$)은 알칼리와 반응하여 $Cu(OH)_2$로 되고, 이것이 환원당에 의하여 환원되면 적갈색의 산화동(CuO_2)으로 변한다.

04 다당류

다당류(polysaccharide)는 많은 수의 단당류가 글리코시드 결합으로 형성된 물질이다. 폴리(poly)라는 용어는 그리스어를 어원으로 하는 많이(many)라는 의미이다. 한 종류만의 단당류로 구성된 다당류를 동종 다당류(homopolysaccharide)라 하며, 두 종류 이상의 서로 다른 단당류로 구성된 다당류를 이종 다당류(heteropolysaccharide)라 한다. 녹말은 동종 다당류에 속하며, D−글루쿠론산(D−glucuronate)과 *N*−아세틸−D−글루코사민(*N*−acetyl−D−glucosamine)이 반복하여 결합된 히알루론산(hyaluronic acid)은 이종 다당류에 속한다.

녹말(starch)은 식물체 내에서 생성되어 존재하는 α−D−포도당의 글리코시드 결합체로, $\alpha(1\rightarrow4)$ 결합에 의한 직선형의 아밀로오스(amylose, 그림 3−6A)와 $\alpha(1\rightarrow4)$ 결합으로 연결된 주사슬(main chain)에 $\alpha(1\rightarrow6)$ 결합에 의해 분지사슬(branch chain)이 있는 아밀로펙틴(amylopectin)의 두 종류가 있다.

셀룰로오스(cellulose)는 식물의 세포벽(cell wall)에 많이 존재하는 성분으로, 1만 개 이상의 β−D−포도당이 $\beta(1\rightarrow4)$ 결합에 의해 직선형으로 연결된 동종의 글리코시드 결합체이다(그림 3−6B).

글리코겐(glycogen)은 동물세포에 과립의 형태로 저장되어 있는 성분으로, 간세포에 많이 들어 있으며, 근육세포에도 존재한다. 아밀로펙틴과 같이 α−D−포도당으로 구성된 가지형의 구조를 하고 있으나, 약 25개의 포도당 잔기당 한 개의 분지점(branch point)이 있는 아밀로펙틴보다 약 10개의 포도당 잔기마다 하나의 분지점을 가지고 있기 때문에 많은 분지사슬을 가지고 있다(그림 3−6C). 분지사슬이 많을수록 비환원 말단이 많음으로 인해 근육 세포 내의 글리코겐은 에너지를 많이 생성할 수 있다.

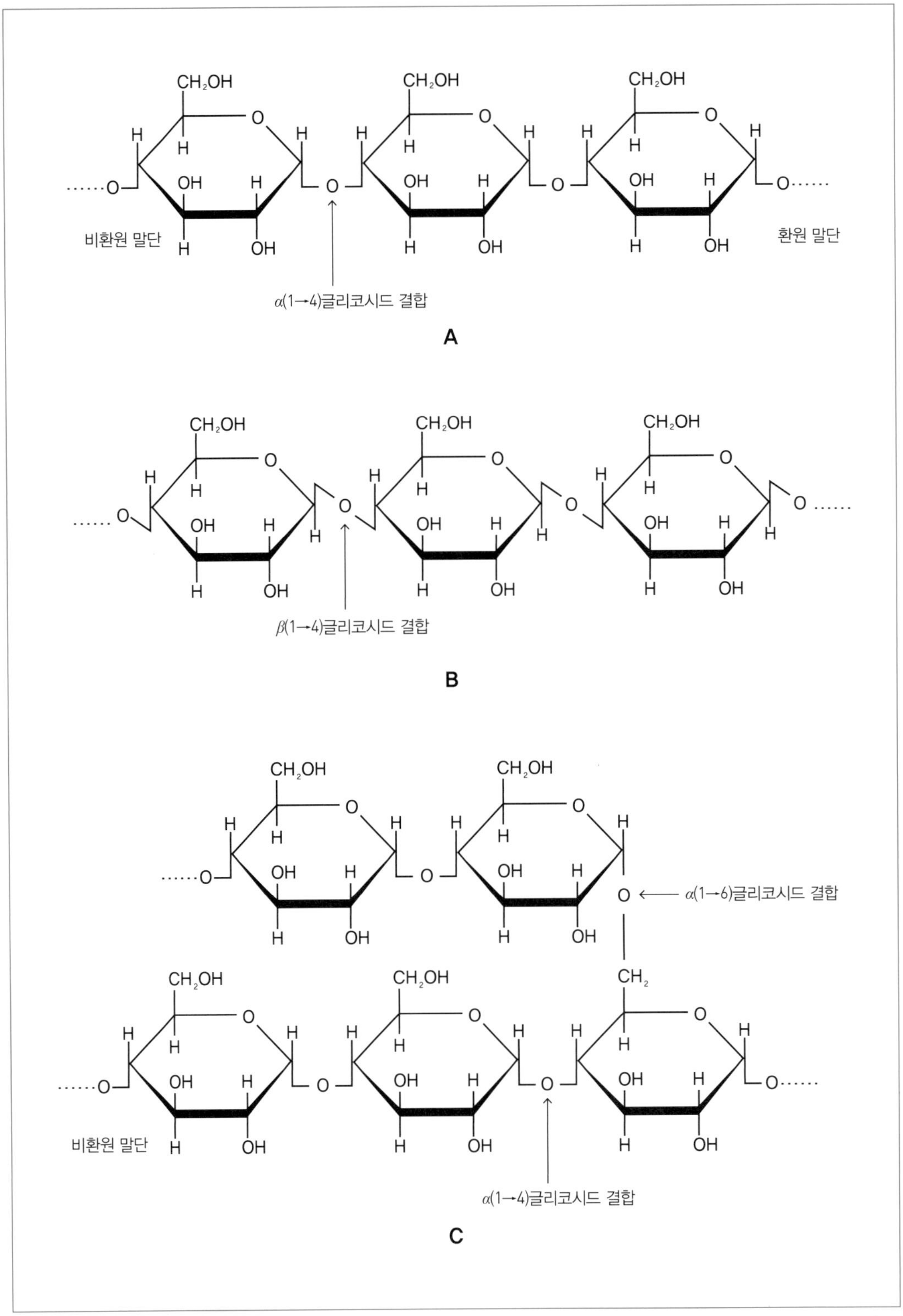

그림 3-6 • 다당류

(A) 아밀로오스. (B) 셀룰로오스. (C) 글리코겐.

05 당단백질

탄수화물은 단백질이나 지질과 같은 비탄수화물과 공유적으로 결합하는데, 이때 산소와 질소를 매개로 하여 각각 *O*-글리코시드 결합(*O*-glycosidic bond)과 *N*-글리코시드 결합(*N*-glycosidic bond)으로 연결된다. 당단백질(glycoprotein)은 골지체(Golgi body)에서 단백질에 탄수화물이 결합되어 형성되며, 진핵생물의 세포막에서 중요한 기능을 한다.

제 4 장

지질
Lipid

지질(lipid)은 물에는 녹지 않으며, 클로로포름(chloroform)이나 에테르(ether)와 같은 비극성용매(nonpolar solvent)에 의해 쉽게 용해되는 유기물질이다. 원형질(plasma), 지방조직(adipose tissue), 생체막(biological membrane)에 많이 존재하여, 에너지원으로서 뿐만 아니라 저장 및 구성 성분으로서도 작용한다.

지질은 화학적 성질에 따라 몇 가지 그룹으로 나눌 수 있으며, 각 물질은 특이적인 생물학적 기능을 갖는다(표 4-1).

표 4-1 • 화학적 성질에 따른 지질의 종류

지 질		종 류
트리아실글리세롤		
인지질	포스파디드산	포스파티딜콜린 포스파티딜에탄올아민, 포스파티딜세린, 포스파티딜이노시톨, 포스파티딜글리세롤, 디포스파티딜글리세롤
	포스포아실글리세롤	
스핑고지질		세라미드, 스핑고미엘린, 세레브로시드, 강글리오시드
스테로이드		콜레스테롤 성호르몬 : 테스토스테론, 코르티솔, 프로게스테론, 에스트라디올
왁스		

01 지방산

지질의 대부분은 4~24개의 탄소 원자를 갖는 긴 사슬의 지방산(fatty acid)으로 구성되어 있으며, 이는 극성 말단에 한 개의 친수성인 카르복실기와 소수성인 긴 탄화수소의 비극성 꼬리(nonpolar tail)를 가지고 있다. 이와 같이 친수성과 소수성의 성질을 모두 가지고 있기 때문에 지방산은 양친매성(amphipathic)이다. 또한 비극성의 꼬리로 인해 지질이 소수성의 성질을 가지게 된다. 세포나 조직 내에서 지질은 지방산과 공유결합된 형태로서 존재한다. 이 지방산들은 탄소 수와 이중결합의 유무, 개수 및 위치에 따라서 다양한 종류가 있다(표 4-2).

천연에 존재하는 지방산은 일반적으로 짝수 개의 탄소 원자를 가지며, 16개와 18개의 탄소 원자를 가장 많이 가지고 있다. 긴 탄화수소 꼬리의 탄소와 탄소 원자 사이에 단일결합(single bond)만으로 되어 있으면 이를 포화지방산(saturated fatty acid)이라 하며, 한 개 이상의 이중결합(double bond)이 있으면 불포화지방산(unsaturated fatty acid)이라 한다.

대부분의 불포화지방산은 9번과 10번 탄소 원자 사이에 이중결합이 있으며, 시스(cis)의 형태로서 지방산의 긴 탄화수소 사슬이 구부러지게 만든다. 포화지방산은 단일결합만으로 되어 있기 때문에 쭉 뻗은 상태로 되어 있다.

표 4-2 • 자연에 존재하는 지방산

지방산	탄소수 : 이중결합	분자식	융점(℃)
포화지방산			
라우르산	12 : 0	$CH_3(CH_2)_{10}COOH$	44
미리스트산	14 : 0	$CH_3(CH_2)_{12}COOH$	54
팔미트산	16 : 0	$CH_3(CH_2)_{14}COOH$	63
스테아르산	18 : 0	$CH_3(CH_2)_{16}COOH$	70
아라키드산	20 : 0	$CH_3(CH_2)_{18}COOH$	77
불포화지방산			
팔미토레인산	16 : 1 Δ^{9}	$CH_3(CH_2)_5CH = CH(CH_2)_7COOH$	−0.5
올레산	18 : 1 Δ^{9}	$CH_3(CH_2)_7CH = CH(CH_2)_7COOH$	13
리놀레산	18 : 2 $\Delta^{9,\,12}$	$CH_3(CH_2)_4CH = CHCH_2CH = CH(CH_2)_7COOH$	−5
리놀렌산	18 : 3 $\Delta^{9,\,12,\,15}$	$CH_3CH_2CH = CHCH_2CH = CHCH_2CH = CH(CH_2)_7COOH$	−11
아라키돈산	20 : 4 $\Delta^{5,\,8,\,11,\,14}$	$CH_3(CH_2)_4CH = CHCH_2CH = CHCH_2CH = CHCH_2CH$ $= CH(CH_2)_7COOH$	−50

실온에서 동물성 지방은 고체로 존재하나 식물성 기름은 액체로 존재하는데, 이는 식물성 기름이 동물성 지방보다 융점(끓는점; melting point)이 낮은 불포화지방산이 많이 존재하기 때문이다.

02 트리아실글리세롤

트리아실글리세롤(triacylglycerol)은 지방(fat) 또는 중성지방(neutral fat)이라 하며, 동물의 피하, 복강, 유선(mammary gland) 등에 많이 존재하는 지방세포에 저장되어 에너지원으로 작용한다. 글리세롤 1분자와 지방산 3분자로 구성되어 있는 글리세롤의 지방산 에스테르(ester)이다. 글리세롤은 알코올기 3개를 가지고 있는 간단한 구조의 물질이다.

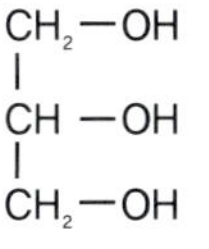

글리세롤의 구조

한 종류의 지방산 3분자가 결합된 것을 단순 트리아실글리세롤(simple triacylglycerol)이라 하며, 두 종류 이상의 지방산이 결합된 트리아실글리세롤을 혼합 트리아실글리세롤(mix triacylglycerol)이라 한다. 소기름은 3분자의 포화지방산인 스테아르산(stearic acid)으로 구성된 트리스테아린(tristearin)으로, 실온에서 유지성의 백색 고체로 존재하며, 불포화지방산인 올레산 3분자가 결합된 트리올레인(triolein)의 올리브유는 실온에서 액체 상태로 존재하는데, 이들은 단순 트리아실글리세롤에 속한다(그림 4-1).

트리아실글리세롤(triacylglycerol)은 클로로포름이나 벤젠과 같은 비극성용매에 쉽게 용해되기 때문에 이 성질을 이용하여 조직으로부터 지방을 추출하는 데 이용한다.

트리아실글리세롤은 소화과정에서 이자에서 소장으로 분비되는 리파아제(lipase)에 의해서 에스테르 결합이 가수분해된다. 또한 트리아실글리세롤은 산이나 알칼리를 촉매로 하여 비누화(saponification)가 일어나 트리아실글리세롤이 가수분해되기도 한다. 수산화칼륨(KOH)이나 수산화나트륨(NaOH)에 의한 트리아실글리세롤의 가수분해는 지방산을 K^+ 염 또는 Na^+ 염을 생성한다. 이 염이 비누로서, 세면용 비누는 주로 지방산의 K^+ 염 혼합물이다(그림 4-2).

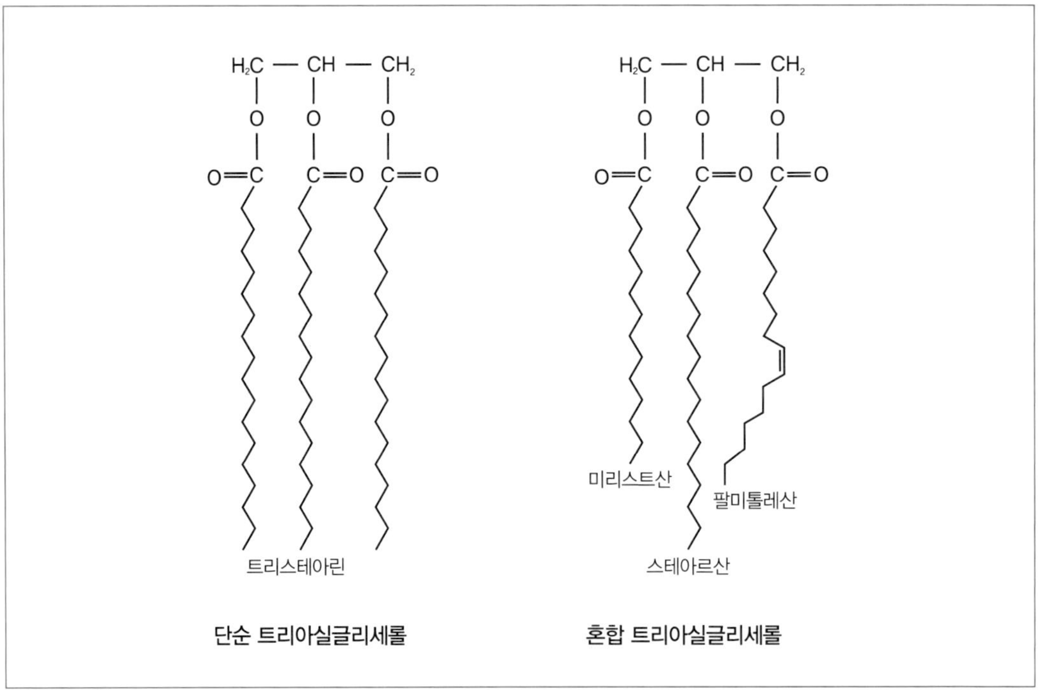

그림 4-1 • 트리아실글리세롤

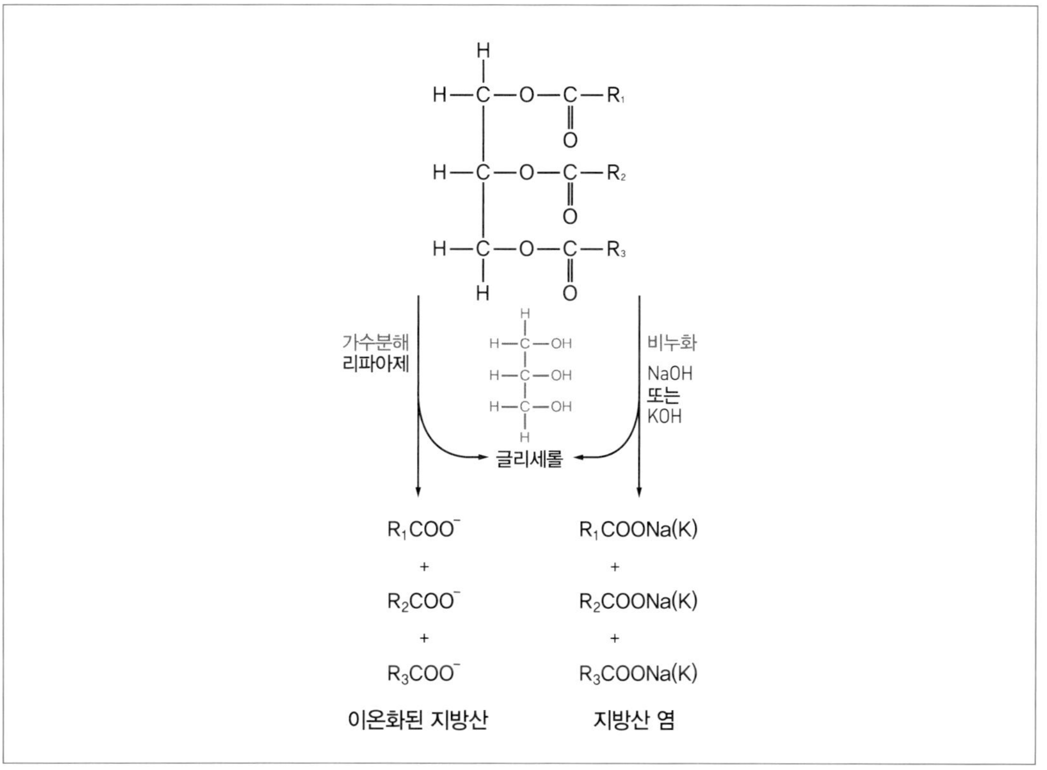

그림 4-2 • **트리아실글리세롤의 가수분해와 비누화**

03 인지질

인지질(phospholipid)은 원형질막, 핵막, 미토콘드리아막 등의 생체막의 주성분으로, 극성지질(polar lipid)이다. 포스파티드산(phosphatidic acid)은 인지질의 가장 간단한 구조로, 글리세롤의 알코올기 3개 중 2개에 지방산이 에스테르되고 나머지 하나에 인산기가 에스테르 결합된 물질이다.

또한 인산에 다른 알코올이 에스테르 결합되어 포스파티딜 에스테르(phosphatidyl ester)를 형성한다. 이와 같은 구조로 인해 포스포아실글리세롤(phosphoacylglycerol)이라고 한다. 그 종류로는 포스파티딜콜린(phosphatidylcholine), 포스파티딜에탄올아민(phosphatidylethanolamine), 포스파티딜세린(phosphatidylserine), 포스파티딜이노시톨(phosphatidylinositol), 포스파티딜글리세롤(phosphatidylglycerol), 디포스파티딜글리세롤(diphosphatidylglycerol; cardiolipin)이 있다(그림 4-3).

모든 포스포아실글리세롤은 극성의 친수성 머리 부분과 소수성의 비극성꼬리를 가지고 있기 때문에 양친매성이다. 포스포아실글리세롤에 산이나 알칼리를 처리하면 가수분해되어 지방산, 글리세롤, 인산, 알코올 등이 만들어진다. 또한 소화과정에서 포스포리파아제(phospholipase)에 의해서 가수분해된다.

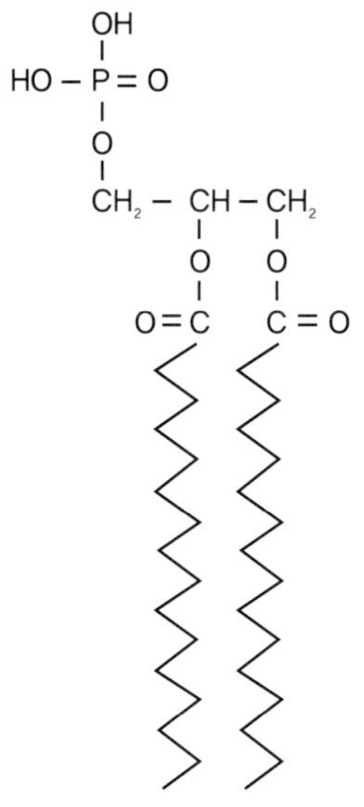

포스파디드산

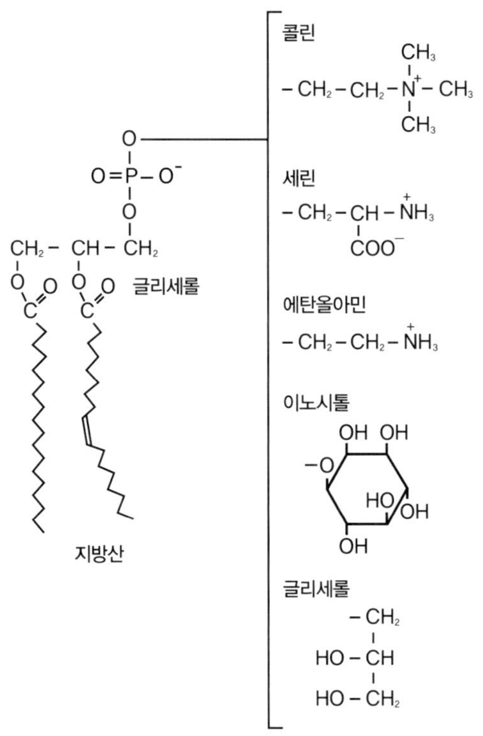

그림 4-3 • **포스포아실글리세롤**

04 스핑고지질

스핑고지질은 인지질과 마찬가지로 생체막을 구성하는 성분으로, 글리세롤은 들어 있지 않지만 긴 사슬의 아미노 알코올인 스핑고신(sphingosine)으로 구성되어 있다. 스핑고신은 각종 스핑고지질의 모체가 되는 물질이다. 스핑고신은 포유동물에 가장 많이 존재한다(그림 4-4). 스핑고지질에서 가장 간단한 구조인 세라미드(ceramide)는 스핑고신의 아미노기에 지방산 1분자가 아미드 결합(amide bond)을 형성하고 있다(그림 4-5).

스핑고지질에는 스핑고미엘린(sphingomyelin), 세레브로시드(cerebroside), 강글리오시드(ganglioside) 등이 있으며, 스핑고미엘린은 세레브로시드와 강글리오시드와 달리 인을 함유하고 있다.

스핑고미엘린은 스핑고지질 중에서 가장 많이 존재하며, 스핑고신의 알코올기에 에스테르 결합으로 인산과 콜린이 연결된 구조를 하고 있다(그림 4-6). 인산을 함유하고 있어 포스포글리세리드의 포스파티딜콜린과 포스파티딜에탄올아민과 구조적으로 유사하여 인지질로서 분류하기도 하며, 스핑고미엘린은 포스파티딜콜린과 매우 유사한 성질을 가진다. 스핑고미엘린은 대부분의 동물세포막에 존재하고 있으며, 특히 신경세포의 축삭돌기를 싸고 있는 미엘린(myelin)에 풍부하게 들어 있다.

세레브로시드(cerebroside)는 세라미드의 알코올기에 인산기 대신 글리코시드(glycoside) 결

그림 4-4 • 스핑고신의 구조

그림 4-5 • 세라미드의 구조

합으로 단당류가 연결된 구조로서, 포도당(glucose)이 결합되면 이를 글루코세레브로시드(glucocerebroside)라 하며, 갈락토오스(galactose)가 결합되어 있으면 갈락토세레브로시드(galactocerebroside)라 한다. 글루코세레브로시드는 신경조직의 세포막에 존재하며, 갈락토세레브로시드는 뇌의 세포막에 존재한다(그림 4-7).

강글리오시드는 가장 복잡한 스핑고지질로, 3개 이상의 단당류가 결합된 매우 큰 구조를 하고 있다(그림 4-8). 단당류 중 한 종류는 *N*-아세틸뉴라민산(*N*-acetylneuraminic acid)이라는 시알산(sialic acid)이다. 시알산은 중성 pH에서 음전하를 띠며, 막을 구성하고 있는 당단백질인 올리고당 곁사슬에도 붙어 있다. 강글리오시드도 신경조직에 많이 분포되어 있으며, 세포막의 표면에 있어서의 특이적인 수용체 부위의 중요한 성분으로 신경전달물질(neurotransmitter)이 결합되는 신경말단의 특이적인 부위에 존재한다.

세레브로시드와 강글리오시드는 당을 함유하고 있으므로 당지질(glycolipid)로 분류하기도 한다.

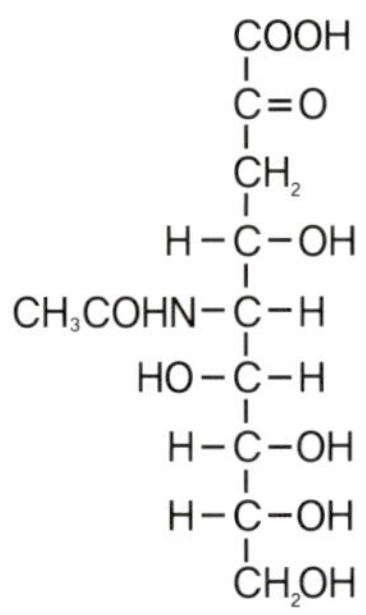

N-아세틸뉴라민산의 구조

05 스테로이드

스테로이드(steroid)는 3개의 6탄소 고리와 1개의 5탄소 고리로 구성된 복잡한 구조로서 소수성의 성질을 가지는 물질이다. 가장 대표적인 성분은 콜레스테롤(cholesterol)로, A 고리에 친수성을 띤 1개의 수산기가 있으나 나머지 부분은 소수성을 띠고 있어 전체적으로 소수성의 성질을 가진다(그림 4-9). 콜레스테롤은 동물의 생체막에 많이 존재하며, 혈장 지방단백질(lipoprotein)의 중요한 성분으로도 작용한다. 혈관에 콜레스테롤이 쌓여 혈액의 흐름을 방해함으로써 동맥경화증과 같은 위험한 현상을 유발하기도 한다. 테스토스테론(testosterone), 코르티솔(cortisol), 프로게스테론(progesterone) 및 에스트라디올(estradiol)과 같은 성호르몬(sex hormone)은 스테로이드 계통의 호르몬에 속한다.

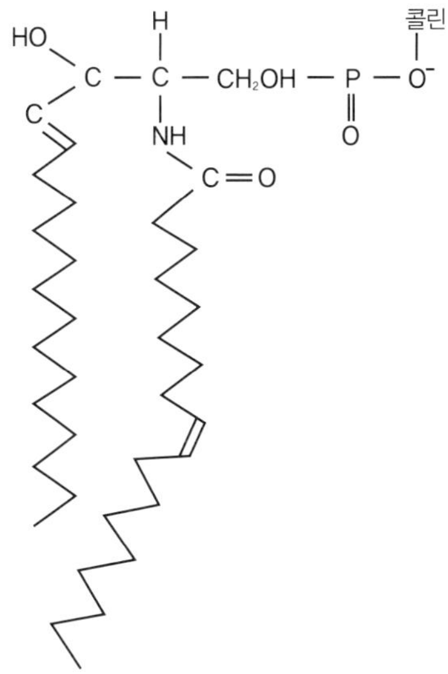

그림 4-6 • 스핑고미엘린의 구조

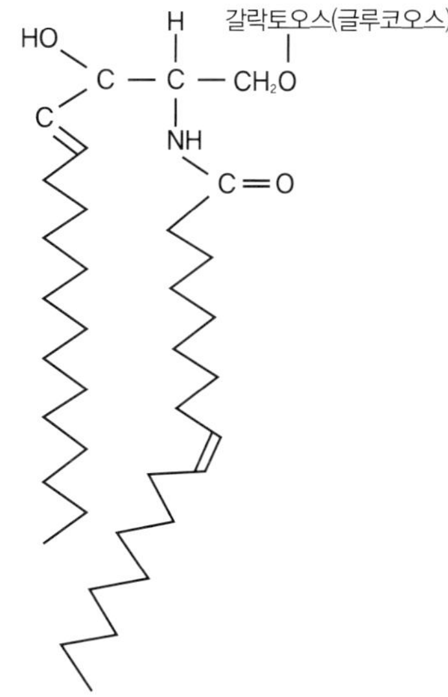

그림 4-7 • 글루코세레브로시드와 갈락토세레브로시드의 구조

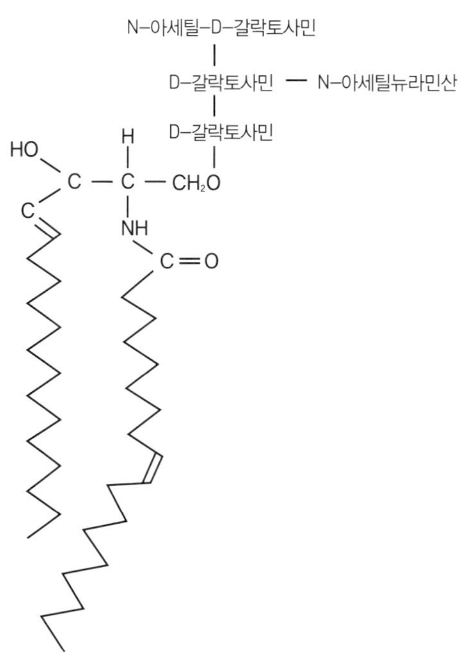

그림 4-8 • 강글리오시드의 구조

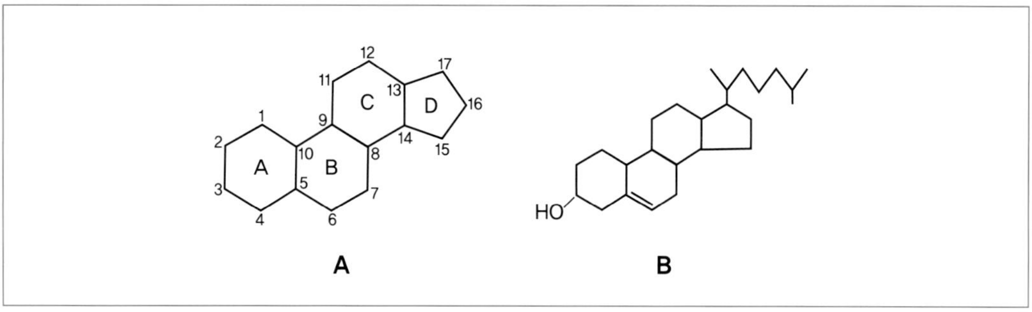

그림 4-9 ● 스테로이드(A)와 콜레스테롤(B)의 구조

제 5 장

비타민

Vitamin

비타민(vitamin)은 이들의 화학적 성질에 따라 수용성(water-soluble)과 지용성(fat-soluble)으로 나눈다. 수용성 비타민에는 티아민(thiamin; 비타민 B_1), 리보플라빈(riboflavin; 비타민 B_2), 니아신(niacin; 비타민 B_3), 판토텐산(pantothenic acid; 비타민 B_5), 피리독신(pyridoxine; 비타민 B_6), 비오틴(biotin), 엽산(folate), 코발아민(cobalamin; 비타민 B_{12}), 아스코르브산(ascorbic acid; 비타민 C)이 있으며, 대부분은 특정 효소에 대한 보조효소(coenzyme)의 전구물질(precursor)로서 작용한다. 지용성 비타민에는 A, D, E, K가 있으며, 항산화제(antioxidant)나 호르몬 유사체의 전구물질로서 기능을 한다(표 5-1).

표 5-1 • 비타민

비타민	종 류
수용성 비타민	티아민(비타민 B_1), 리보플라빈(비타민 B_2), 니아신(비타민 B_3), 판토텐산(비타민 B_5), 피리독신(비타민 B_6), 비오틴, 엽산, 코발아민(비타민 B_{12}), 아스코르브산
지용성 비타민	비타민 A, 비타민 D, 비타민 E, 비타민 K

1. 수용성 비타민

대부분의 수용성 비타민은 소장에서 쉽게 흡수되어 혈액으로 운반되어 체내에서 대사되며, 초과 흡수된 비타민은 오줌으로 배설된다.

01 티아민

티아민(thiamin)은 쌀겨에 많이 들어 있으며, 사람에게 절대적으로 필요한 비타민으로, 결핍되면 각기병을 유발한다. 티아민은 피리미딘(pyrimidine) 과 티아졸(thiazole) 부분으로 구성되어 있으며, 음식을 통해 체내로 흡수된 티아민은 조직 내에서 인산화(phosphorylation)되어 활성형 보조효소인 티아민 피로인산(thiamine pyrophosphate; TPP)을 만든다.

티아민 피로인산에 의한 보조효소 반응에서 알데히드기(aldehyde group)는 티아졸 고리의 질소와 황 원자 사이의 탄소 원자에 공유적으로 결합하여 공여체로서 작용한다(그림 5-1).

티아민 피로인산에 의한 반응은 포도당이 피루브산 탈탄산효소(pyruvate decaboxylase)에 의해 에탄올로 전환되는 발효과정에서 볼 수 있다. 또한 피루브산 탈수소효소 복합체(pyruvate

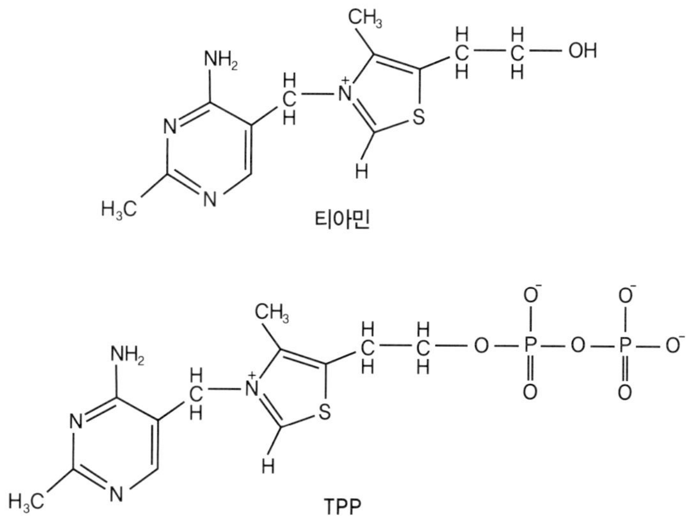

그림 5-1 • 티아민과 TPP의 구조

dehydrogenase complex)에 의해 피루브산이 아세틸 CoA(acetyl CoA)로 되는 반응과 구연산 회로에서 α-케토글루타르산 탈수소효소 복합체(α-ketoglutarate dehydrogenase complex)에 의해 α-케토글루타르산(α-ketoglutarate)이 숙신산 CoA(succinyl CoA)으로 전환되는 반응에서 볼 수 있다.

02 리보플라빈

리보플라빈(riboflavin)은 우유, 간, 효모, 계란, 콩 등에 함유되어 있으며, 결핍되면 이탈리아어로 '거친 피부(rough skin)'라는 의미의 펠라그라(pellagra)병이 유발된다. 이소알록사진(isoalloxazine) 고리 구조와 리비톨(ribitol)로 구성되어 있으며, 유도체인 보조효소로서 플라보단백질(flavoprotein)의 보결분자단인 플라빈 아데닌 디뉴클레오티드(flavin adenine dinucleotide; FAD)와 플라빈 모노뉴클레오티드(flavin mononucleotide; FMN)가 있다(그림 5-2). 플라빈은 노란색을 의미하는 라틴어 flavus로부터 유래되었다. 리보플라빈과 이의 유도체들은 열에 안정적이지만 가시광선에 노출되면 빠르게 불활성 상태가 된다.

음식 내의 리보플라빈은 소장에서 에너지 의존 운반체에 의해 흡수된 다음 조직으로 운반되어 FMN과 FAD로 전환된다. 초과된 물질은 오줌으로 배설되거나 간에서 효소에 의해 대사된다.

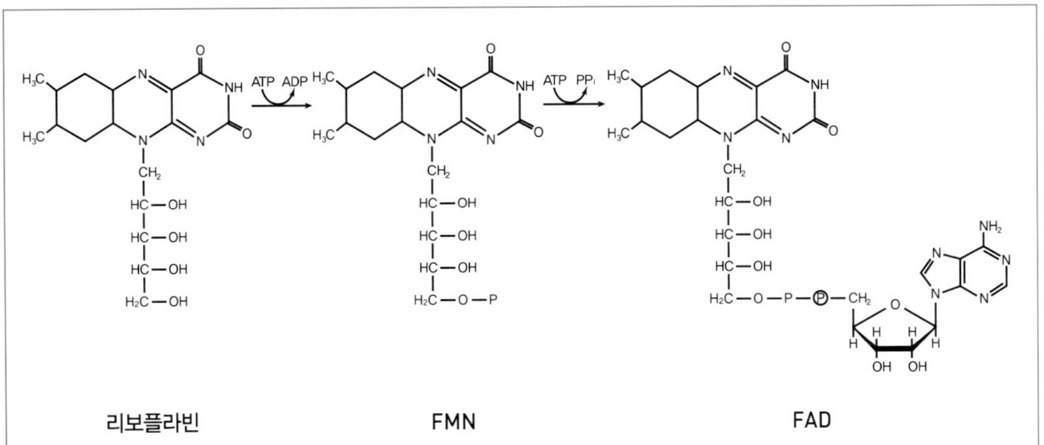

그림 5-2 • **리보플라빈, FMN, FAD의 구조**

FAD에 의한 반응은 구연산 회로에서 숙신산 탈수소효소(Succinate dehydrogenase)에 의해 촉매되는 아래의 반응에서 볼 수 있다.

$$\text{Succinate} + \text{FAD} \longrightarrow \text{Fumarate} + \text{FADH}_2$$

03 니아신

니아신(niacin)은 육류, 견과류, 콩 등에 많이 함유되어 있는데, 결핍되면 사람에게 펠라그라결핍증을 일으킨다. 니아신은 니코틴산(nicotinic acid)이나 니코틴아미드(nicotinamide)의 포괄적인 명칭이다.

니코틴아미드는 보조효소인 니코틴아미드 아데닌 디뉴클레오티드(nicotinamide adenine dinucleotide; NAD)와 니코틴아미드 아데닌 디뉴클레오티드 인산(nicotinamide adenine dinucleotide phosphate; NADP)의 성분이다. NADP는 NAD에 인산기 하나가 붙어 있는 구조이다. 이 두 보조효소는 NAD^+와 $NADP^+$의 산화형과 $NADH + H^+$와 $NADPH + H^+$의 환원형이 있다.

이 두 보조효소의 니코틴아미드는 기질분자로부터 탈수소효소(dehydrogenase)에 의해 이탈된 수소음이온(hydride ion; H^-)의 일시적인 중간 운반체이다.

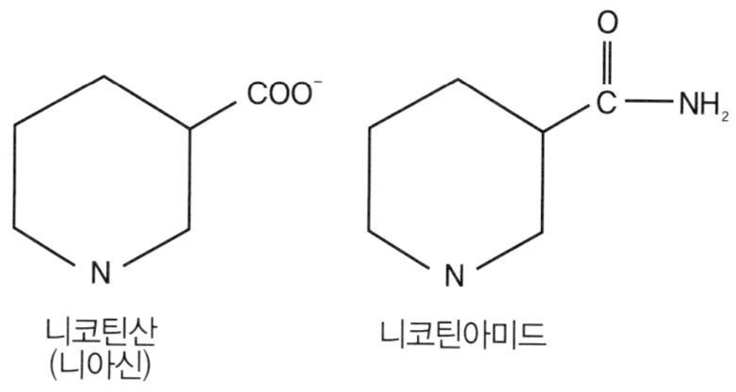

니코틴산과 니코틴아미드의 구조

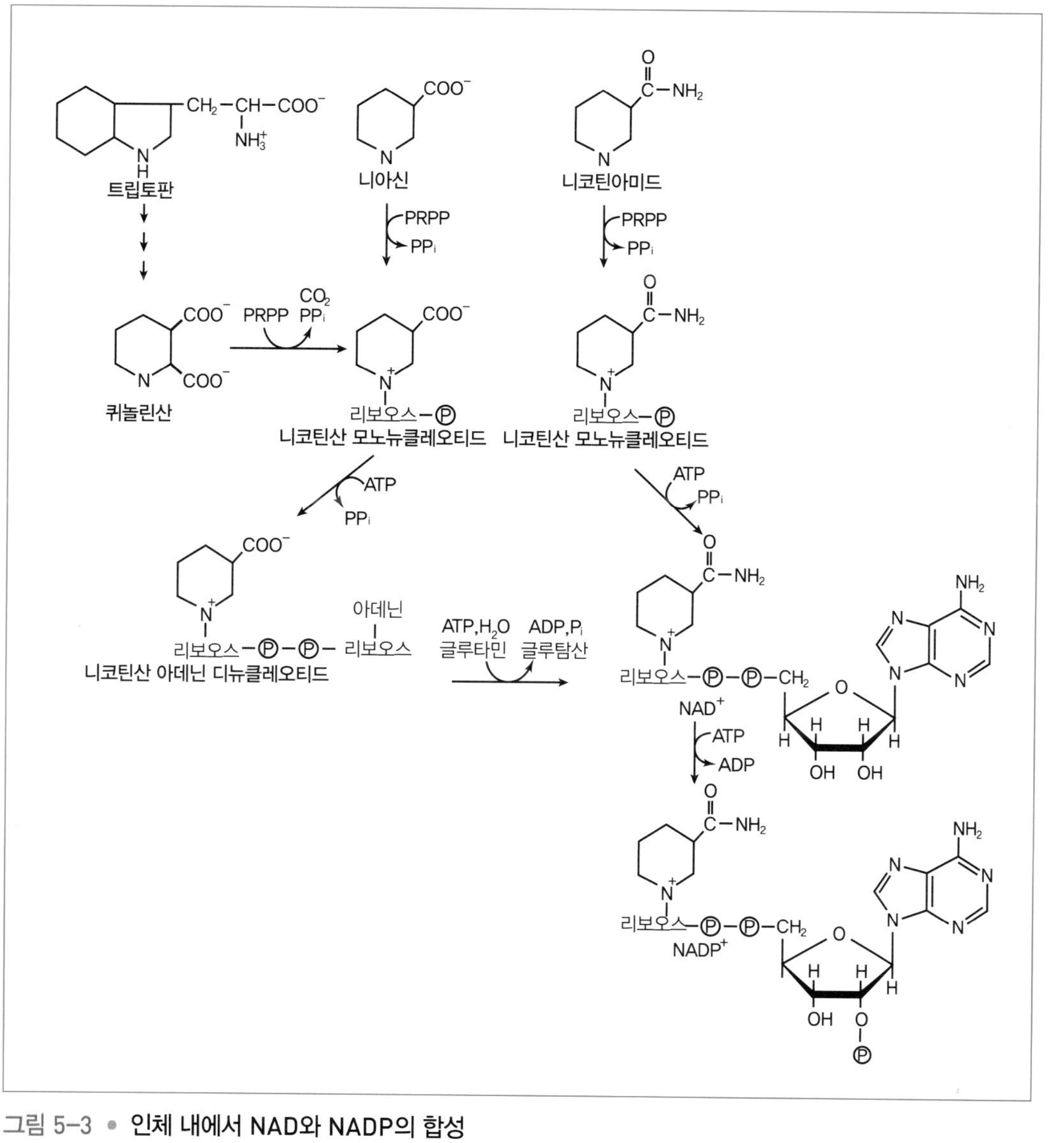

그림 5-3 ● 인체 내에서 NAD와 NADP의 합성

NAD에 의한 반응은 해당과정과 구연산 회로에서 볼 수 있는데, 이 중 하나를 소개하면 말산이 말산 탈수소효소(malate dyhrdrogenase)에 의해 옥살초산으로 전환되는 반응이다.

$$\text{L-Malate} + \text{NAD}^+ \rightleftharpoons \text{Oxaloacetate} + \text{NADH} + \text{H}^+$$

음식으로 섭취된 보조효소들은 위에서 가수분해되고 그 결과 생성된 니코틴산과 니코틴아미드는 소장에서 흡수되어 조직으로 운반된 다음 보조효소로 전환된다. 또한 페닐알라닌으로부터도 합성된다(그림 5-3). 초과 흡수된 니아신은 간에 의해 쉽게 분비된다.

04 판토텐산

판토텐산(pantothenic acid)은 1938년 로저 윌리암스(Roger Williams)에 의해서 효모와 간의 추출물에서 처음으로 분리되었으며, 이후 거의 모든 동물, 식물, 미생물 등에 들어 있다는 것이 알려졌다. 특히 곡물, 효모, 계란, 간 등에 많이 함유되어 있다.

판토텐산은 보조효소 A(Coenzyme A; CoA)의 구성 성분이다(그림 5-4). 보조효소 A는 반응성이 높은 티올기(thiol group; -SH)를 가지고 있으므로 CoA-SH로 표시하며, 아실기 전이반응에서 아실기와 공유결합하여 티오에스테르(thioester)를 형성한다. 티오에스테르는 알코올(R-OH)보다는 오히려 티올(R-SH)의 에스테르로서 아실기의 운반체로 작용한다.

보조효소 A에 의한 반응은 피루브산이 피루브산 탈수소효소 복합체(pyruvate dehydrogenase complex)에 의해 아세틸-CoA로 되는 산화적 탈탄산반응(oxidative decarboxylation)과 이어지는 아세틸-CoA의 아세틸기가 시트르산 생성효소(citrate synthase)에 의해서 옥살로아세트산(oxaloacetate)으로 전이되어 시트르산을 생성하는 반응에서 볼 수 있다.

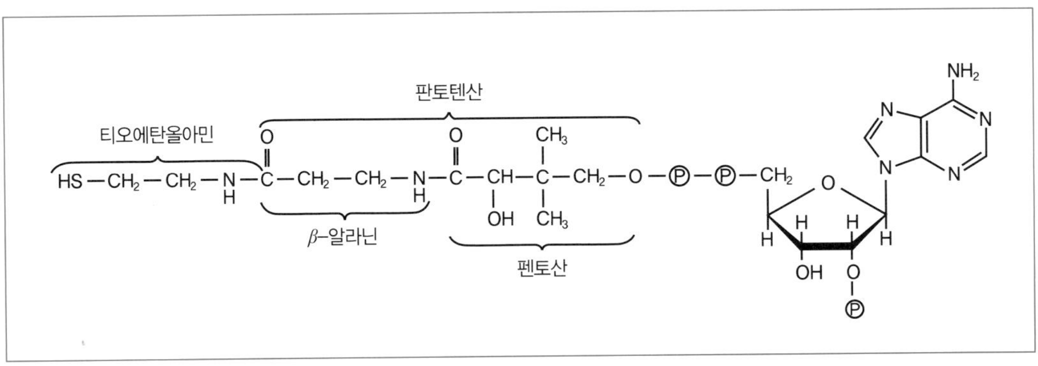

그림 5-4 • **보조효소 A의 구조**

05 피리독신(비타민 B_6)

비타민 B_6 군에는 주가 되는 피리독신(pyridoxine)과 유도체인 피리독살(pyridoxal), 피리독사민(pyridoxamine)이 있으며, 이들은 서로 생물학적으로 쉽게 전환될 수 있다. 피리독신은 간, 효모, 견과류, 콩, 계란, 바나나 등에 함유되어 있다. 과다 섭취하면 독성을 가지며, 결핍되면 신경계 질병을 유발한다. 피리독신은 신경전달물질(neurotransmitter), 세로토닌(serotonin), 노르아드레날린(noradrenaline), 스핑고신(spingosine), 헴(heme)의 합성에 필요한 물질이다.

비타민 B_6의 활성형은 피리독살 인산(pyridoxal phosphate)이며, 그것의 아미노형은 피리독사민 인산(pyridoxamine phosphate)이다(그림 5-5).

피리독살 인산은 아미노산 대사에 매우 중요하다. 아미노기 전이반응(transamination)에서 아미노기전이효소(transaminase)의 보조효소로서 피리독살 인산은 공여체인 아미노산으로부터 아미노기를 수용체인 α-케토산에 전달하는 아미노기의 일시적인 중간 운반체로서 작용한다. 아미노기를 받은 피리독살 인산은 피리독사아민 인산으로 전환된 다음 아미노기를 α-케토산에 전달하여 이를 아미노산으로 전환시킨다.

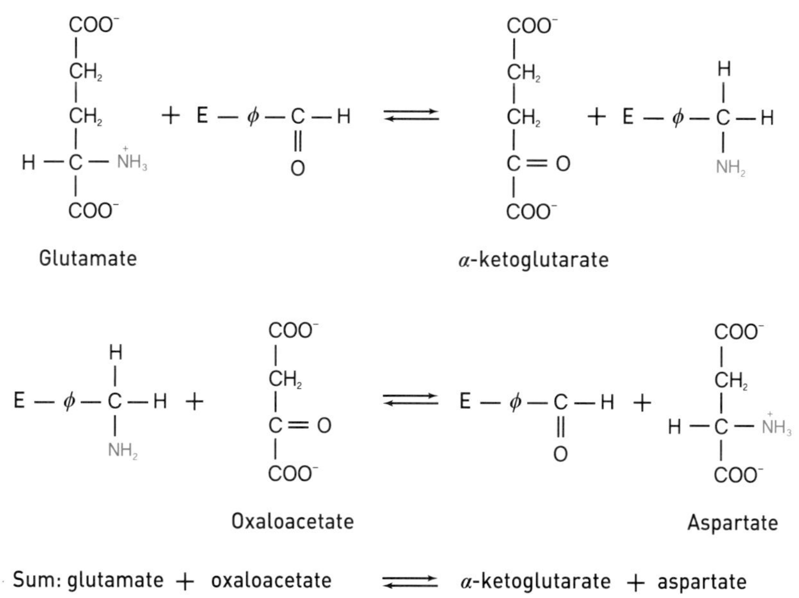

E: 아스파르트산 아미노기 전이효소(Aspartate transaminase)
ϕ–CHO: 피리독살 인산
ϕ–CHO-NH_2: 피리독사민 인산

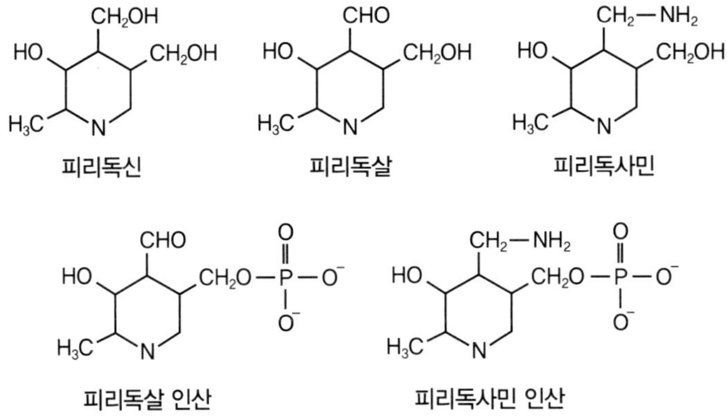

그림 5-5 • 비타민 B_6군과 활성형

06 비오틴

1935년 네덜란드 생화학자 후리츠 쾨글(Frits Kögl)에 의해서 계란의 노른자에서 처음으로 분리하였으며, 이를 비오틴(biotin)이라 하였다. 옥수수, 계란, 간, 콩팥, 토마토 등에 많이 함유되어 있다. 생계란의 흰자를 많이 섭취하면 비오틴결핍증을 일으키게 되는데, 이는 난백 단백질인 아비딘(avidin)이 비오틴과 단단하게 결합함으로써 장관 내로 비오틴이 흡수되지 못하기 때문이다.

비오틴은 효소 단백질의 활성부위(active site)에 존재하는 리신 잔기(lysine residue)의 ε-아미노기와 아미드 결합(amide bond)에 의해 결합하고 있으며, 카르복실화효소의 보결분자단인 비오시틴(biocytin)의 활성 성분으로 ATP 의존 카르복실화반응에서 카르복실기의 일시적인 중간체이다(그림 5-6).

비오틴-의존성 카르복실화반응은 피루브산 카르복실라아제(pyruvate carboxylase)에 의해 피루브산으로부터 옥살로아세트산을 생성하는 반응에서 볼 수 있다(그림 7-5, 7-6).

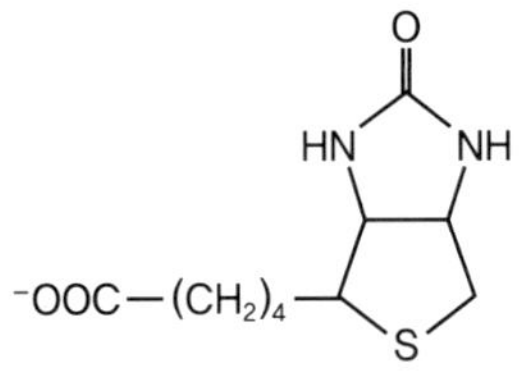

그림 5-6 • 비오틴의 구조

07 엽산

엽산(folate)은 라틴어의 folium(잎)으로부터 유래되었다. 시금치잎에서 처음 분리된 후 효모, 간, 잎채소 등에 많이 함유되어 있다는 것이 밝혀졌다. 엽산은 적혈구 생성에 절대적으로 필요한 물질로, 이 엽산이 결핍되면 적혈구가 성숙되지 않는 거대적아세포성 빈혈(megaloblastic anaemia)을 유발한다. 또한 여성의 임신 초기에 엽산이 부족하면 신경관 손상으로 인한 기형아 출산 확률이 높아진다고 한다.

엽산은 글루탐산, ρ−아미노벤조산(ρ−aminobenzoic acid; PABA), 프테리딘(pteridine)으로 구성되어 있으며(그림 5−7), 프테로일글루탐산(pteroylglutamic acid)이라고도 한다.

엽산 자체는 보조효소 활성을 가지고 있지 않지만, 디히드로엽산 환원효소(dihydrofolate reductase)에 의해 환원되면 활성형의 테트라히드로엽산(tetrahydrofolate; THF, FH_4)으로 되기 때문에 엽산은 보조효소인 테트라히드로엽산의 전구체이다. 테트라히드로엽산은 효소반응에서 1−탄소기(1−carbon unit)인 메틸(methyl; $-CH_3$), 메틸렌(methylene; $-CH_2^-$), 메테닐(methenyl; −CH=), 포밀(formyl; −CH=O), 포름이미노기(formimino; −CH=NH)의 중간 운반체로서 작용한다.

테트라히드로엽산 관여 반응은 세린이 글리신으로 전환되는 반응에서 볼 수 있다.

$$\text{Serine} + \text{Tetrahydrofolate} \rightleftharpoons$$
$$\text{Glycine} + N^5,N^{10}\text{-Methylenetetrahydrofolate} + H_2O$$

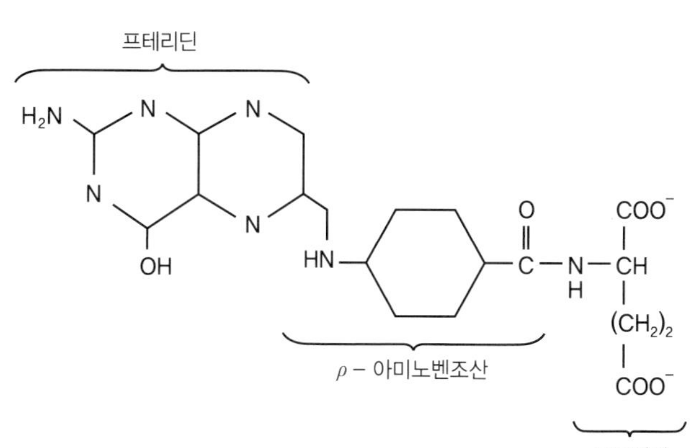

그림 5−7 • **엽산의 구조**

08 코발아민

코발아민(cobalamine)은 식물이나 동물에서는 합성되지 않는 반면 몇몇 미생물에 의해서만 합성된다. 적혈구의 헤모글로빈 형성에 관여하며, 결핍되면 골수의 조혈기능 악성빈혈(pernicious anaemia)을 유발한다. 또한 엽산의 생성과 메티오닌의 합성에 관여한다. 비타민 중에서 구조가 가장 복잡하며, 필수 미량원소인 코발트(Co)를 함유하고 있다. 시안(CN)기가 코발트에 결합되어 있으므로 시아노코발아민(cyanocobalamine)이라고도 한다. 코발트가 배위되어 있는 비타민 B_{12}의 코린고리(corrin ring) 구조는 화학적으로 철이 결합된 헴기의 포르피린(porphyrin) 고리 구조와 유사하다.

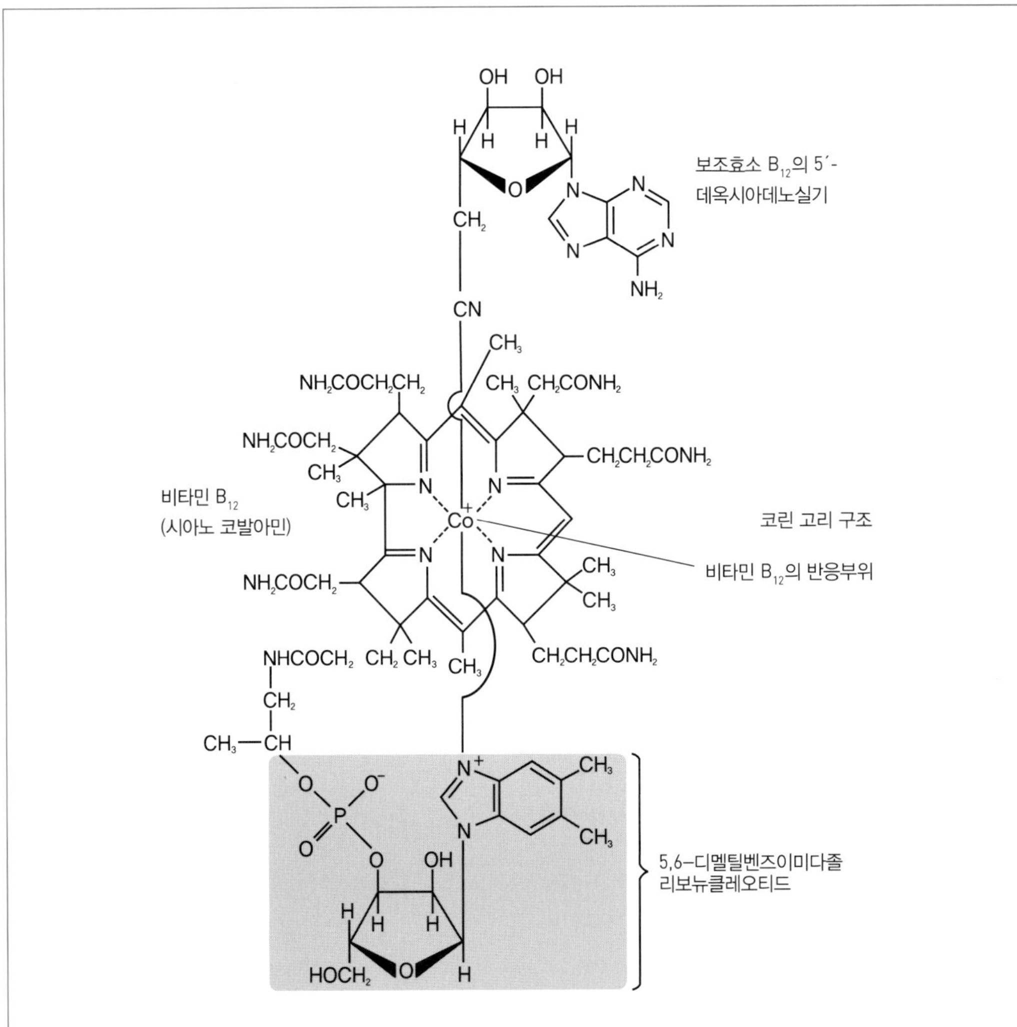

그림 5–8 • 코발아민과 보조효소 데옥시아데노실코발아민의 구조

5′−데옥시아데노실코발아민(5′−deoxyadenosylcobalamine)은 코발아민의 보조효소로서 시안기가 5′−데옥시아데노실(5′−deoxyadenosyl)기로 치환되어 있는 구조이다(그림 5−8). 이는 메틸말로닐 CoA(methylmalonyl CoA)가 숙신산 CoA(succinyl CoA)로 전환되는 반응에 관여한다.

09 아스코르브산(비타민 C)

아스코르브산(ascorbic acid)은 모든 동물과 식물에 들어 있으며, 사람을 포함하여 몇몇 척추동물들은 음식물로부터 얻지만 대부분의 동물과 식물은 포도당으로부터 합성한다. 사람에게

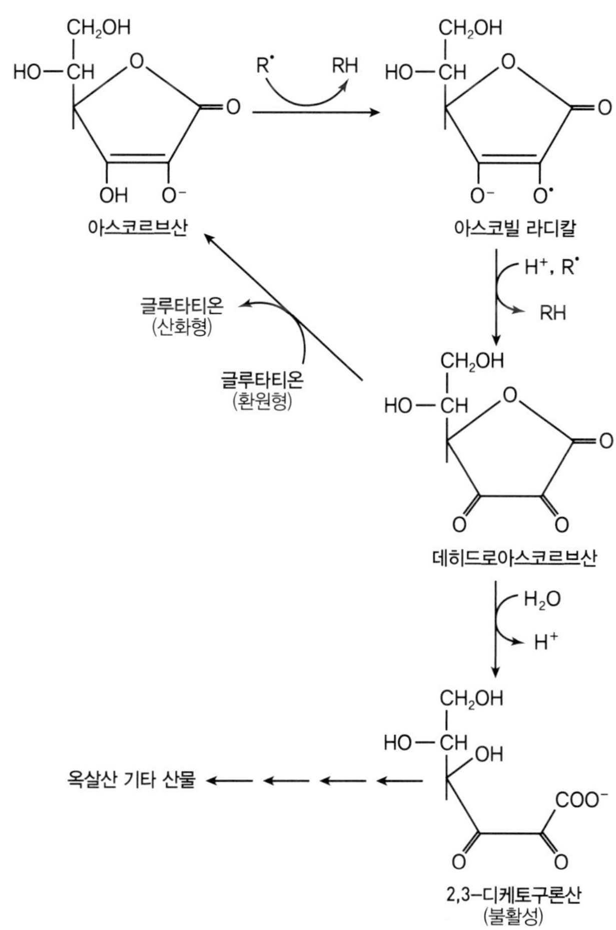

그림 5−9 • 아스코르브산의 구조와 항산화 작용

는 결핍되면 괴혈병(scurvy)을 유발한다. 아스코르브산은 중성과 염기성 조건에서는 매우 불안정하며, 산소와 중금속 존재하에서 끓이면 불활성 상태로 쉽게 산화된다.

아스코르브산은 티로신(tyrosine)의 분해 및 아드레날린(adrenaline), 담즙산(bile acid), 도파민(dopamine)과 콜라겐(collagen)의 합성에 관여한다. 아스코르브산은 척추동물 결합조직 내의 콜라겐을 구성하는 플로린(proline)과 리신(lysine) 잔기로부터 히드록시프롤린(hydroxy-proline; hypro)과 히드록시리신(hydroxylysine; hylys) 잔기를 생성하는 수산화반응(hydroxyl-ation)의 보조인자로서 작용한다. 또한 아스코르브산은 항산화(antioxidant) 작용을 한다(그림 5-9).

2. 지용성 비타민

지용성 비타민 A, D, E, K는 탄소 5개의 탄화수소인 이소프렌 단위(isoprene unit)로부터 합성되는 유도체이다. 지용성 비타민은 소장에서 쉽게 흡수되지 않으며, 지질단백질(lipopro-tein)의 구성 성분이나 원형질막 단백질에 결합하여 인체 조직 내에 다량으로 축적된다. 초과 흡수된 비타민이 축적되면 독성을 가지게 된다.

01 비타민 A

비타민 A는 1915년 엘머 맥콜룸(Elmer McCollum)에 의해서 처음 발견되었고, 그 후 생선의 간유에서도 존재가 확인되었다. 비타민 A는 알코올기(−OH)의 레티놀(retinol), 알데히드기(−CHO)의 레티날(retinal), 카르복실기(−COOH)의 레티노이드(retinoic acid)의 포괄적인 용어로, 동물에서 발견된다. 이 중 생물학적으로 가장 활성형은 레티노이드이다.

비타민 A의 전구물질로서 탄소 5개의 이소프렌 단위로 구성된 β-카로틴(β-carotene)은 당근이나 황색 채소류와 같은 식물에 존재한다. β-카로틴의 어원은 당근(carrot)에서 유래되었다.

소장 점막세포(intestinal mucosal cell)의 세포질에서 β-카로틴 이산화효소(β-carotene diox-ygenase)에 의해 분해된 레티놀(all-trans retinol)은 간으로 운반된다. 레티놀은 NADH에 의한 탈수소효소(dehydrogenase)에 의해 레티날(all-trans retinal)로 전환되고, 이는 가역적으로 이성화효소(isomerase)에 의해 11-시스 레티날(11-cis retinal)로 전환된다. 일부의 레티날은 비가역적으로 레티노이드로 전환되기도 한다(그림 5-10).

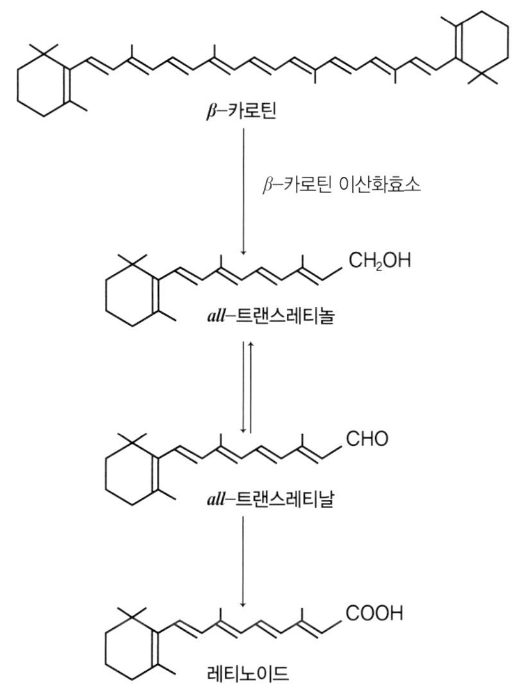

그림 5-10 • **β–카로틴으로부터 레티날과 레티노이드의 합성**

레티노이드는 스테로이드 호르몬과 같이 핵 내의 수용체와 작용하는 유전자 조절인자의 역할 뿐만 아니라 중추신경계의 성장과 발달에 중요한 기능을 한다.

11-시스 레티날은 단백질인 옵신(opsin)과 결합하여 시각회로(visual cycle)에서 중요한 역할을 하는 로돕신(rhodopsin)을 생성한다. 망막의 간세포(rod cell)에 있는 로돕신이 가시광선을 흡수하여 활성화되면 11-시스 레티날은 11번과 12번 탄소 사이의 이중결합에 이성화반응이 일어나 전체 트랜스 레티날(all-trans retinal)로 전환되면서 옵신과 분리된다. 전체 트랜스 레티날은 효소에 의해 11-시스 레티날로 다시 변환된 다음 옵신과 결합하여 활성형의 로돕신으로 재생된다(그림 5-11). 비타민 A가 결핍되면 사람에게 야맹증이 생기는 이유가 여기에 있다.

비타민 A의 유사체로서는 심한 여드름(acne) 치료에 사용하는 이소트레티노인(isotretinoin)과 건선(psoriasis) 치료에 사용하는 에트레티네이트(etretinate)가 있다.

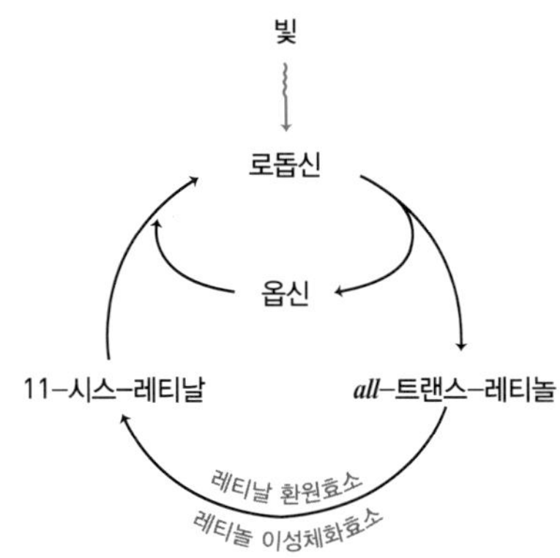

그림 5-11 • 시각회로

02 비타민 D

비타민 D는 생선의 간유에 풍부하게 들어 있다. 결핍되면 칼슘과 인의 대사에 이상이 생겨 어린아이에게는 곱사병(rickets), 어른에게는 골연화증(osteomalacia)을 유발한다. 사람이나 동물의 피부를 자외선에 노출시키면 불활성 상태의 프로비타민(provitamin)인 7-데히드로콜레스테롤(7-dehydrocholesterol)로부터 비타민 D_3(콜레칼시페롤; cholecalciferol)가 만들어진다. 따라서 피부를 햇빛에 충분히 노출시키면 특별히 비타민 D를 공급할 필요는 없다. 효모에서 추출된 에르고스테롤(ergosterol)에 자외선으로 조사하면 비타민 D_2(에르고칼시페롤; ergocalciferol)가 만들어진다.

비타민 D_3는 생물학적 활성이 없으며, 간에서 25-수산화반응(25-hydroxylation)에 의해 25-디히드록시콜레칼시페롤(25-dihydroxy-cholecalciferol; 25-DHCC)로, 이는 신장에서 1-수산화반응에 의해 최종적으로 1,25-디히드록시콜레칼시페롤(1,25-dihydroxycholecalciferol; 1,25-DHCC)이 만들어진다. 이 물질은 칼시트리올(calcitriol)이라고도 부른다. 1-수산화반응은 부갑상선 호르몬(parathyroid hormone; PTH)에 의해 촉진된다. 1,25-DHCC는 호르몬과 유사한 물질로 작용하여 소장에서 칼슘과 인의 흡수를 증가시키고, 뼈에서 Ca^{2+}과 인의 방출을 증가시키며, 신장에서는 반대로 칼슘과 인의 분비를 감소시킨다(그림 5-12).

비타민 D 과다(hypervitaminosis D)는 고칼슘혈증(hypercalcemia)을 동반하여 결과적으로 골다공증, 석회화(calcification), 신장결석(kidney stone)을 유발한다.

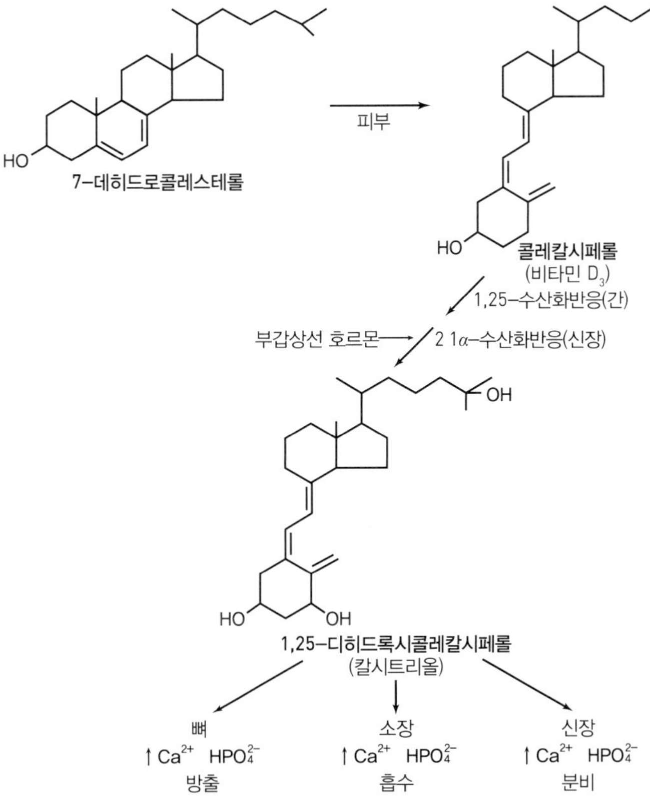

그림 5-12 • **1,25-디히드록시콜레칼시페롤의 합성**

03 비타민 E

비타민 E를 일반적으로 토코페롤(tocopherol)이라고 부른다. *α*-, *β*-, *γ*-, *δ*-토코페롤이 있으며, 이 중 인체에 존재하는 가장 중요한 비타민 E는 *α*-토코페롤로서 토코페롤 중 90% 이상을 차지한다(그림 5-13).

토코페롤은 식물성 기름과 견과류에 많이 들어 있다. 정자 생산과 난자 착상에서의 역할을 하는 어떤 동물에서는 비타민 E가 수정과 생식능력과 관련이 있다고 알려져 있으나 사람의 경우에는 밝혀져 있지 않다.

비타민 E가 세포막의 지질과 상호작용하면 항산화제로서의 효능이 증가되는 것으로 알려져 있다.

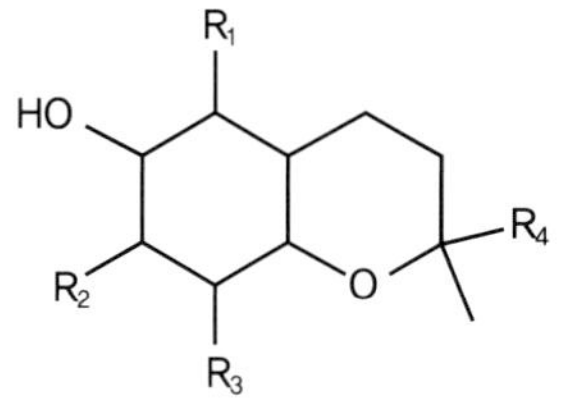

토코페롤	R_1–R_3(메틸기)	R_4
α-	R_1, R_2, R_3	
β-	R_1, R_3	$-CH_2(CH_2-CH_2-CH(CH_3)-CH_2)_3-$
γ-	R_2, R_3	
δ-	R_3	

그림 5–13 ● **비타민 E의 종류와 구조**

04 비타민 K

비타민 K라는 용어는 덴마크어의 응고(koagulation)로부터 유래된 말이다. 이 용어에서 보는 바와 같이 혈액의 응고와 밀접한 관계를 가지고 있는 물질이다. 자연에 존재하는 비타민 K에는 식물에 함유되어 있는 비타민 K_1(필로퀴논; phylloquinone)과 동물과 세균에 들어 있는 비타민 K_2(메나퀴논; menaquinone)의 두 종류가 있다. 이들은 카보닐(carbonyl)기 2개와 메틸기가 1개 들어 있는 2개의 고리 구조와 이소프렌 단위체들을 가지고 있다. 비타민 K_1은 1개의 불포화 이소프렌 단위체와 여러 개의 포화 이소프렌 단위체로 구성되어 있는 반면, 비타민 K_2는 불포화 이소프렌 단위체로 구성되어 있다(그림 5–14). 비타민 K_3인 메나디온(menadione)은 합성 비타민 K로, 수용성의 유사체이다.

비타민 K는 혈장 단백질인 프로트롬빈(prothrombin)의 변형에 중요한 역할을 하는 물질이다. 프로트롬빈은 피브리노겐(fibrinogen)을 혈액응고에 직접적으로 관여하는 불용성의 섬유상 단백질인 피브린(fibrin)으로 전환시키는 트롬빈(thrombin)의 불활성 전구체이다(혈액응고 부분). 비타민 K에 의해 프로트롬빈을 구성하는 여러 개의 글루탐산 잔기에 CO_2로부터 카르복실기가 첨가되어 γ–카르복시글루탐산(γ–carboxyglutamic acid)이 형성됨으로써 프로트롬빈이 변형된다. 이 γ–카르복시글루탐산 잔기의 카르복실기 2개는 Ca^{2+}과 두자리 리간드(bidentate ligand)를 형성한다. 따라서 비타민 K가 결핍되면 γ–카르복시글루탐산이 생성되지 않음으로써 프로트롬빈 분자는 Ca^{2+}과 결합할 수가 없고, 이에 따라 혈액이 응고되지 못하게 된다(그림 5-15). 최근에는 비타민 K가 뼈의 생장과 발육에 중요한 작용을 한다는 것이 밝혀지기도 하였다.

비타민 K_1과 K_2를 다량으로 투여하면 독성이 있다는 보고는 없으나 K_3는 적혈구의 막에 손상을 주어 용혈현상(hemolysis)을 유발시키는 것으로 알려져 있다.

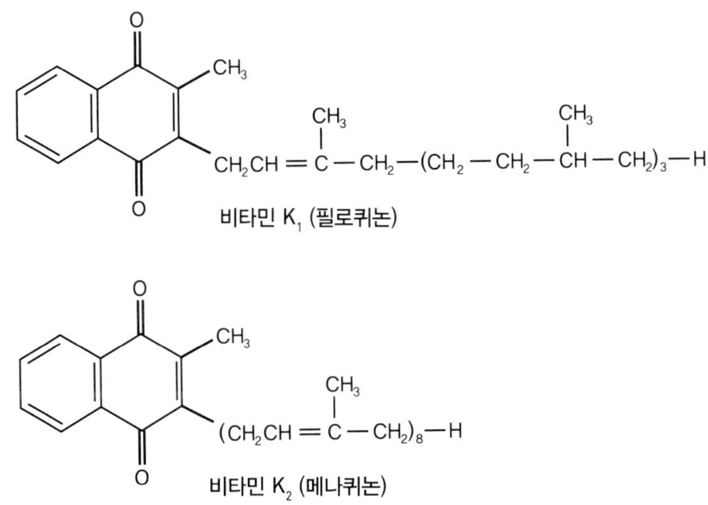

그림 5-14 • **비타민 K의 구조**

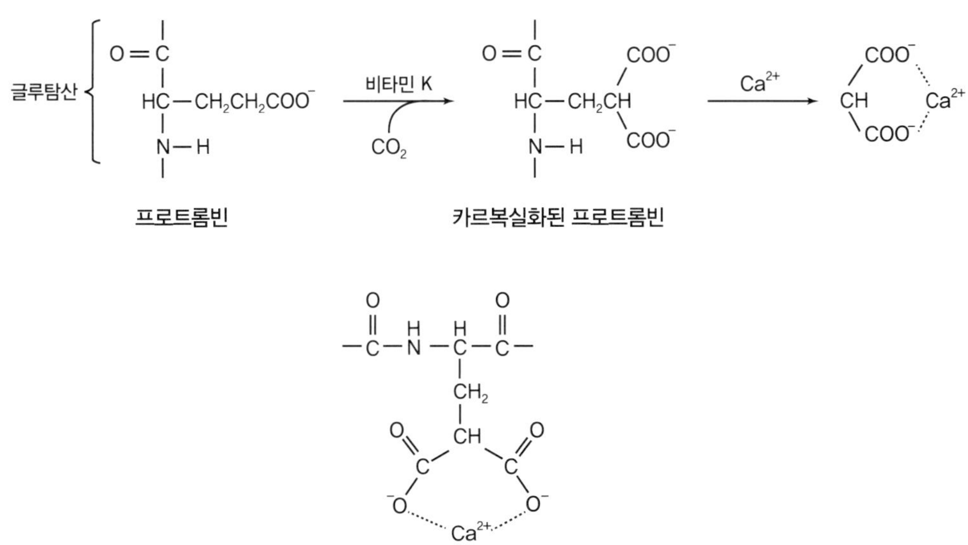

그림 5-15 • **비타민 K에 의한 프로트롬빈의 변형**

제 6 장

핵산과 유전자

Nucleic acid & Genes

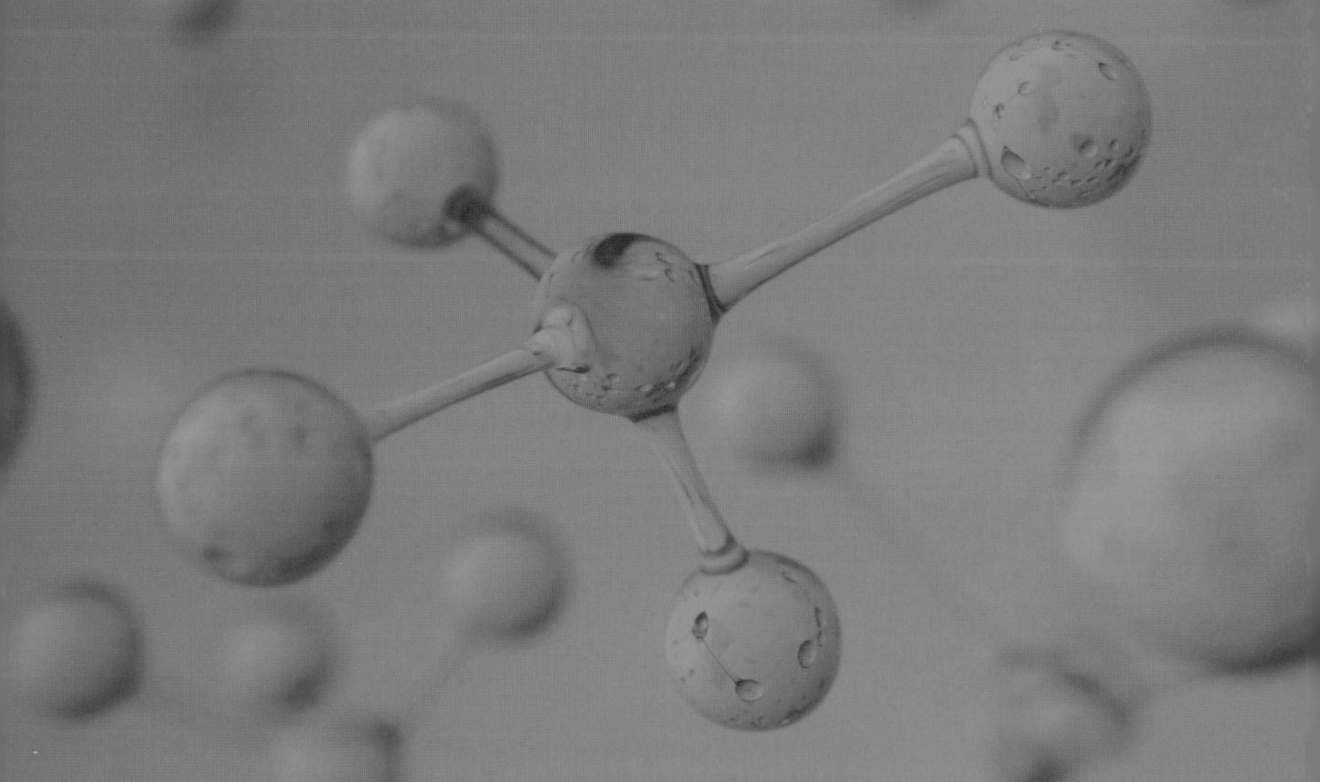

DNA는 생명의 근본 물질이다. DNA에는 다음 세대로 전해지는 유전정보(inherited information)뿐만 아니라 지금 당장 살아가면서 필요로 하는 명령까지도 모두 들어 있기 때문이다. 효소를 만들거나 상처가 난 자리에 새살이 돋아나는 일, 그리고 각 사람의 지능이나 수명처럼 당장 살아가기 위해서 반드시 필요한 모든 생명현상들까지도 DNA에 의해 결정된다는 뜻이다.

01 뉴클레오티드

DNA는 단위체(monomer)인 뉴클레오티드(nucleotide)가 길게 모여 결합된 중합체(polymer)이다. 뉴클레오티드는 당(sugar)과 염기(base) 그리고 인산(phosphoric acid)이 서로 결합하여 형성된 구조이다(그림 6-1).

당은 5탄당(pentose)으로, 2′-디옥시리보오스(2′-deoxyribose)이다. 이름에서 알 수 있듯이 3′탄소에는 수산화기(OH)가 붙어 있지만 2′탄소에는 수소(H)만 하나 붙어 있다. 즉, 산소(oxygen)가 하나 빠졌다는 의미에서 2′-디옥시리보오스(2′-deoxyribose)라 부르는 것이다. 각 탄소에는 1′, 2′, 3′ 등 시계 방향으로 번호를 붙이되 각각 1차(one-prime), 2차(two-prime), 3차(three-prime) 등으로 읽어 나간다.

염기는 질소염기(nitrogenous base)라고도 부른다. 고리 구조 안에 질소가 여러 개 들어 있기 때문이다. DNA의 염기는 모두 4종류로서 아데닌(adenine), 구아닌(guanine), 시토신(cytosine) 그리고 티민(thymine) 등이 있다(그림 6-2). RNA에는 티민 대신 우라실이 존재한다. 아데닌과 구아닌은 퓨린(purine)계 염기로서 육각형과 오각형의 고리 2개가 연결된 구조이다.

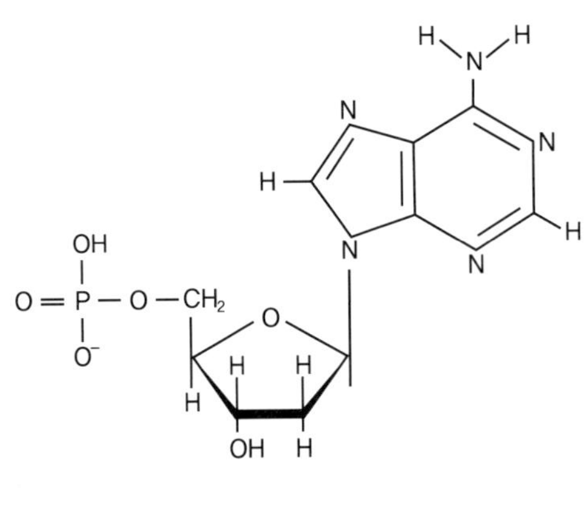

그림 6-1 • 뉴클레오티드의 기본 구조

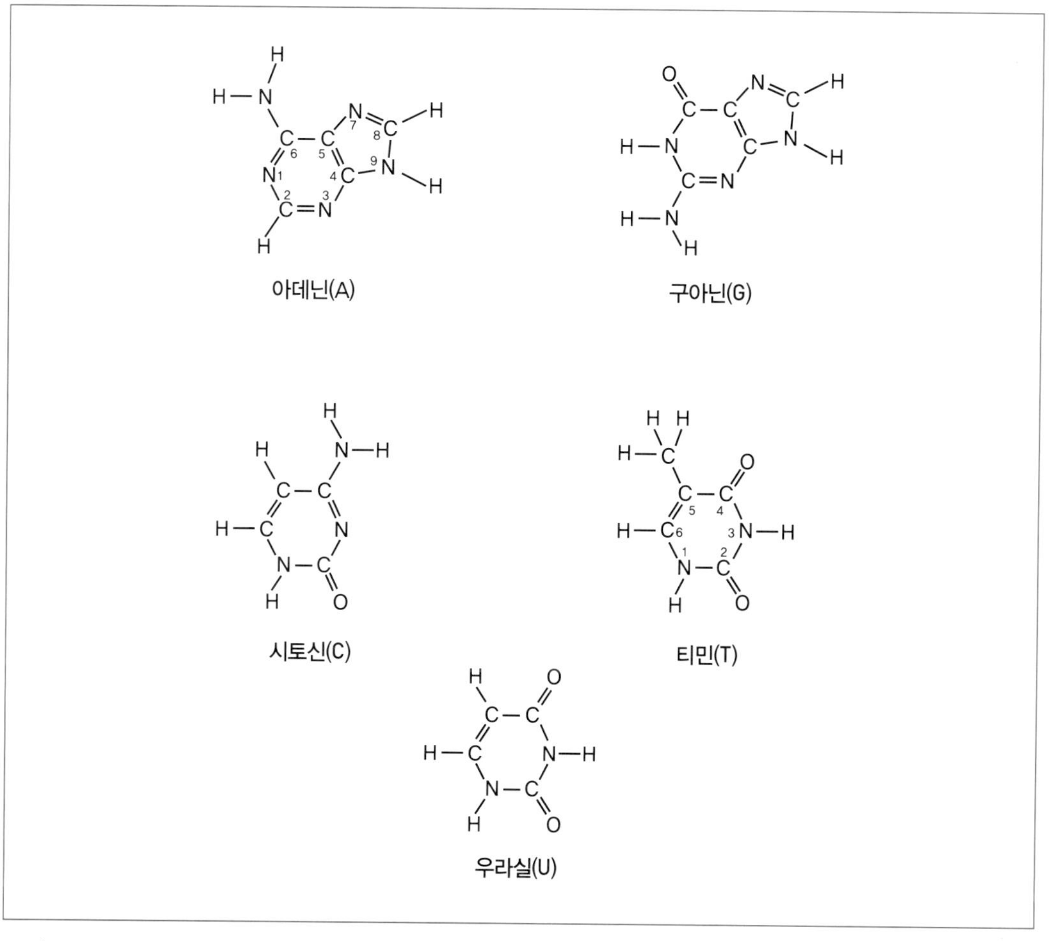

그림 6-2 • **질소염기들**

반면에 시토신과 티민, 우라실은 육각형 고리 하나만으로 되어 있고, 피리미딘(pyrimidine)계에 속하는 염기들이다. 염기에도 번호를 붙여야 하는데, 당에서와 구별하기 위해 그냥 1번, 2번, 3번 등으로 붙인다. 당과 염기가 결합하는 방식은 퓨린 염기의 9번 또는 피리미딘 염기의 1번 질소가 당의 1차 탄소와 결합하는 것이다.

이렇게 해서 만들어진 염기와 당의 결합체를 뉴클레오시드(nucleoside)라 부른다. 뉴클레오시드는 어떤 염기가 당에 결합해 있는가에 따라 2′-디옥시아데노신(2′-deoxyadenosine), 2′-디옥시구아노신(2′-deoxyguanosine), 2′-디옥시시티딘(2′-deoxycytidine), 2′-디옥시티미딘(2′-deoxythymidine)등으로 구별된다. 이름에서 “2′-디옥시(2′-deoxy)”는 “2′-디옥시리보오스(2′-deoxyribose)”를 줄인 것이다.

뉴클레오시드에 인(phosphate)이 결합함으로써 비로소 뉴클레오티드(nucleotide)가 완성된다(그림 6-3). 이때 인이 결합하는 위치는 당의 5′탄소이다. 엄밀하게 말해서 인은 인산(PO_4^-)

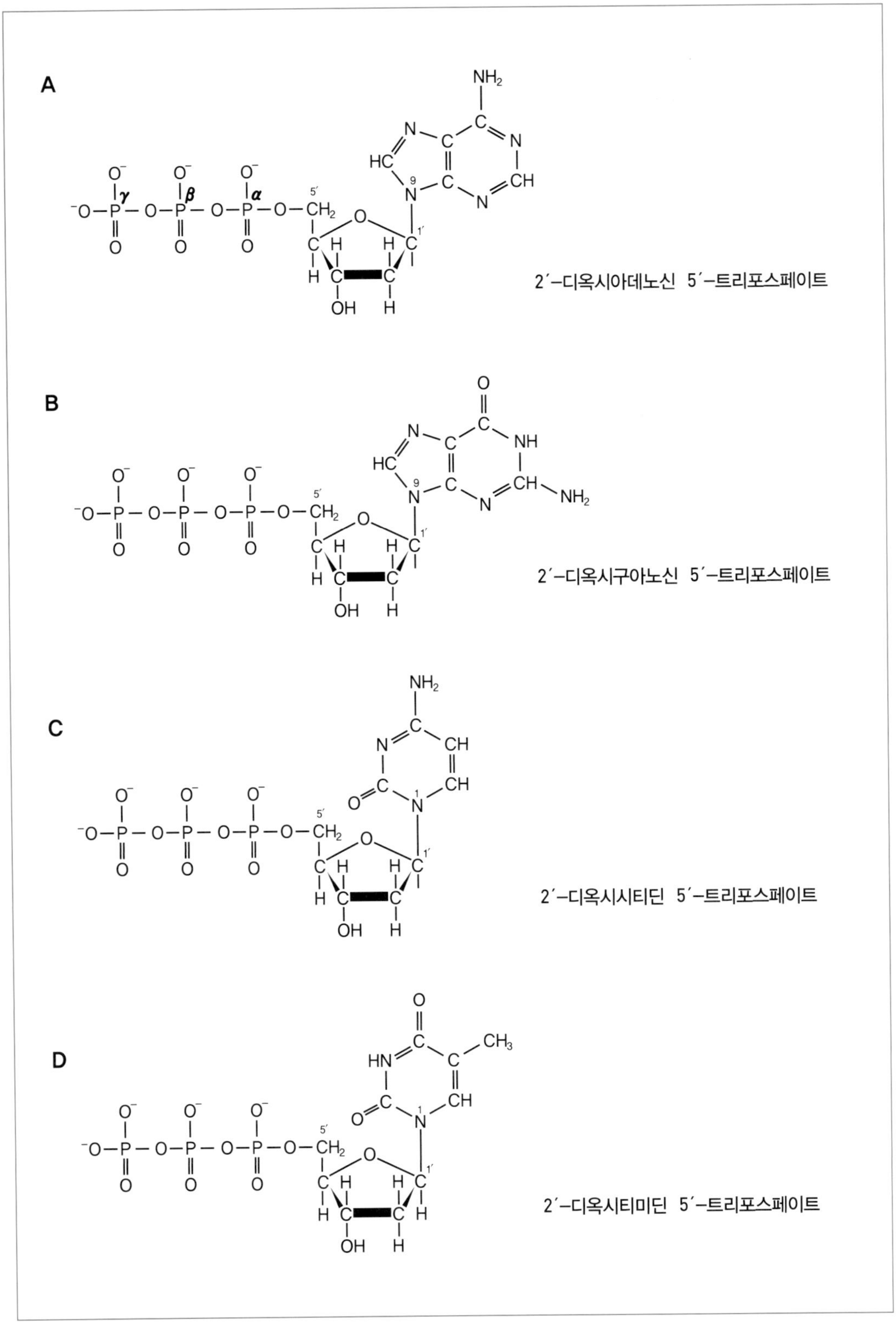

그림 6–3 • DNA 뉴클레오티드의 기본 구조

이다. 그렇기 때문에 수용액 속에서 뉴클레오티드는 (−) 전기를 띠게 된다. 인은 최고 3개까지 붙을 수 있으며, 역시 위치에 따라 이름을 붙이는데, 당에서 가까운 순서대로 α, β, γ라고 명명한다. 뉴클레오티드는 DNA와 RNA의 기본 단위이다. 그렇기 때문에 DNA와 RNA도 전기적으로 (−)이고 산성을 띠는 것이다.

뉴클레오티드에 이름을 붙일 때는 뉴클레오시드의 이름을 먼저 부른 다음 여기에 인이 몇 개 붙어 있는지만 밝혀 주면 된다. 즉, 2′−디옥시아데노신에 인이 하나 더해지면 2′−디옥시아 데노신 5′−모노포스페이트(2′−deoxyadenosine 5′−monophosphate), 2개 붙으면 2′−디옥시아데노신 5′−디포스페이트(5′−diphosphate), 세 개 붙으면 2′−디옥시아데노신 5′−트리포스페이트(2′−deoxyadenosine 5′−triphosphate) 등으로 부르면 된다. 뉴클레오티드의 이름을 간략히 줄이는 방법이 있다. 예를 들어, 2′−디옥시아데노신 5′−모노포스페이트는 dAMP로 줄여 쓸 수 있다. 인이 2개라면 dADP, 세 개라면 dATP로 줄일 수 있다. 여기서 d는 디옥시리보오스를, A는 아데닌 염기를, MP, DP, TP 등은 인의 개수를 각각 지칭하는 약어이다. 이처럼 DNA의 뉴클레오티드는 당, 염기 그리고 인의 순서로 이름을 붙이면 된다. 이름을 줄이게 되면 그냥 A, C, G, T처럼 염기의 첫 번째 문자만으로 표시하기도 한다. 단, 이럴 경우 이름만으로는 DNA와 RNA 중 어느 것을 지칭하는 것인지 구별되지 않으므로 별도로 이를 언급해 줄 필요가 있다(그림 6−4).

염기	뉴클레오시드 [=염기+당] (리보오스 / 디옥시리보오스)	뉴클레오티드 [=뉴클레오시드+인] 1인산	2인산	3인산
퓨린				
아데닌	아데노신	AMP	ADP	ATP
	디옥시아데노신	dAMP	dADP	dATP
구아닌	구아노신	GMP	GDP	GTP
	디옥시구아노신	dGMP	dGDP	dGTP
피리미딘				
시토신	시티딘	CMP	CDP	CTP
	디옥시시티딘	dCMP	dCDP	dCTP
티민	[티미딘]	[TMP]	[TDP]	[TTP]
	디옥시티미딘	dTMP	dTDP	dTTP
우라실	우리딘	UMP	UDP	UTP
	[디옥시우리딘]	[dUMP]	[dUMP]	[dUMP]

그림 6−4 • DNA의 염기, 뉴클레오시드, 뉴클레오티드의 이름 비교

[ ]는 DNA 또는 RNA에서만 발견됨.

RNA는 DNA와 비슷한 구조의 또 다른 핵산이다. 일부 하등한 바이러스는 DNA 대신 RNA를 유전물질로 가지고 있기도 하다. RNA는 몇 가지 면에서 DNA와 구조적 차이가 발견된다. 첫째, 아데닌, 구아닌, 시토신은 DNA와 RNA 모두에서 발견되지만 RNA에서는 티민 대신 우라실(uracil)이 발견된다(그림 6-5). 우라실은 티민과 매우 유사하지만 5번 탄소의 메틸기(CH3)가 빠진 구조이다. 둘째, RNA의 당은 리보오스(ribose)이다(그림 6-6). 즉, 2′탄소에도 수소가 아닌 수산화기(OH)가 결합되어 있다. 셋째, RNA는 보통 외줄이지만 DNA는 두 줄이 서로 꼬여 감긴 이중나선(double helix) 구조를하고있다.

유전정보의 장기적인 저장 및 다음 세대로의 전달이라는 임무는 DNA가 맡고 있고 RNA는 유전자를 발현하여 단백질을 합성하는 짧은 기간에만 사용이 된다.

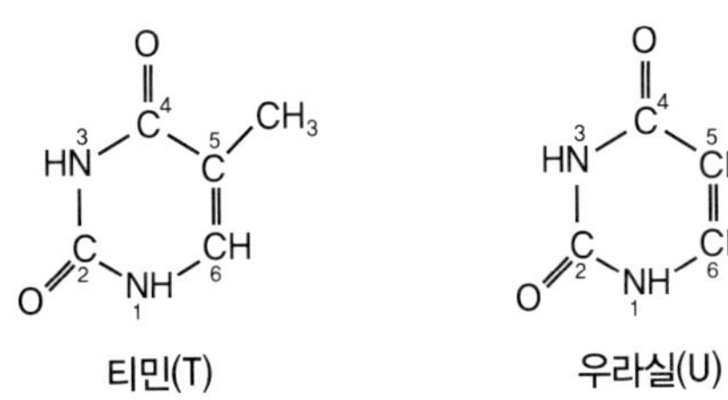

그림 6-5 • 티민과 우라실

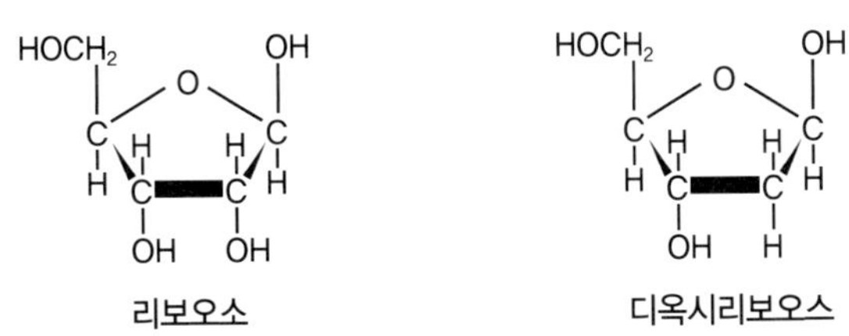

그림 6-6 • 리보오스와 디옥시리보오스

02 DNA 이중나선 구조

DNA는 세포 내에서 두 줄로 되어 있다. DNA가 만일 외줄이라면 대단히 불안정할 것이다. 왜냐하면 중요한 염기들이 모두 바깥쪽으로 노출될 수밖에 없기 때문이다. 그러나 두 줄의 폴리뉴클레오티드가 나선 구조로 결합함으로써 염기들 역시 쌍(base pair)을 이루게 되었고, 당과 인으로 된 바깥쪽의 뼈대에 의해 보호받을 수 있는 것이다. DNA의 나선 구조는 모든 방향으로부터 염기, 즉 유전정보를 철저하게 보호할 수 있는 완벽한 구조이다.

DNA의 이중나선 구조는 대단히 중요한 의미를 지니고 있다. 이 구조야말로 DNA가 어떻게 스스로 복제할 수 있고, 또 그 많고 복잡한 유전정보를 암호화할 수 있느냐는 근본적인 질문에 해답을 제시하기 때문이다. 한편, DNA가 어떻게 복제되어 다음 세대로 전달되는지 유전의 법칙도 설명될 수 있다. DNA 구조의 특징을 다음과 같이 요약하였다.

첫째, DNA는 두 줄의 폴리뉴클레오티드로 구성되어 있다. 각 염기쌍 사이의 거리는 0.34nm이며, 나선축의 주위를 따라 36° 간격으로 회전하고 있다. Watson과 Crick의 DNA 모델을 따르면 1회전 주기마다 10개의 염기쌍이 있으며(360°/10 = 36°), 회전 높이는 3.4nm가 된다. 이중나선의 지름은 2.0nm이다(그림 6-7).

둘째, DNA의 바깥쪽에는 당과 인이 골격(backbone)처럼 연결되어 있고 염기들은 쌍을 이루어 그 안쪽에 위치함으로써 보호를 받고 있다. 당과 인의 골격은 친수성(hydrophilic)이라서 바깥쪽을 향하지만 염기는 소수성(hydrophobic)이라서 자연스럽게 안쪽으로 배열이 된다.

셋째, 염기 사이의 결합은 서로 상보적(complementary)이다. 즉, 아데닌은 항상 티민과 또 시토신은 항상 구아닌과 결합한다는 뜻이다(그림 6-8). 그러므로 DNA에서는 한 쪽의 염기서열을 알고 있으면 어렵지 않게 반대편 폴리뉴클레오티드의 염기서열을 유추해 낼 수가 있다. 상보적 결합은 곧 DNA의 자기 복제를 암시하는 것이다. 염기 간의 결합은 수소 결합이다. A와 T 사이에는 2개, C와 G 사이에는 3개의 수소 결합이 있다.

넷째, 두 줄의 폴리뉴클레오티드는 서로 역방향(antiparallel)으로 달리고 있다. 만일 한쪽이 5′→3′로 달리고 있다면 반대쪽은 3′→5′로 달리게 된다(그림 6-9).

다섯째, DNA는 오른쪽 감김(right-handed)이다. 오른쪽 감김이란 높은 건물의 나선형 계단을 오른다고 가정할 때 오른손으로 난간을 붙잡고 올라가는 모습이다. 또는 위에서 아래로 내려가면서 시계방향으로 감기며 나선이 멀어져 가는 구조이다.

여섯째, 이중나선 축을 따라 2개의 커다란 움푹 들어간 부분이 있는데, 그 정도에 따라 주구(major groove)와 부구(minor groove)로 나눈다. 아직 이들이 어떤 역할을 하는지 정확하게 밝혀져 있지는 않지만 특정 신호전달 단백질과 결합함으로써 유전자의 발현을 조절하는 것으로 추정되고 있다(그림 6-10).

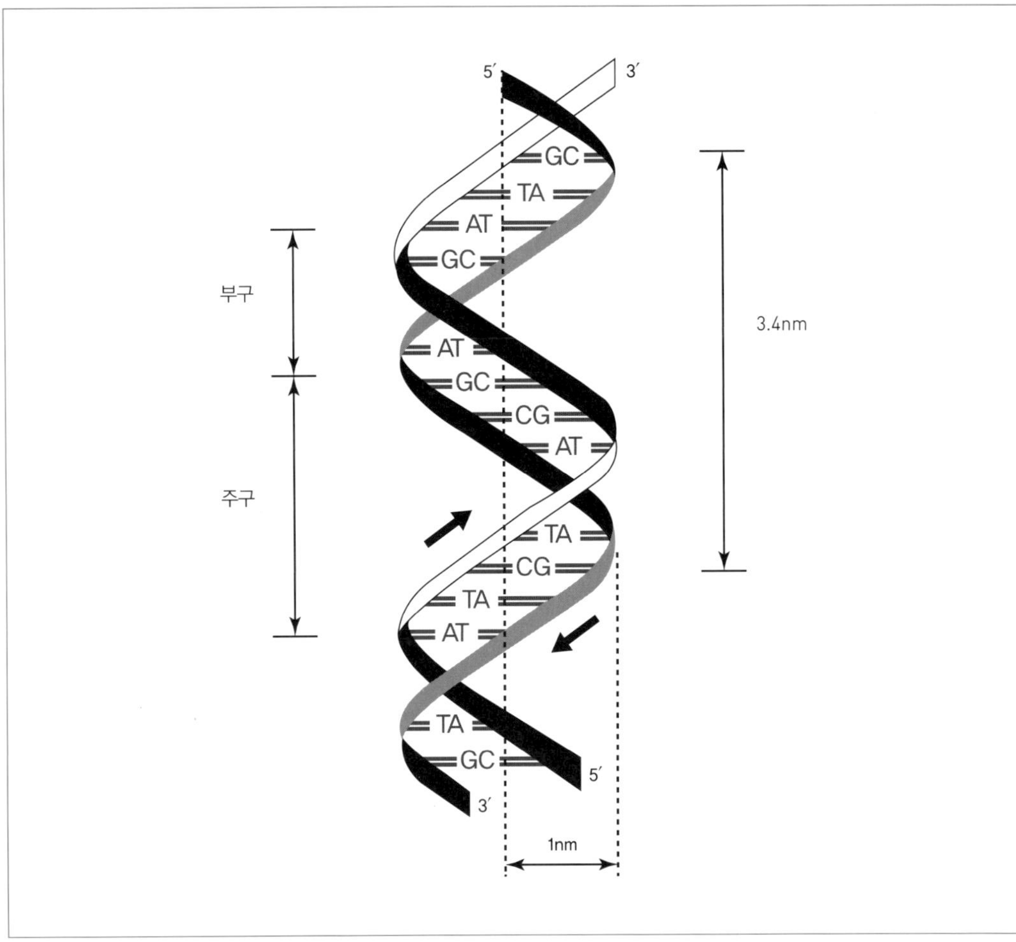

그림 6-7 • **DNA 이중나선 구조**

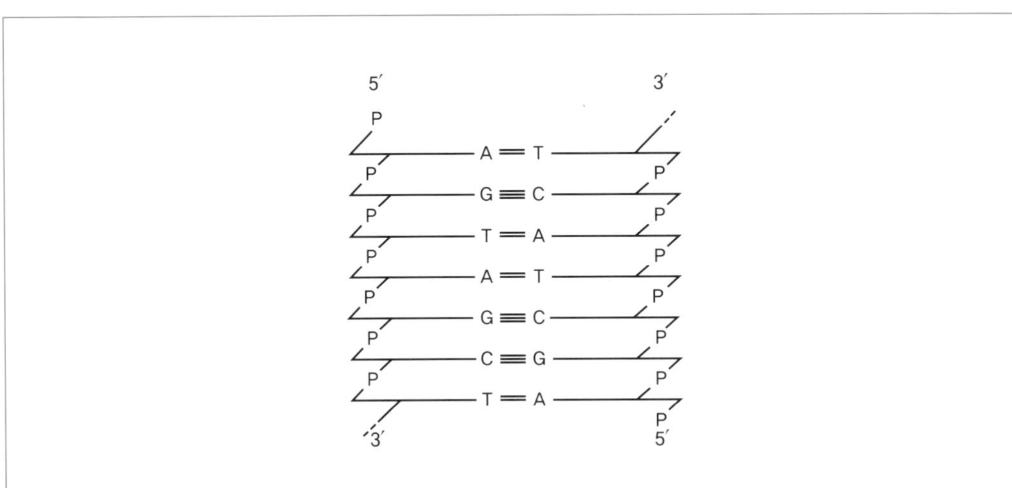

그림 6-8 • **염기의 상보적 결합**

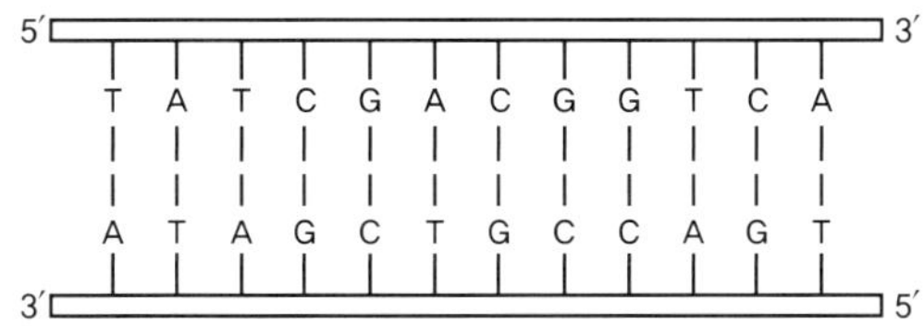

그림 6-9 • 폴리뉴클레오티드의 방향

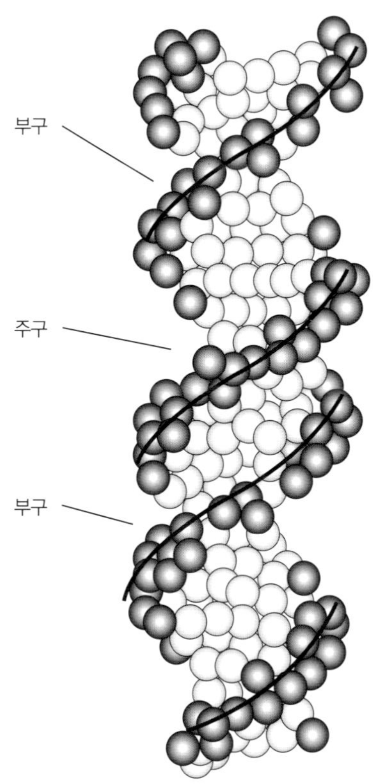

그림 6-10 • 주구(major groove)와 부구(minor groove)

03 원핵세포의 염색체

원핵세포와 진핵세포의 가장 큰 차이점은 핵막의 유무이다. 진핵세포에서는 유전물질인 DNA가 다른 세포소기관으로부터 격리되어(핵막에 둘러싸여) 보호받는 한편, 원핵세포에서는 핵이 없어 세포질에 그냥 노출되어 있을 수 밖에 없다. 그러나 전자현미경으로 자세히 관찰하면 원핵세포에도 뉴클레오이드(nucleoid)라 부르는 특수 구조가 있고, 여기에 DNA가 위치해 있다(그림 6-11). 대장균의 경우 99% 이상의 DNA가 뉴클레오이드에서 하나로 뭉쳐 발견된다. 즉, 대장균은 한 개의 염색체만을 가지고 있다. 이 외에 뉴클레오이드에서는 산성 단백질도 많이 발견된다.

원핵세포에서는 플라스미드(plasmid)라고 불리는 염색체외 DNA(extrachromosomal DNA)가 종종 발견된다. 크기가 작아서 전체 DNA의 1% 미만밖에 되지 않지만, 유전공학에 이용되므로 중요한 구조라 할 수 있다.

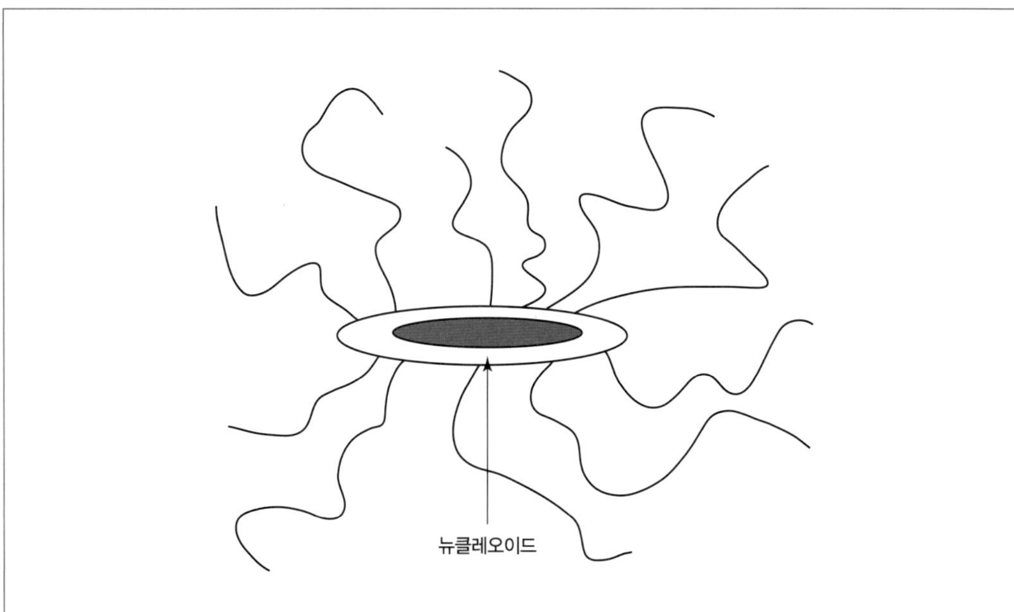

그림 6-11 • 원핵세포의 뉴클레오이드

04 진핵세포의 염색체

진핵세포에서 DNA를 분리해 보면 원핵세포와 비교해 매우 길다. 이처럼 거대한 DNA 분자가 현미경으로나 관찰이 가능한 세포핵 속으로 어떻게 차곡차곡 들어갈 수 있는지 불가사의한 일이 아닐 수 없다. 그에 대한 해답은 바로 진핵세포의 염색체 구조에 있다. DNA가 여러 토막으로 나누어져 있다는 것이다. 사람의 경우에도 전체 DNA가 46개의 염색체에 나누어 감겨있다(그림 6−12).

이들 DNA 토막은 원핵세포의 것과 달리 선상 구조이다. 각 DNA의 양쪽 끝은 텔로미어(telomere)라 불리는 특수 구조가 감싸고 있다. 텔로미어가 없으면 DNA는 서로 달라붙고 만다. 또한 진핵세포의 염색체는 2개가 한 쌍을 이루고 있다. 동일한 종류의 유전자가 들어 있기 때문이다. 이들을 상동염색체(homologous chromosome)라 한다. 체세포에는 상동염색체가 모두 들어 있기 때문에 이배체(diploid)라 부른다. 반면 정자와 난자 같은 생식세포에는 각 쌍 중 한 쪽만 들어 있어서 반수체(haploid)라 부른다. 상동염색체 중 하나는 아버지로부터, 다른 하나는 어머니로부터 물려 받는다.

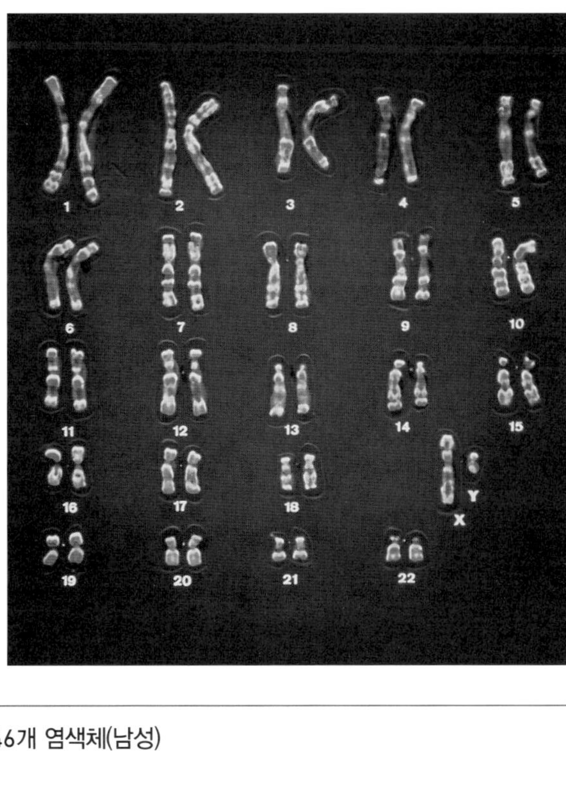

그림 6−12 • 사람의 46개 염색체(남성)

05 염색체 구조

염색체는 뉴클레오솜(nucleosome)이 길게 연결된 구조이다. 1975년 Robert Konberg는 뉴클레오솜을 여러 종류의 히스톤(histone) 단백질이 동량으로 모여 만들어진 복합체라고 발표하였다. 히스톤은 종류별로 H1, H2A, H2B, H3, H4 등이 있다(표 6-1).

한 개의 뉴클레오솜은 H1을 제외한 H2A, H2B, H3, H4가 각각 2개씩 모여 만들어진다. 뉴클레오솜을 옥타머(octamer)라고도 부르는 이유는 이렇게 8개의 단백질이 모여 만들어진 복합체이기 때문이다. 옥타머에는 정확하게 146bp가 감겨 있다. 이 DNA를 중심 DNA(core DNA)라 부른다(그림 6-13).

한편, 히스톤 H1은 2개의 뉴클레오솜을 연결하는 DNA(linker DNA)와 결합하고 있다. 연결 DNA는 약 50~70bp에 해당한다. 뉴클레오솜들이 다시 촘촘하게 배열되면 마치 잘 쌓아올린 벽돌담처럼 되는데, 이런 구조를 솔레노이드(solenoid)라 부른다.

표 6-1 • 히스톤의 종류

히스톤의 종류	분자량(dalton)	염기성 아미노산 함량*(전체 아미노산 중 %)
H1	23,000	30
H2A	13,960	20
H2B	13,774	22
H3	15,332	23
H4	11,282	25

*염기성 아미노산이란 His, Lys, Arg을 뜻한다.

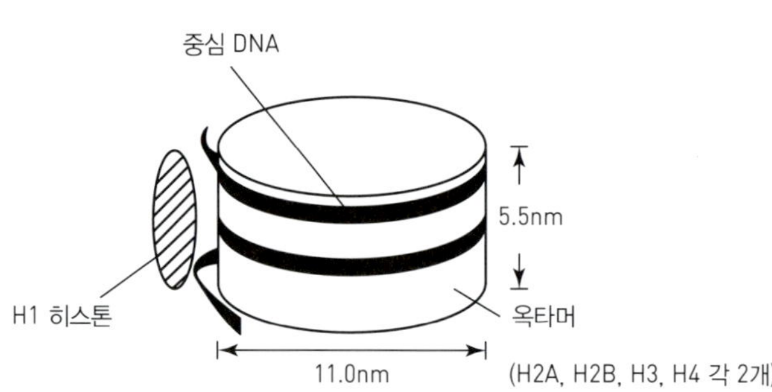

그림 6-13 • 옥타머의 구조

06 염색체의 형태

세포분열은 전기(prophase), 중기(metaphase), 후기(anaphase), 말기(telophase)의 순서로 진행된다. 염색체를 가장 선명하게 관찰할 수 있는 시기는 중기이다. 중기의 염색체는 솔레노이드 구조가 더욱 촘촘해져서 두꺼워진 상태가 되므로 관찰이 비교적 쉬워진다. 염색체를 구별하는 기준 중 하나는 동원체의 위치이다 . 동원체가 정가운데 위치하면 중부동원체(metacentric), 약간 중앙에서 벗어나면 차중부동원체(submetacentric), 거의 끝부분에 위치하면 선단동원체(acrocentric), 완전히 말단에 위치하면 말단동원체(telocentric)라 이름 붙인다(그림 6-14). 동원체는 염색체가 분열할 때 방추사가 붙어 양극으로 이끌어 가는 역할을 하는 부분인 만큼 대단히 중요한 구조이다.

07 유전자 발현과 중심설

단백질은 생명현상을 조절하는데, 다양한 효소로 작용해서 물질대사를 조절할 수도 있고, 액틴(actin)이나 미오신(myosin)처럼 근육의 주성분으로서 수축운동을 일으킬 수도 있으며, 인슐린(insulin)과 같은 호르몬 작용으로 체내의 생리현상을 조절해 주고, 헤모글로빈처럼 운반작용도 해 주기 때문이다.

이 밖에도 단백질은 에너지원이 될 수 있고, 항체로서 면역작용을 해 주는 등 살아가면서

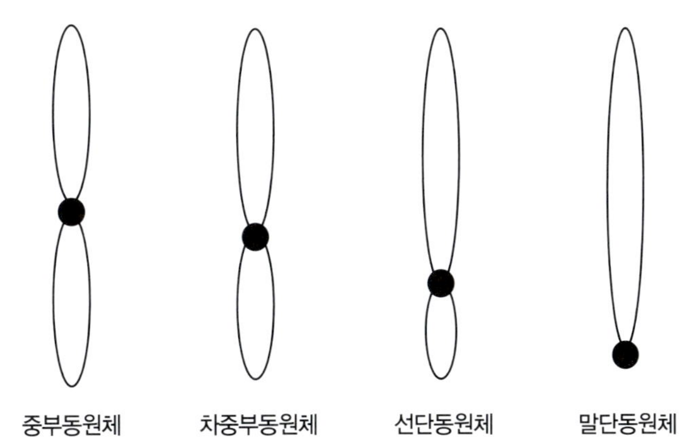

그림 6-14 • 동원체의 위치

필요한 모든 생화학 반응의 주체이기 때문이다. 그러나 단백질은 DNA에 들어 있는 유전정보에 따라서 만들어지기 때문에 DNA야말로 생명의 근본 물질이라고 말하는 것이다. 이러한 관계를 설명한 이론이 1958년에 Crick이 주장한 중심설(Central dogma)이다(그림 6-15).

DNA의 유전정보에 따라 단백질이 만들어지는 과정을 유전자 발현(gene expression)이라 하는데, 두 단계로 이루어진다. 첫 번째는 유전정보가 RNA로 복사되어 나오는 전사(transcription) 과정이고, 두 번째 단계는 전사된 RNA를 기초로 단백질이 만들어지는 해석(translation) 과정이다. 중심설은 1970년에 들어와 다소 수정되었다. 일부 바이러스에서 RNA의 정보가 거꾸로 DNA로 바뀔 수 있다는 것이 밝혀졌기 때문이다. 이를 역전사(reverse transcription)라고 부르고, 역전사가 가능한 바이러스들을 레트로바이러스(retrovirus)라 부른다. 그러나 아직 역해석(reverse translation)에 대한 증거는 없다.

레트로바이러스의 생활사(life cycle)를 구체적으로 살펴보면 다음과 같다. 먼저, 레트로바이러스는 숙주 세포에 접근해서 자기의 RNA 유전자를 집어넣게 된다. 이때 역전사효소(reverse transcriptase)도 함께 들어가게 된다. 숙주 세포의 세포질에서 RNA는 두 줄의 DNA로 바뀌게 되는데, 이를 cDNA(complementary DNA 또는 copy DNA)라고 부른다. 이렇게 만들어진 cDNA는 핵 속으로 침투해 숙주 세포의 DNA로 끼어 들어가서 일정한 잠복기를 거치게 된다. 잠복기는 수일에서 수년으로, 바이러스의 종류와 숙주 세포의 상태에 따라 다양하다. 잠복기를 마치면 다시 발현되어 다시 RNA와 레트로바이러스를 만드는 데 필요한 단백질 껍질들이 만들어져 재조합된 후 숙주 세포를 용해시키고 터져 나오게 된다(그림 6-16).

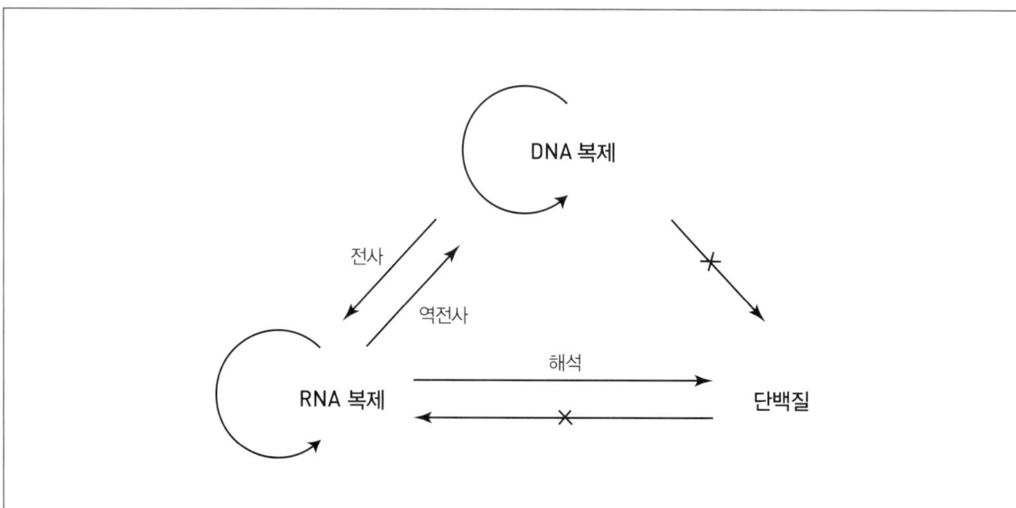

그림 6-15 • 중심설

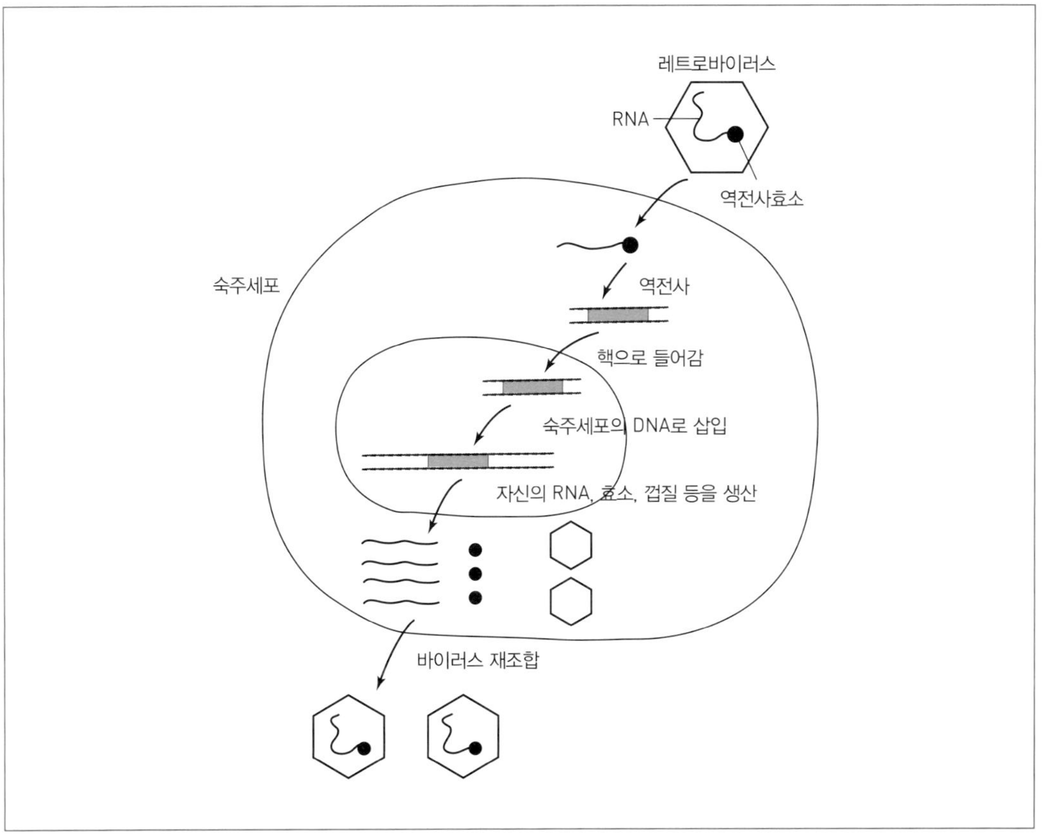

그림 6-16 • **레트로바이러스의 생활사**

제 7 장

탄수화물 대사

Carbohydrate Metabolism

인간이 음식물로 섭취하는 탄수화물, 단백질, 지방들은 소화된 후 흡수과정을 거쳐 세포 내에서 대사(metabolism)된다. 대사는 크게 동화(anabolism)와 이화(catabolism)로 나누는데, 동화는 합성 과정으로 에너지를 이용하며, 이화는 분해과정으로 에너지를 생성한다. 따라서 대사과정은 효소가 관여하여 일어나는 에너지 대사라고 할 수 있다.

세포가 이용할 수 있는 에너지는 일정한 온도와 압력 조건하에서 일하는 데 사용되는 자유에너지(free energy)이다. 이는 미국의 물리학자인 윌러드 깁스(Willard Gibbs)의 업적을 기념하기 위해 G라 표시한다. 생체 내에서 일어나는 모든 대사과정에는 표준 자유에너지(standard free energy; G°)가 존재한다. 이때의 표준상태는 25℃(298K)의 1기압(760 mmHg)이다. 표준자유에너지 변화(standard free energy change; ΔG°)는 다음 식으로부터 계산한다. R은 기체상수(1.987 cal/mol · K), T는 절대온도(298K), Keq′는 평형상수이다.

$$\Delta G^{\circ} = \Delta G^{\circ\prime} + 2.303\ RT\ \log K^{eq\prime}$$

aA + bB cC + dD의 반응식에서 평형상수는 다음 식으로부터 계산한다.

$$K^{eq\prime} = \frac{[C]^{c}[D]^{d}}{[A]^{a}[B]^{b}}$$

ΔG°′는 pH 7.0에서의 표준 자유에너지 변화를 의미하며 다음 식으로부터 계산한다.

$$\Delta G^{\circ\prime} = -2.303\ RT\ \log K^{eq\prime}$$

어떤 반응에서 평형상수가 1보다 크면 ΔG°′는 음(−)의 값을, 평형상수가 1보다 작으면 ΔG°′는 양(+)의 값을, 평형상수가 1이면 ΔG°′는 0의 값을 가진다. 음(−)의 값은 에너지가 방출된다는 것이고, 양(+)의 값이 갖는 의미는 에너지가 소모된다는 것이다. 예를 들면, ATP 가수분해 반응에서의 ΔG°′값은 −30.5 KJ/mol 또는 −7.3 kcal/mol 이다.

$$ATP + H_2O \longrightarrow ADP + Pi$$

동물세포의 간세포에 저장된 글리코겐은 혈액 내의 포도당의 농도가 낮으면 포도당 6−인산(glucose 6−phosphate)으로 된 다음 포도당으로 가수분해되어 혈액으로 방출된다. 근육세포에서는 글리코겐이 글리코겐 가인산분해효소(glycogen phosphorylase)에 의해 포도당 1−인산(glucose 1−phosphate)으로 된 다음 포스포글루코뮤타아제(phosphoglucomutase)에 의해 포도당 6−인산으로 전환된 후 해당과정(glycolysis)을 거쳐 최종적으로 에너지를 생성한다.

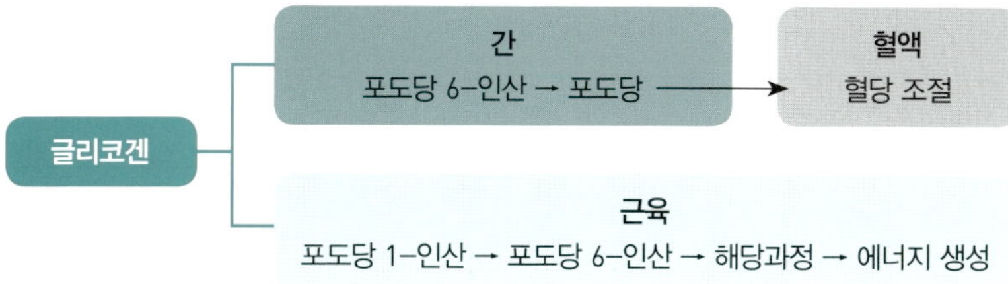

β-D-포도당이 β(1→4) 결합에 의해 직선형으로 연결된 셀룰로오스(cellulose)는 β-아밀라아제에 의해 2개의 포도당을 하나의 단위로 하는 이당류의 형태인 말토오스가 만들어지며, 포도당은 거의 만들어지지 않는다. 셀룰로오스를 가수분해하는 셀룰라아제(cellulase)는 사람의 장관으로부터 분비되지 않으므로 셀룰로오스는 소화될 수 없다.

1. 해당과정

소화과정에서 생성된 포도당은 운반체(transporter)에 의한 촉진확산(facilitated diffusion)에 의해 각종 세포로 운반된다(표 7-1).

세포의 세포질(cytosol) 내에서 포도당은 혐기적 조건(anaerobic condition)에서 해당과정(glycolysis)의 10단계를 통해 피루브산(pyruvate)으로 전환된다(그림 7-1).

01 해당과정의 10단계

(1) 1단계

1분자의 포도당이 헥소키나아제(hexokinase)에 의해 포도당 6-인산(glucose 6-phosphate)으로 된다. ATP의 가수분해에 의해 생긴 무기인산(inorganic phosphate; Pi)이 포도당의 6번

표 7-1 • 포도당 운반체

포도당 운반체	존재부위	기능
GLUT-1	대부분의 조직(적혈구)	포도당의 흡수(인슐린 비의존성 포도당)
GLUT-2	간, 장, 이자의 β-세포	포도당의 흡수
GLUT-3	뇌	포도당의 흡수
GLUT-4	근육, 심장, 지방조직	인슐린 의존성 포도당의 흡수
GLUT-5	장	과당의 흡수

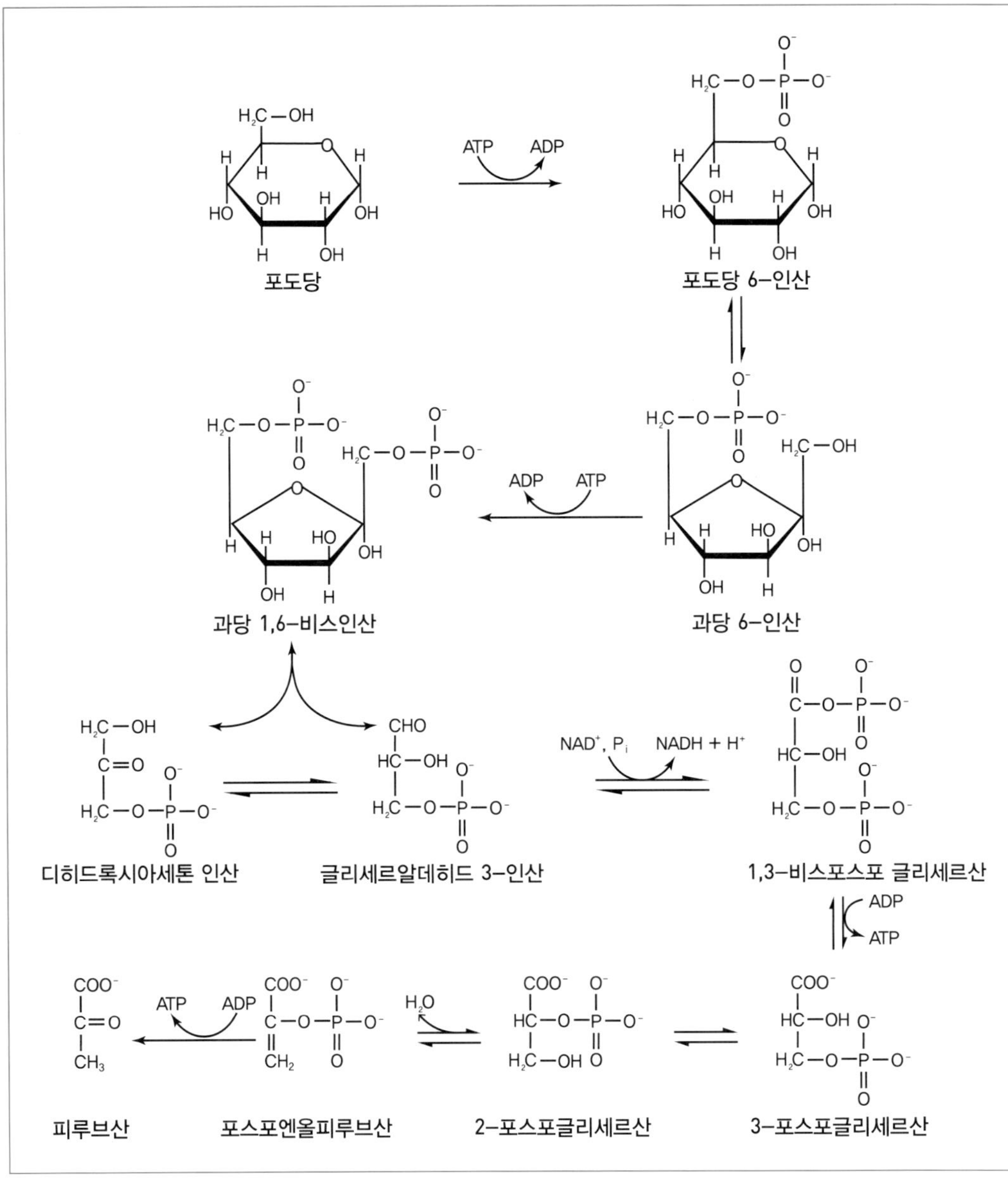

그림 7-1 • **해당과정**

탄소의 수산(−OH)기에 결합하여 포도당 6−인산이 생성된다. 이 반응은 비가역적 반응으로, 헥소키나아제는 포도당뿐만 아니라 과당, 만노오스, 갈락토오스 등의 6탄당에 작용하는 효소이다.

$$\text{Glucose} + \text{ATP} \xrightarrow{Mg^{2+}} \text{Glucose 6-phosphate} + \text{ADP}$$

간(liver)세포에서는 글루코키나아제(glucokinase)에 의해 포도당이 포도당 6-인산으로 전환된다. 이 효소는 포도당 이외의 6탄당에는 작용하지 않는다. 혈당(blood sugar)이 높으면 간 글루코키나아제는 포도당을 최종적으로 글리코겐으로 전환시킨 후 간세포 내에 저장한다. 그러나 당뇨병(diabetes mellitus)인 사람은 이 효소의 활성이 낮아져 글리코겐으로 거의 전환되지 못함으로써 혈당이 높아지게 된다.

(2) 2단계

포도당 6-인산이 포스포글루코오스 이성체화효소(phosphoglucose isomerase)에 의해 가역적으로 과당 6-인산(fructose 6-phosphate)으로 상호전환된다. 포도당 6-인산은 알도오스(aldose)이며, 과당 6-인산은 케토오스(ketose)이다.

$$\text{Glucose 6-phosphate} \xrightleftharpoons{Mg^{2+}} \text{Fructose 6-phosphate}$$

(3) 3단계

과당 6-인산은 포스포프룩토키나아제(phosphofructokinase; PFK)에 의해 과당 1,6-비스인산(fructose 1,6-bisphosphate)이 생성된다. 이 반응은 비가역적으로 진행된다.

$$\text{Fructose 6-phosphate} + \text{ATP} \xrightarrow{Mg^{2+}} \text{Fructose 1,6-bisphosphate} + \text{ADP}$$

(4) 4단계

과당 1,6-비스인산은 6탄당 인산(hexose phosphate)으로 알도라아제(aldolase)에 의해 3탄당 인산(triose phosphate)인 글리세르알데히드 3-인산(glyceraldehyde 3-phosphate)과 디히드록시아세톤 인산(dihydroxyacetone phosphate)으로 절단된다. 이때 1, 2, 3번 탄소는 디히드록시아세톤 인산을 만들고, 4, 5, 6번 탄소는 글리세르알데히드 3-인산을 만든다.

$$\text{Fructose 1,6-bisphosphate} \rightleftharpoons$$
$$\text{Glyceraldehyde 3-phosphate} + \text{Dihydroxyacetone phosphate}$$

(5) 5단계

3탄당 인산 이성체화효소(triose phosphate isomerase)에 의해 디히드록시 아세톤 인산이 글리세르알데히드 3-인산으로 전환된다. 결과적으로 4단계와 5단계를 통해 글리세르알데히드 3-인산이 2분자 생성된다.

$$\text{Dihydroxyacetone phosphate} \rightleftharpoons \text{Glyceraldehyde 3-phosphate}$$

1단계에서 5단계까지의 ATP 생성을 보면, 포도당 1분자가 글리세르알데히드 3–인산 2분자로 전환되는 반응에서 ATP 2분자가 소모된다.

(6) 6단계

글리세르알데히드 3–인산이 무기인산과 더불어 글리세르알데히드 3–인산탈수소효소(glyceraldehyde 3–phosphate dehydrogenase)에 의해 1,3–비스포스포글리세르산(1,3–bisphosphoglycerate)으로 전환된다. 탈수소효소에 의해 이탈된 수소는 NAD^+에 결합하여 NADH + H^+가 된다.

$$\text{Glyceraldehyde 3-phosphate} + \text{Pi} + \text{NAD}^+ \rightleftharpoons \text{1,3-Bisphosphoglycerate} + \text{NADH} + \text{H}^+$$

(7) 7단계

1,3–비스포스포글리세르산이 포스포글리세르산 키나아제(phosphoglycerate kinase)에 의해 3–포스포글리세르산(3–phosphoglycerate)으로 전환된다. 기질인 1,3–비스포스포글리세르산으로부터 이탈된 무기인산이 ADP와 결합하여 ATP를 생성하는데, 이 반응을 기질수준 인산화반응(substrate–level phosphorylation)이라 한다.

$$\text{1,3-bisphosphoglycerate} + \text{ADP} \xrightleftharpoons{Mg^{2+}} \text{3-Phosphoglycerate} + \text{ATP}$$

(8) 8단계

3–포스포글리세르산의 3번 탄소의 인산기가 포스포글리세르산 뮤타아제(phosphoglycerate mutase)에 의해 2번 탄소로 이동하여 2–포스포글리세르산(2–phosphoglycerate)으로 전환된다.

$$\text{3-Phosphoglycerate} \xrightleftharpoons{Mg^{2+}} \text{2-Phosphoglycerate}$$

(9) 9단계

이 단계는 탈수반응으로, 에놀라아제(enolase)에 의해 2–포스포글리세르산으로부터 물이 1분자 이탈하여 포스포에놀피루브산(phosphoenolpyruvate; PEP)으로 된다.

$$\text{2-Phosphoglycerate} \xrightleftharpoons{Mg^{2+}} \text{Phosphoenolpyruvate}$$

(10) 10단계

기질수준 인산화반응으로 ATP가 생성되는 단계로서, 포스포에놀피루브산이 피루브산 키나아제(pyruvate kinase)에 의해 피루브산(pyruvate)으로 전환된다.

$$\text{Phosphoenolpyruvate} + \text{ADP} \xrightleftharpoons{Mg^{2+}} \text{Pyruvate} + \text{ATP}$$

6단계에서 10단계까지의 ATP 생성을 보면, 글리세르알데히드 3-인산 2분자에서 피루브산 2분자로 전환되는 반응에서 ATP 4분자가 생성된다. 따라서 해당과정에서 생성되는 총 ATP를 계산하면, 포도당 1분자로부터 피루브산 2분자가 만들어지는 해당과정에서 ATP 2분자가 생성되는 것이다.

1 포도당 ⟶ 2 글리세르알데히드 3-인산 : − 2 ATP
2 글리세르알데히드 3-인산 ⟶ 2 피루브산 : + 4 ATP

1 포도당 ⟶ 2 피루브산 : + 2 ATP

결과적으로 해당과정에서는 포도당 1분자로부터 피루브산 2분자와 ATP가 2분자가 생성

표 7-2 • 해당과정에서의 각 단계별 반응식과 표준 자유에너지 변화

반응	효소	ΔG°′: kJ/mol(kcal/mol)
Glucose + ATP ⟶ Glucose 6-phosphate + ADP	헥소키나아제	−16.7(−4.0)
Glucose 6-phosphate ⇄ Fructose 6-phosphate	포스포글루코오스 이성체화효소	+17(+0.4)
이성체화효소 Fructose 6-phosphate + ATP ⟶ Fructose 1,6-bisphosphate + ADP	포스포프룩토키나아제	−14.2(−3.4)
Fructose 1,6-bisphosphate ⇄ Glyceraldehyde 3-phosphate + Dihydroxyacetone phosphate	알도라아제	+23.8(+5.7)
Dihydroxyacetone phosphate ⇄ Glyceraldehyde 3-phosphate	3탄당 인산 이성체화효소	+7.5(+1.8)
Glyceraldehyde 3-phosphate + Pi + NAD^+ ⇄ 1,3-Bisphosphoglycerate + NADH + H^+	글리세르알데히드 3-인산 탈수소효소	+6.3(+1.5)
1,3-bisphosphoglycerate + ADP ⇄ 3-Phosphoglycerate+ ATP	포스포글리세르산 키나아제	−18.8(−4.5)
3-Phosphoglycerate ⇄ 2-Phosphoglycerate	포스포글리세르산 뮤타아제	+4.6(+1.1)
2-Phosphoglycerate ⇄ Phosphoenolpyruvate	에놀라아제	+1.7(+0.4)
Phosphoenolpyruvate + ADP ⇄ Pyruvate + ATP	피루브산 키나아제	-31.4(-7.5)
포도당 + 2ADP + 2Pi + $2NAD^+$ ⟶ 2 피루브산 + 2ATP + 2NADH + $2H^+$		−73.3(−17.5)

된다. 해당과정의 전체 반응은 다음과 같다.

$$\text{포도당} + 2ADP + 2Pi + 2NAD^{+} \longrightarrow 2\text{피루브산} + 2ATP + 2NADH + 2H^{+}$$

해당과정의 각 단계별 반응식과 표준 자유에너지를 요약하면 표 7-2와 같다.

02 해당과정의 조절

근육과 간에서의 조절방식에는 차이가 있다. 근육에서의 해당과정은 주로 근육의 수축에 필요한 에너지를 만들기 위해 일어나며, ATP에 대한 요구에 따라 조절되는 반면, 간은 혈당 수준의 유지와 밀접한 관계가 있으므로 간에서의 해당과정은 혈중 포도당 농도가 변화됨에 따라 조절된다.

해당과정에는 조절 지점이 3군데 있다. 헥소키나아제에 의해 포도당이 포도당 6-인산으로 되는 단계, 포스포프룩토키나아제에 의해 과당 6-인산이 과당 1,6-비스인산으로 되는 단계 및 피루브산 키나아제에 의해 포스포에놀피루브산이 피루브산으로 되는 단계에서 조절된다(그림 7-2).

이 효소들은 촉매의 역할뿐만 아니라 알로스테릭 효소(allosteric enzyme)로서 조절의 역할도 한다. 표 7-3, 7-4에서 보는 바와 같이 각 반응의 반응물이나 생성물에 의해 조절된다.

03 근육에서의 피루브산의 혐기적 대사

해당과정에 생성된 피루브산은 격렬한 운동을 하면 산소 필요량이 공급량보다 많아야 되는데, 산소의 양이 제한적이 됨으로써 근육세포(muscle cell) 내에서 혐기적 대사(anaerobic metabolism)가 일어난다. 젖산 탈수소효소(lactate dehydrogenase)에 의해 피루브산이 젖산(lactate)으로 전환된다.

$$\text{Pyruvate} + NADH + H^{+} \rightleftharpoons \text{Lactate} + NAD^{+}$$

이 반응에서의 NADH + H^{+}는 해당과정의 6단계인 글리세르알데히드 3-인산이 1,3-비스포스포글리세르산으로 전환되는 반응에서 생성된 것이다.

포도당이 젖산으로 되는 과정은 다음과 같다.

$$\text{Glucose} + 2Pi + 2ADP \longrightarrow \text{Lactate} + 2ATP + 2H_2O$$

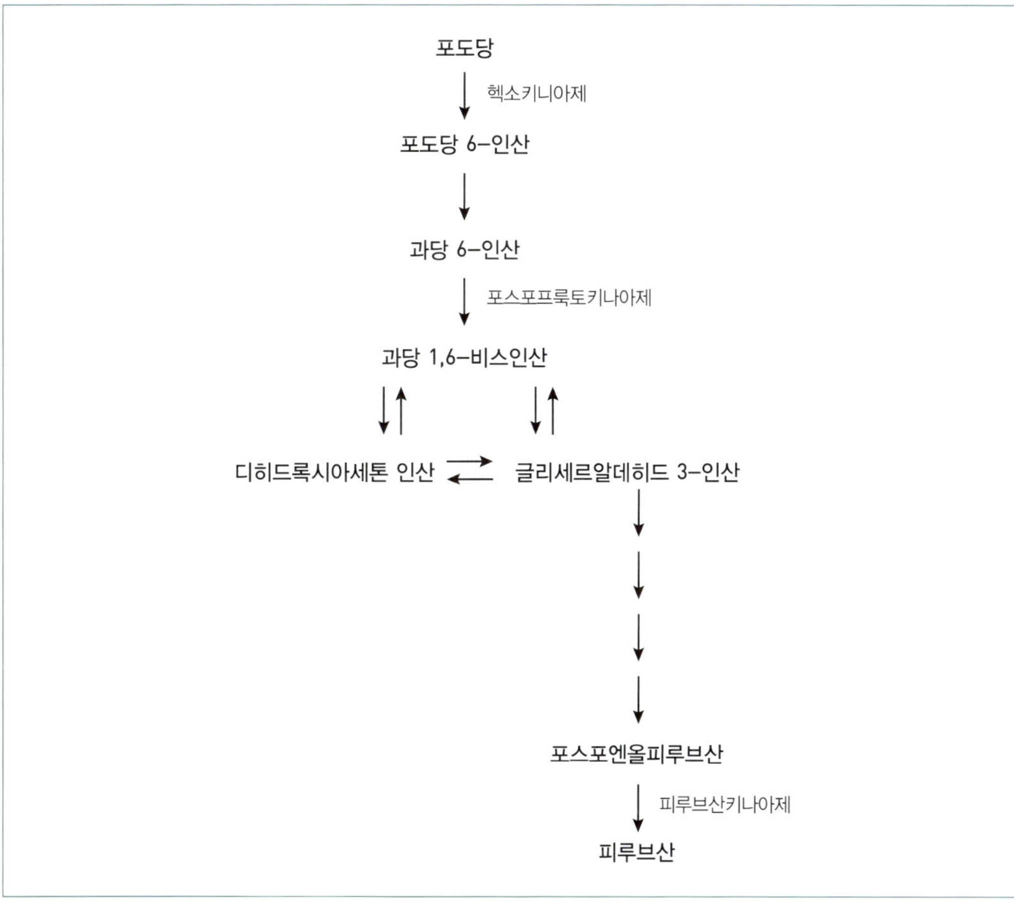

그림 7-2 • 해당과정의 조절

표 7-3 • 근육에서의 해당과정 조절물질

효 소	조절물질과 기능
헥소키나아제(hexokinase)	포도당 6-인산에 의해 억제(근육이 이완될 때)
포스포프룩토키나아제(phosphofructokinase)	ATP에 의해 억제(근육이 이완될 때) AMP에 의해 촉진(근육이 수축될 때)
피루브산 키나아제(pyruvate kinase)	ATP에 의해 억제(근육이 이완될 때) 과당 1,6-비스인산에 의해 촉진(근육이 수축될 때)

표 7-4 • 간에서의 해당과정 조절물질

효 소	조절물질과 기능
헥소키나아제(hexokinase)	포도당 6-인산에 의해 억제
포스포프룩토키나아제(phosphofructokinase)	구연산에 의해 억제 과당 2,6-비스인산에 의해 촉진
피루브산 키나아제(pyruvate kinase)	ATP, 알라닌에 의해 억제 과당 1,6-비스인산에 의해 촉진

2. 포도당신합성

포도당신합성(gluconeogenesis)은 피루브산이 포도당으로 전환되는 과정이지만 해당과정의 역과정은 아니다. 해당과정에는 비가역적 반응이 일어나는 3개의 단계가 있는데, 이 단계가 포도당신합성 과정의 특징이며, 해당과정과 다른 점이다(그림 7−3).

첫 번째 단계는 피루브산이 두 단계를 거쳐 포스포에놀피루브산으로 전환되는 단계이다. 피루브산은 피루브산 카르복실화효소(pyruvate carboxylase)에 의해 옥살로아세트산으로 된다. 미토콘드리아에 존재하는 피루브산 카르복실화효소는 알로스테릭 효소로서 아세틸 CoA에 의해 활성화된다. 보조인자로서 비오틴(biotin)을 필요로 하는데, 효소의 특정 리신 잔기의 ε−아미노기에 비오틴의 카르복실기가 아미드 결합을 형성하여 CO_2를 운반한다(그림 7−4).

피루브산 카르복실화효소는 미토콘드리아에 존재하는 효소이지만 포도당신합성에 관여하는 나머지 효소들은 세포질에 존재한다. 따라서 피루브산 카르복실화효소에 의해 생성된 옥살로아세트산은 다음 반응을 위해 세포질로 나와야 한다. 그러나 옥살로아세트산은 미토콘드리아막을 통과할 수 없기 때문에 말산으로 환원된 후 막을 통과해 세포질로 수송되어야 한다. 이 반응은 말산 탈수소효소(malate dehydrogenase)에 의해 촉매되며, 말산은 세포질에서 다시 옥살로아세트산으로 산화된다(그림 7−5).

옥살로아세트산은 포스포에놀피루브산 카르복시키나아제(phosphoenolpyruvate carboxykinase)에 의해 포스포에놀피루브산으로 전환된다. 이 효소는 미토콘드리아와 세포질에 존재한다.

$$\text{Pyruvate} + \text{ATP} + CO_2 + H_2O \longrightarrow \text{Oxaloacetate} + \text{ADP} + \text{Pi} + 2H^+$$

$$\text{Oxaloacetate} + \text{GTP} \longrightarrow \text{Phosphoenolpyruvate} + \text{GDP} + CO_2$$

두 번째는 과당 1,6−비스인산이 과당 1,6−비스인산 가수분해효소(fructose 1,6−bisphosphatase)에 의해 과당 6−인산으로 되는 단계이다.

$$\text{Fructose 1,6−bisphosphate} + H_2O \longrightarrow \text{Fructose 6−phosphate} + \text{Pi}$$

세 번째는 포도당 6−인산이 포도당 6−인산 가수분해효소(glucose 6−phosphatase)에 의해 포도당으로 되는 단계로서 소포체에서 일어난다.

$$\text{Glucose 6−phosphate} + H_2O \longrightarrow \text{Glucose} + \text{Pi}$$

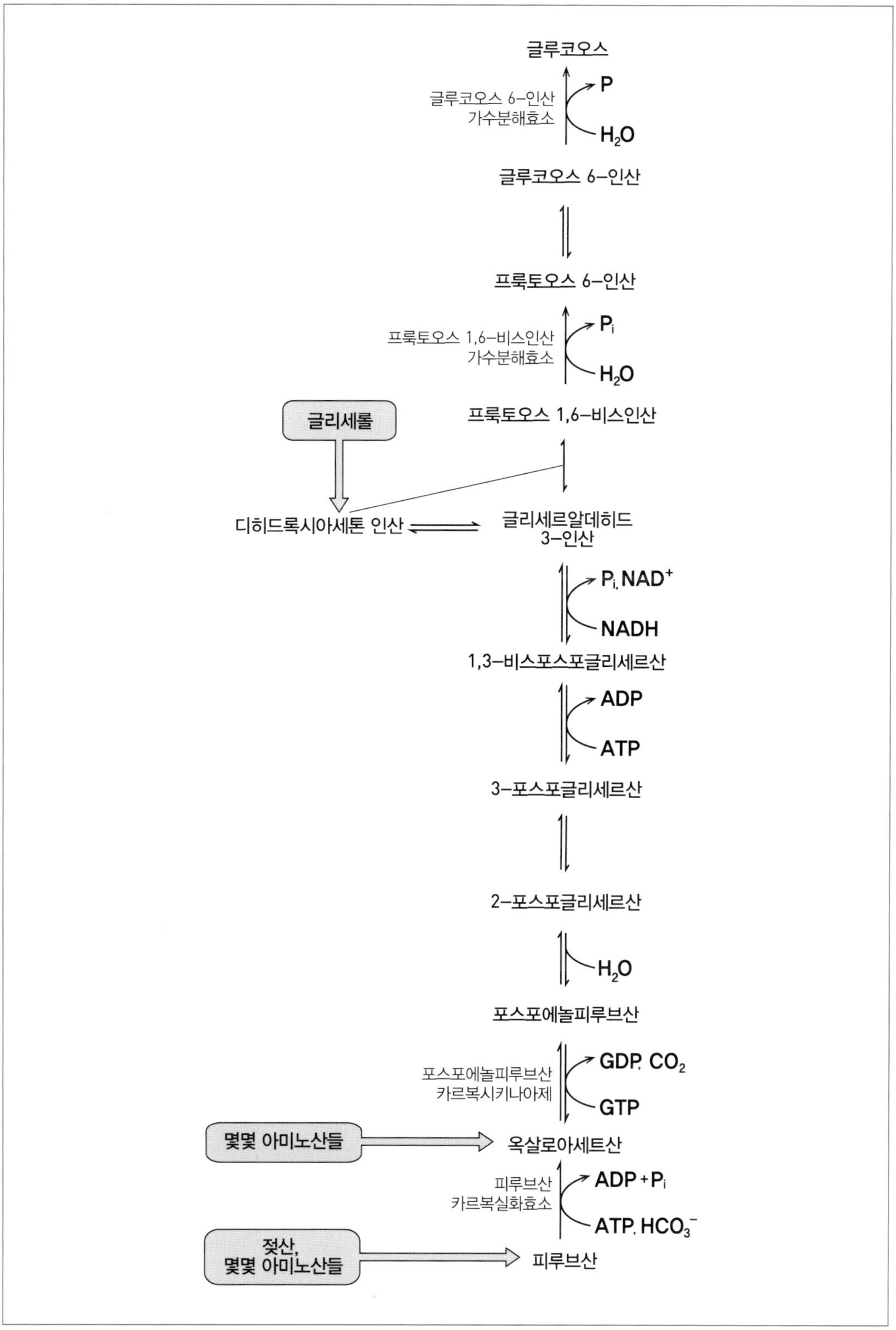

그림 7-3 ▪ 포도당신합성 과정

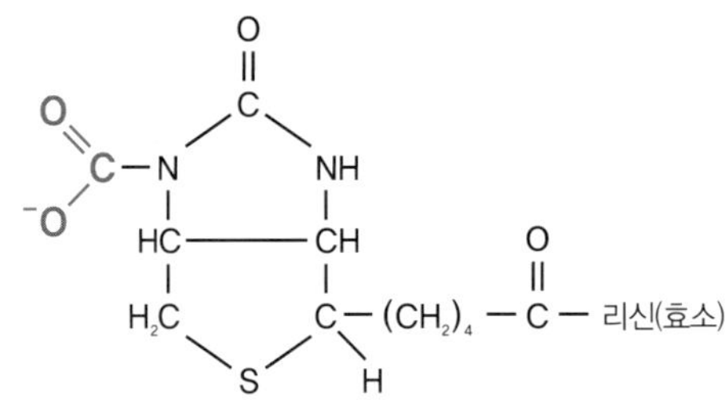

그림 7-4 • **피루브산 카르복실화효소와 비오틴의 결합**

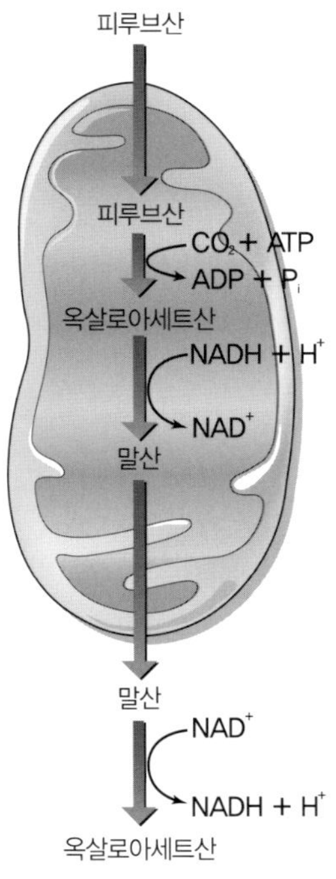

그림 7-5 • **미토콘드리아와 세포질에서 말산과 옥살로아세트산 생성**

젖산, 아미노산 및 글리세롤과 같은 비탄수화물 전구체들은 포도당신합성 과정으로 연결된다. 해당과정으로 근육 내에 축적된 젖산은 혈액에 의해 간으로 운반된 다음 젖산 탈수소효소에 의해 피루브산으로 된다. 몇몇 아미노산들은 옥살로아세트산으로 전환되며, 글리세롤은 글리세롤 인산과 디히드록시아세톤을 거쳐 글리세르알데히드 3-인산으로 전환된다.

포도당신합성 과정은 주로 간에서 일어나지만 신장에서도 약간 일어난다. 그러나 골격근, 심근 및 뇌에서는 거의 일어나지 않는다.

01 포도당신합성 과정의 조절

피루브산이 피루브산 카르복실화효소와 포스포에놀피루브산 카르복시키나아제에 의해 옥살로아세트산과 포스포에놀피루브산으로 되는 단계와 과당 1,6-비스인산 가수분해효소에 의해 과당 1,6-비스인산이 과당 6-인산으로 되는 단계에서 포도당신합성 과정이 조절된다. 이 효소들은 알로스테릭 효소이다(표 7-5).

간에서 해당과정과 포도당신합성 과정 사이의 균형은 혈당 농도에 의해 조절된다. 과당 2,6-비스인산(F2,6BP)은 해당과정의 조절효소인 포스포프룩토키나아제(PFK)의 활성을 촉진시키지만 포도당신합성 과정의 조절효소인 과당 1,6-비스인산 가수분해효소(FBPase)를 억제시킨다.

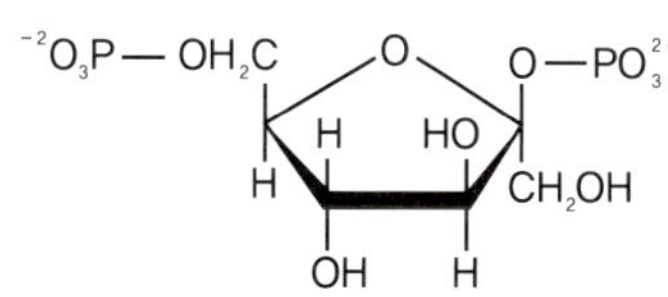

과당 2,6-비스인산의 구조

혈당의 농도가 낮아지면 과당 비스인산 가수분해효소 2(fructose bisphosphatase 2; FBPase 2)가 활성화되어 F2,6P로부터 인산기가 떨어져나가 과당 6-인산(F6P)으로 된다. 따라서 F2,6BP 농도가 낮아지면 해당과정이 느려짐으로써 억제되고 포도당신합성 과정이 촉진된다. 혈당이 높아지면 반대로 포스포프룩토키나아제 2(phosphofructokinase 2; PFK 2)가 활성화되어 F6P가 인산화되면서 F2,6P로 된다. 따라서 F2,6BP 농도가 높아지면 해당과정을 촉진시키게 되고 포도당신합성 과정은 억제된다(그림 7-6).

표 7-5 • 포도당신합성 과정의 조절물질

효 소	조절물질과 기능
피루브산 카르복실화효소 (pyruvate carboxylase)	아세틸 CoA에 의해 촉진 ADP에 의해 억제
포스포에놀피루브산 카르복시키나아제 (phosphoenolpyruvate carboxykinase)	ADP에 의해 억제
과당 1,6-비스인산 가수분해효소 (fructose 1,6-bisphosphatase)	구연산에 의해 촉진 AMP에 의해 억제 과당 2,6-비스인산에 의해 억제

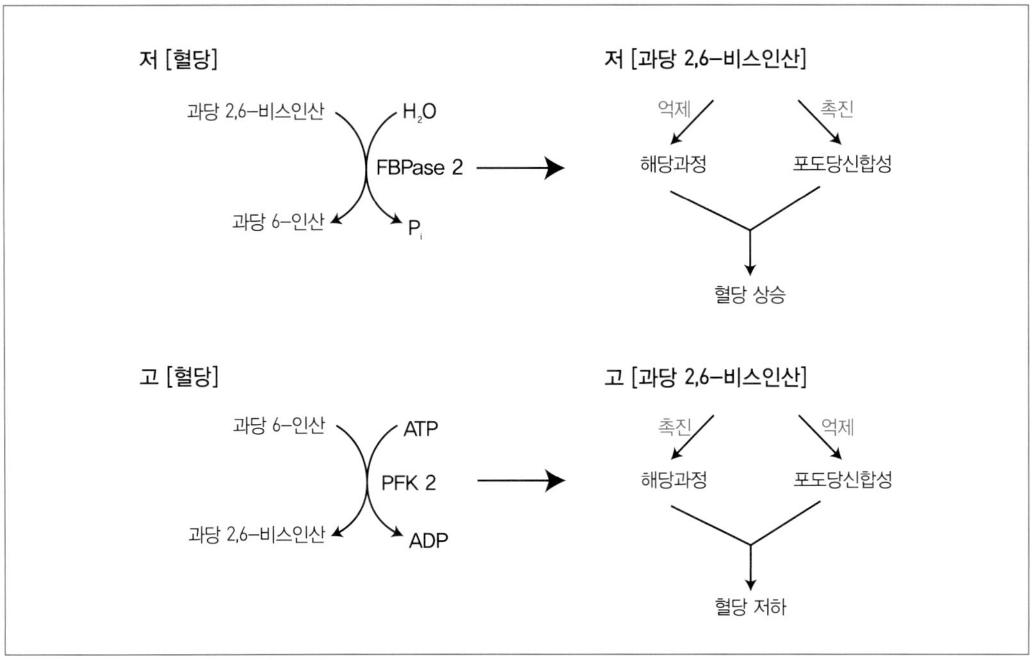

그림 7-6 • **혈당에 의한 과당 2,6-비스인산의 조절**

FBPase 2와 PFK 2는 이량체(dimer)로 구성된 55KD의 분자량을 가진 단백질 내에 존재한다. PFK 2와 FBPase 2의 활성은 이량체의 세린 잔기 하나가 인산화되고 탈인산화됨으로써 조절된다. 이량체 단백질이 키나아제의 활성에 의해 인산화되면 FBPase 2의 활성이 증가되어 F2,6BP 농도가 감소하므로 포도당신합성이 촉진된다. 인산 가수분해효소에 의해 탈인산화되면 PFK 2의 활성이 증가되어 F2,6P 농도가 증가하므로 해당과정이 촉진된다. 이와 같이 이량체는 두 가지의 활성을 가진다(그림 7-7).

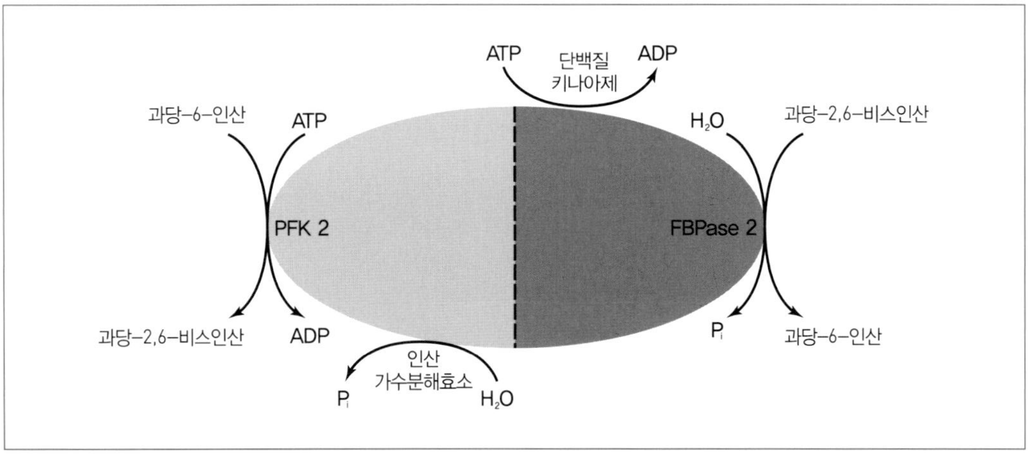

그림 7-7 • **이량체의 인산화와 탈인산화**

02 코리 회로

서로 반대로 진행되는 반응이 서로 다른 효소에 의해 촉매되어 일어나는 반응을 기질 회로(substrate cycle)라 한다. 해당과정에서 과당 6-인산은 포스포프룩토키나아제에 의해 과당 1,6-비스인산으로 되고, 포도당신합성 과정에서는 과당 1,6-비스인산이 과당 1,6-비스인산 가수분해효소에 의해 과당 6-인산으로 된다. 이 반응들은 독립적으로 조절되며, 반응속도도 다르다. 인체 내의 근육과 간에서는 기질 회로가 존재한다.

활발하게 운동하는 근육에서는 해당과정으로 포도당으로부터 젖산을 생성하고, 이는 혈액에 의해 간으로 순환된 다음, 포도당신합성 과정을 통해 포도당을 생성한다. 포도당은 혈액에 의해 근육으로 수송된다. 이와 같이 근육과 간 2개의 기관이 연관되어 상반되는 대사가 일어나서 협력하는 회로를 코리 회로(Cori cycle)라 한다(그림 7-8). 이 이름은 이 회로를 처음 밝힌 Gerty Cori와 Carl Cori로부터 유래된 것이다.

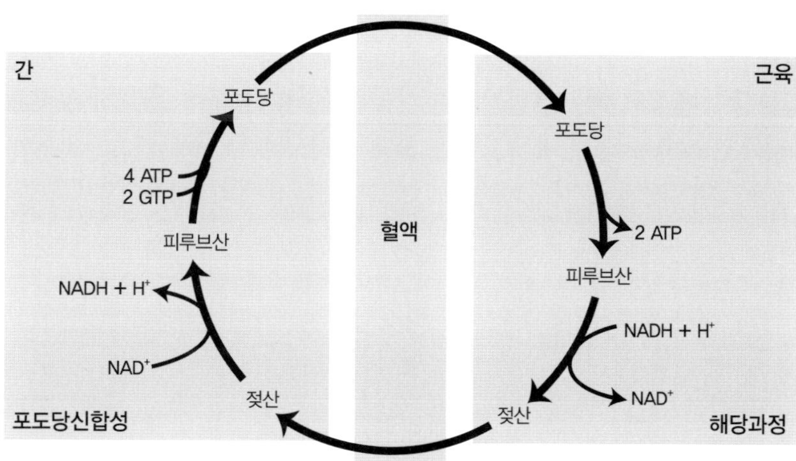

그림 7-8 • 코리 회로

3. 피루브산에서 아세틸 CoA의 생성

대부분의 인체 조직에서 피루브산은 산소를 용이하게 사용할 수 있기 때문에 호기적으로 대사된다. 해당과정의 산물인 피루브산은 세포질에서 피루브산 운반체에 의해 미토콘드리아 막(mitochondria membrane)을 통과하여 미토콘드리아로 운반된다(그림 7-9).

호기성 조건(aerobic condition)으로 미토콘드리아의 기질(matrix) 내에서 피루브산은 피루브산 탈수소효소 복합체(pyruvate dehydrogenase complex)에 의한 산화적 탈탄산반응(oxidative decarboxylation)에 의해 구연산 회로의 시작 물질인 아세틸 CoA(acetyl CoA)로 전환된다.

이 반응은 매우 복잡하여 포유동물에서는 세 가지 효소인 피루브산 탈수소효소(pyruvate dehydrogenase), 디히드로리포일 아세틸기 전이효소(dihydrolipoyl transacetylase), 디히드로리포일 탈수소효소(dihydrolipoyl dehydrogenase)가 복합체를 형성하여 관여하며, 이들의 보조효소(coenzyme)로서 티아민 피로인산(thiamine pyrophosphate; TPP), 리포산(lipoic acid), FAD, NAD 및 CoA-SH가 필요하다(그림 7-10). 포유동물에서 피루브산 탈수소효소는 피루브산 탈수소효소 키나아제(pyruvate dehydrogenase kinase)와 피루브산 탈수소효소 인산 가수분해효소(pyruvate dehydrogenase phosphatase)에 의해 조절되기 때문에 피루브산 대사에서 중요한 조절 지점이다.

1단계는 CO_2가 만들어지는 탈탄산반응으로, 비공유 결합성 상호작용으로 보조효소인 TPP가 결합되어 있는 피루브산 탈수소효소가 촉매하는 반응이다. 피루브산의 카르

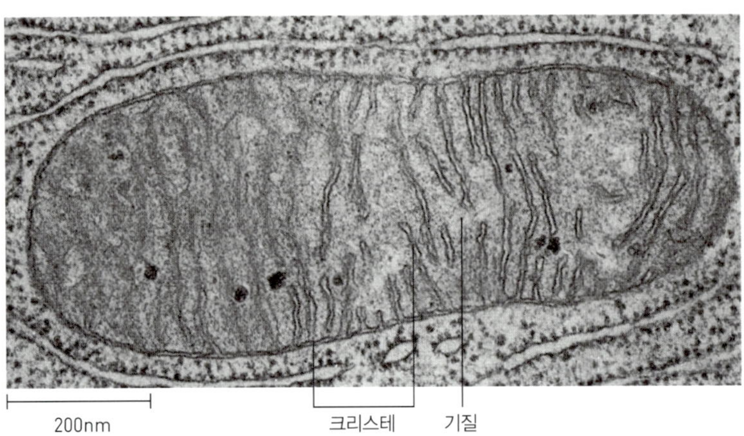

그림 7-9 • 미토콘드리아의 구조

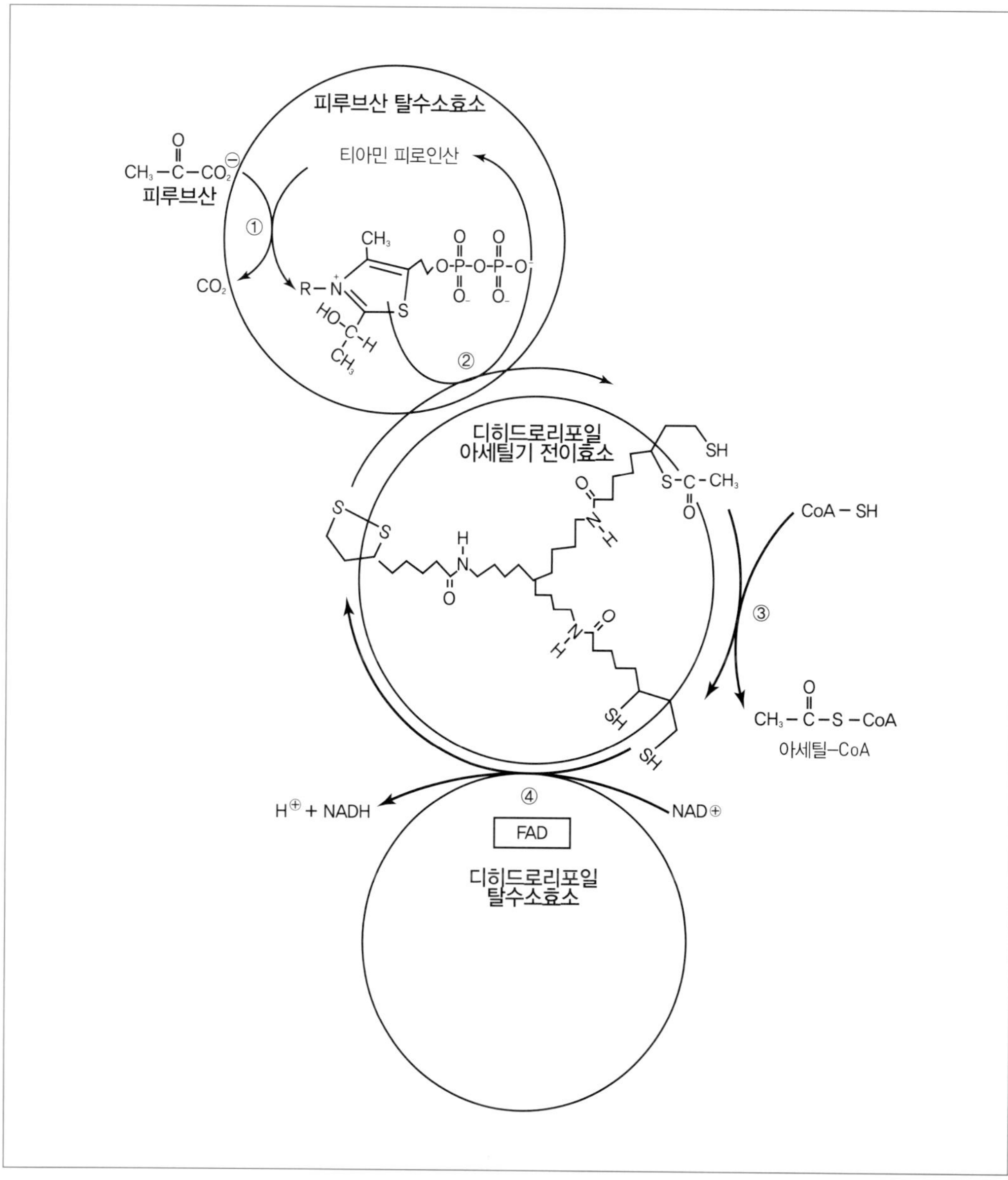

그림 7-10 • **피루브산으로부터 아세틸-CoA의 생성반응**

복실기(carboxyl group)로부터 CO_2가 이탈되고 나머지가 TPP와 결합하여 히드록시에틸-TPP(hydroxyethyl-TPP)를 생성한다.

2단계는 산화과정으로, 산화형의 리포산이 디히드로리포일 아세틸기 전이효소의 리신(lysine) 곁사슬의 ε-아미노기(ε-amino group)에 공유결합되어 형성된 리포아미드(lipoamide)가 관여하는 반응이다(그림 7-11). 히드록시에틸기의 수산기가 산화되어 만들어진 아세틸기가 리포산과의 티오에스테르(thioester) 결합으로 아세틸리포아미드(acetyllipoamide)가 생성된

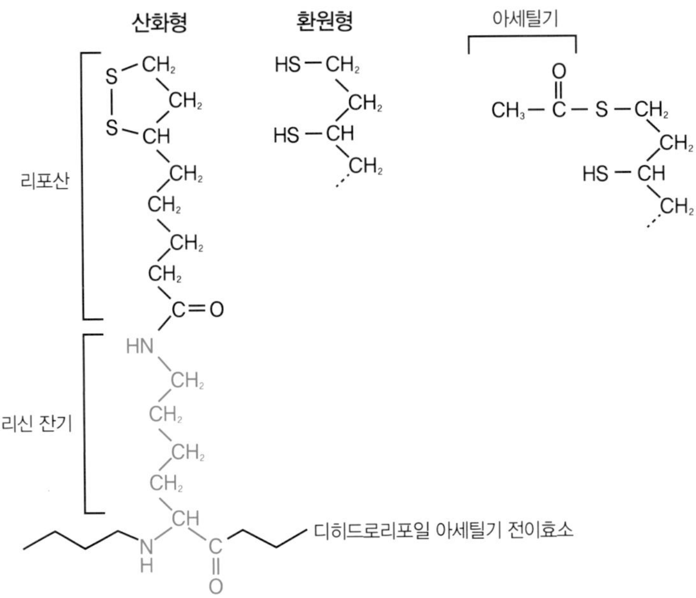

그림 7-11 • **디히드로리포일 아세틸기 전이효소에 결합된 리포산의 구조**

다. 이때 리포산의 이황화기(disulfide bond; S−S bond)는 산화제로 작용하여 아세틸리포아미드로 환원된다.

3단계에서는 디히드로리포일 아세틸기 전이효소에 의해 아세틸리포아미드의 아세틸기가 CoA−SH로 전이되어 아세틸 CoA가 생성되고, 리포산은 환원형의 상태의 디히드로리포아미드(dihydrolipoamide)로 된다.

4단계는 디히드로리포일 탈수소효소에 의해 디히드로리포아미드에서 이탈된 수소 원자 2개가 FAD와 결합하여 $FADH_2$로 환원되고 리포아미드로 재생되는 과정이다. 마지막으로 $FADH_2$의 수소는 산화형의 NAD로 전달되어 환원형의 NADH가 생성되고 다시 FAD로 재산화된다. 이 NADH는 전자전달계를 통해 ATP의 생성에 관여하게 된다.

$$\text{Pyruvate} + \text{CoA–SH} + \text{NAD}^+ \longrightarrow \text{Acetyl CoA} + \text{CO}_2 + \text{NADH} + \text{H}^+$$

이와 같이 피루브산 탈수소효소 복합체에 의해 비가역적으로 아세틸 CoA가 생성되는 반응으로, 해당과정과 구연산 회로를 연결해 주는 중요한 과정이다.

4. 구연산 회로

구연산 회로(citric acid cycle)는 세포 내에서 일어나는 물질대사의 중심이 되는 과정으로, 포도당의 분해산물인 피루브산, 아미노산, 지방산, 핵산의 염기 등의 대사와 밀접한 관련이 있다. 이 회로를 TCA 회로(tricarboxylic acid cycle)라고도 한다(그림 7-12).

(1) 1단계

구연산 생성효소(citrate synthase)에 의해 아세틸 CoA와 옥살로아세트산(oxaloacetate)이 반응하여 구연산과 CoA-SH가 생성되는 반응이다. 먼저 아세틸 CoA와 옥살로아세트산이 축합하여 시트릴 CoA(citryl CoA)가 만들어진 다음, 이 시트릴 CoA가 가수분해되어 구연산과

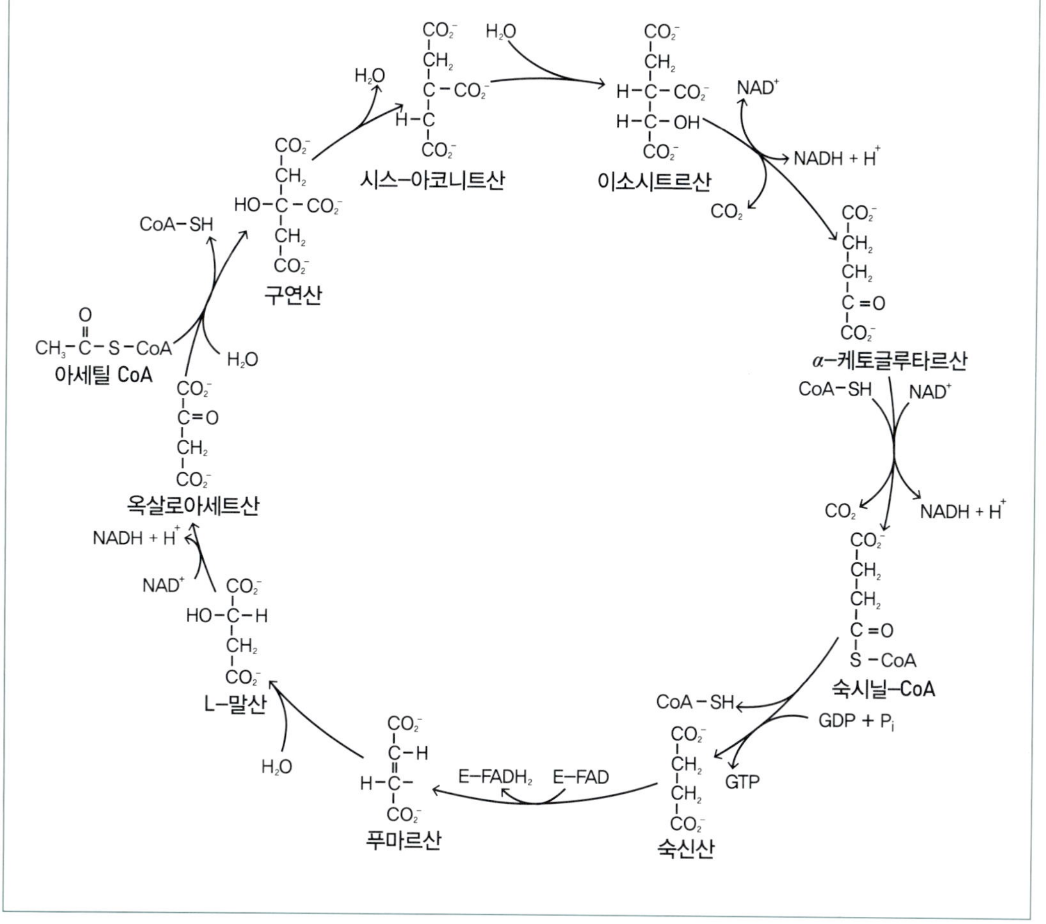

그림 7-12 • 구연산 회로

CoA−SH가 생성된다. 이 반응에서 티오에스테르가 가수분해되면서 에너지가 방출된다.

$$\text{Acetyl CoA} + \text{oxaloacetate} + H_2O \longrightarrow \text{Citrate} + \text{CoA−SH}$$

(2) 2단계

구연산은 아코니타아제(aconitase)에 의해 이소시트르산(isocitrate)으로 전환된다. 먼저 구연산에서 물 1분자가 제거되어 시스−아코니트산(cisaconitate)이 만들어진 후 물 1분자가 시스−아코니트산에 부가되어 이소시트르산이 생성된다. 즉, 구연산의 3번 탄소의 OH와 4번 탄소의 H 위치가 바뀌어 이소시트르산이 된다.

$$\text{Citrate} \longrightarrow \textit{cis}\text{−Aconitate} + H_2O$$
$$\textit{cis}\text{−Aconitate} + H_2O \longrightarrow \text{Isocitrate}$$

(3) 3단계

구연산 회로의 첫 번째 산화반응으로 이소시트르산이 이소시트르산 탈수소효소(isocitrate dehydrogenase)에 의해 α−케토글루타르산(α−ketoglutarate)으로 전환되는 산화적 탈탄산반응이다. 산화에 의해 이소시트르산으로부터 수소가 이탈되어 NADH 1분자가 생성되면서 중간 산물인 옥살로숙신산(oxalosuccinate)이 만들어진다. 옥살로숙신산이 효소에 결합된 상태에서 CO_2가 떨어지고 α−케토글루타르산이 생성된다.

$$\text{Isocitrate} + NAD^+ \longrightarrow \text{Oxalosuucinate} + \text{NADH} + H^+$$
$$\text{Oxalosuucinate} \longrightarrow \alpha\text{−Ketoglutarate} + CO_2$$

(4) 4단계

피루브산 탈수소효소 복합체에 의해 촉매되는 피루브산으로부터 아세틸 CoA의 생성반응과 같이 산화적 탈탄산반응으로, α−케토글루타르산 탈수소효소 복합체(α−ketoglutarate dehydrogenase complex)에 의해 α−케토글루타르산이 숙시닐−CoA(succinyl−CoA)로 전환된다. 이 반응에서 NADH와 CO_2가 생성된다.

$$\alpha\text{−Ketoglutarate} + \text{CoA−SH} + NAD^+ \longrightarrow$$
$$\text{Succinyl−CoA} + CO_2 + \text{NADH} + H^+$$

(5) 5단계

숙시닐-CoA 합성효소(succinyl-CoA synthetase)에 의해 숙시닐-CoA의 티오에스테르 결합이 가수분해되어 숙신산(succinate)과 CoA-SH가 생성되며, GDP가 GTP로 인산화된다.

$$\text{Succinyl-CoA} + \text{GDP} + \text{Pi} \longrightarrow \text{Succinate} + \text{GTP} + \text{CoA-SH}$$

뉴클레오시드 이인산 키나아제(nucleoside diphosphate kinase)에 의해 GTP는 GDP와 Pi로 가수분해되고 Pi는 ADP와 결합하여 ATP를 형성한다.

이 반응을 기질수준 인산화반응이라 한다.

$$\text{GTP} + \text{ADP} \longrightarrow \text{GDP} + \text{ATP}$$

(6) 6단계

숙신산 탈수소효소(succinate dehydrogenase)에 의해 숙신산으로부터 이탈된 수소가 FAD에 전달되어 $FADH_2$가 생성되면서 푸마르산(fumarate)으로 전환된다. 숙신산 탈수소효소는 구연산 회로에 관여하는 다른 효소들과는 달리 미토콘드리아 내막에 결합되어 있다. 이는 $FADH_2$가 미토콘드리아 내막에 있는 전자전달계와 연결할 수 있게 하기 위함이다. 숙신산 탈수소효소는 철 이온이 결합되어 있으나 헴(heme)기는 없는 비헴 철단백질(nonheme iron protein)이다.

$$\text{Succinate} + \text{FAD} \longrightarrow \text{Fumarate} + \text{FADH}_2$$

(7) 7단계

푸마라아제(fumarase)에 의해 촉매되는 수화반응으로, 푸마르산의 C=C 이중결합에 물이 부가되어 L-말산(L-malate)으로 전환된다.

$$\text{Fumarate} + \text{H}_2\text{O} \longrightarrow \text{L-Malate}$$

(8) 8단계

구연산 회로의 마지막 단계로서, L-말산이 옥살로아세트산으로 산화된다. 말산 탈수소효소(malate dehydrogenase)에 의해 L-말산에서 이탈된 수소가 NAD에 전달되어 NADH가 생성되면서 옥살로아세트산으로 재생된다.

$$\text{L-Malate} + \text{NAD}^+ \longrightarrow \text{Oxaloacetate} + \text{NADH} + \text{H}^+$$

구연산 회로에서 생성된 3NADH와 $1FADH_2$는 전자전달계로 연결되어 산화적 인산화반응에 의해 ATP를 생성한다.

구연산 회로의 전체 반응은 다음과 같다.

$$\text{Acetyl CoA} + 3NAD^+ + FAD + GDP + Pi + 2H_2O \longrightarrow$$
$$2CO_2 + 3NADH + 3H^+ + FADH_2 + GTP + CoA\text{-}SH$$

구연산 회로에서의 각 단계별 반응식과 표준 자유에너지를 표 7-6에 요약하였다.

표 7-6 • 구연산 회로에서의 각 단계별 반응식과 표준 자유에너지 변화

반응	효소	$\Delta G°'$: kJ/mol(kcal/mol)
Acetyl CoA + oxaloacetate + H_2O → Citrate + CoA-SH	구연산 생성효소	−31.4(−7.5)
Citrate → Isocitrate	아코니타아제	+6.3(+1.5)
Isocitrate + NAD^+ + H^+ → α-Ketoglutarate + CO_2	이소시트르산 탈수소효소	−8.4(−2.0)
α-Ketoglutarate + CoA-SH + NAD^+ → Succinyl-CoA + CO_2 + NADH + H^+	α-케토글루타르산 탈수소효소	−30.1(−7.2)
Succinyl-CoA + GDP + Pi → Succinate + GTP + CoA-SH	숙시닐-CoA 합성효소	−3.3(−0.8)
Succinate + FAD → Fumarate + $FADH_2$	숙신산 탈수소효소	0(0)
Fumarate + H_2O → L-Malate	푸마라아제	−3.8(−0.9)
L-Malate + NAD^+ → Oxaloacetate + NADH + H^+	말산 탈수소효소	+29.7(+7.1)
Acetyl CoA + $3NAD^+$ + FAD + GDP + Pi + $2H_2O$ → $2CO_2$ + 3NADH + $3H^+$ + $FADH_2$ + GTP + CoA-SH		−41.0(98.0)

01 구연산 회로의 조절

구연산 회로의 중요한 조절 지점은 구연산 생성효소에 의해 아세틸 CoA와 옥살로아세트산으로부터 구연산과 CoA-SH가 생성되는 단계, 이소시트르산탈수소효소에 의해 이소시트르산이 α-케토글루타르산으로 되는 단계 및 α-케토글루타르산 탈수소효소에 의해 α-케토글루타르산이 숙시닐-CoA(succinyl-CoA)로 되는 단계에서 조절된다(그림 7-13).

이 효소들은 알로스테릭 효소로서, 표 7-7에서 보는 바와 같이 각 반응의 반응물이나 생성물에 의해 조절된다.

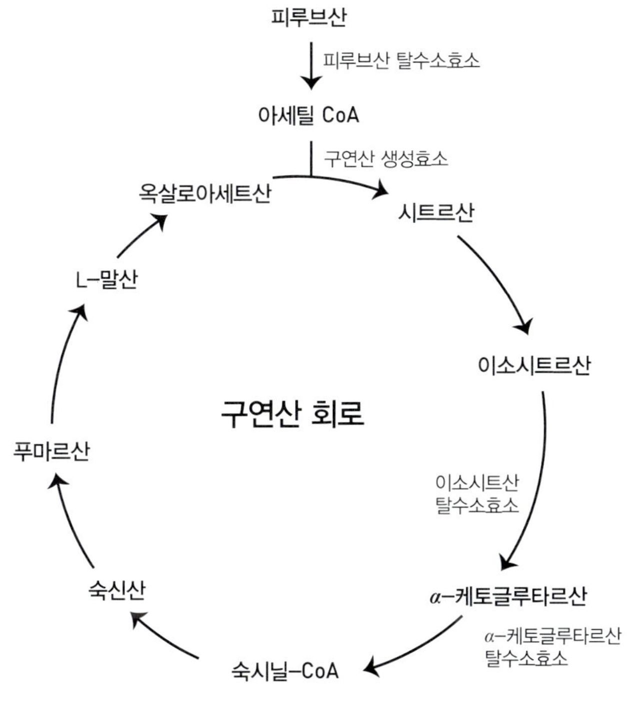

그림 7-13 • 구연산 회로의 조절

표 7-7 • 구연산 회로 조절물질

효 소	조절물질과 기능
피루브산 탈수소효소 복합체	ATP, 아세틸 CoA, NADH에 의해 억제 ADP, 피루브산에 의해 촉진
구연산 생성효소(citrate synthase)	ATP, 숙시닐 CoA, NADH에 의해 억제 구연산에 의해 촉진
이소시트르산 탈수소효소 (isocitrate dehydrogenase)	ATP, NADH에 의해 억제 ADP, NAD^+에 의해 촉진
α-케토글루타르산 탈수소효소 (α-ketoglutarate dehydrogenase)	ATP, 숙시닐 CoA, NADH에 의해 억제

5. 발효

해당과정에서 생성된 피루브산은 호기적 상태에서는 아세틸 CoA로 전환된 다음 구연산 회로를 통해 대사된다. 그러나 혐기적 상태에서는 젖산발효(lactate fermentation)가 일어나거나 또는 알코올발효(alcohol fermentation)가 일어난다.

젖산발효는 젖산균에 의해 일어나는데, 이 과정은 근육에서의 피루브산의 혐기적 대사과정과 동일하다.

알코올발효는 효모(yeast)에 의해 일어나는데, 피루브산이 피루브산 탈카르복실화효소(pyruvate decarboxylase)에 의해 CO_2가 이탈되면서 아세트알데히드(acetaldehyde)가 된다. 이 효소는 조효소로서 TPP(thiamine pyrophosphate)를 필요로 한다.

$$\text{Pyruvate} \longrightarrow \text{Acetaldehyde} + CO_2$$

아세트알데히드는 알코올 탈수소효소(alcohol dehydrogenase)에 의해 알코올로 전환된다. 이때 해당과정 6단계의 글리세르알데히드 3–인산이 1,3–비스포스포글리세르산으로 전환되는 반응에서 생성된 NADH가 사용된다

$$\text{Acetaldehyde} + \text{NADH} + H^+ \longrightarrow \text{Alcohol} + \text{NAD}^+$$

포도당으로부터 시작되는 알코올발효의 전체 반응은 다음과 같다.

$$\text{Glucose} + 2\text{ADP} + 2\ \text{Pi} + 2H^+ \longrightarrow 2\text{Ethanol} + 2\text{ATP} + 2CO_2 + 2H_2O$$

제 8 장

전자전달계와 산화적 인산화반응

Electron transport system & Oxidative phosphorylation

해당과정과 구연산 회로에서 탈수소효소에 의해 생성된 NADH와 $FADH_2$는 미토콘드리아 내막에 존재하는 전자전달계(electron transport system)를 통해 전자를 산소에 전달하고 물(H_2O)을 만든다. 전자전달계를 호흡사슬(respiratory chain)이라고도 한다. 미토콘드리아는 외막(outer membrane)과 내막(inner membrane)의 이중막으로 되어 있으며, 외막과 내막 사이의 공간을 막간강(intermembrane space)이라 한다. 내막의 안쪽을 기질(matrix)이라 하며, 구연산 회로와 지방산 산화가 일어나는 장소이다. 내막이 기질 쪽으로 접힌 구조인 크리스타(cristae)에는 전자전달계와 산화적 인산화반응(oxidative phosphorylation)에 관여하는 ATP 생성효소(ATP synthase)가 존재한다(그림 8-1).

A

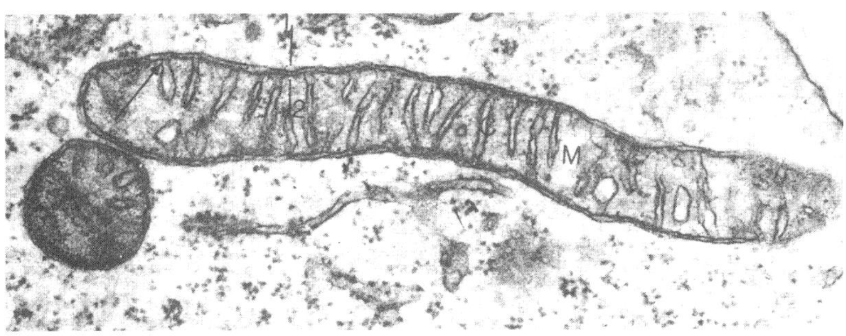

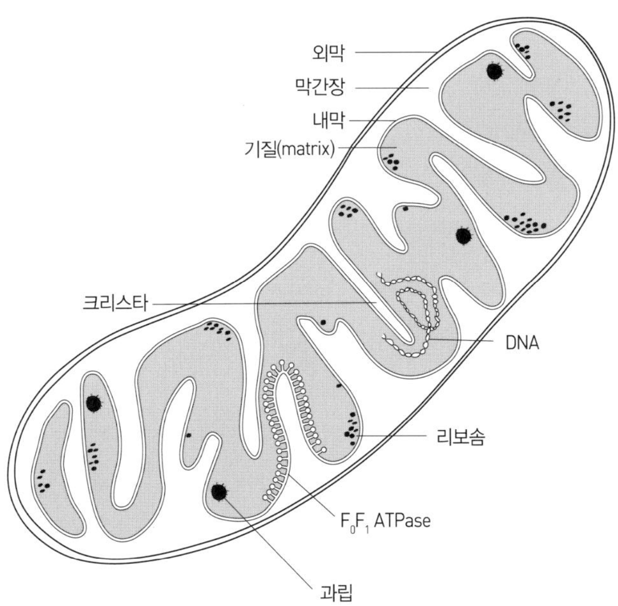

B

그림 8-1 • 미토콘드리아의 전자현미경 사진(A)과 모식도(B)

01 산화환원전위

전자가 전자전달계를 따라 이동할 때의 전위를 산화환원전위(redox potential) 또는 환원전위(reduction potential; E°′)라고 한다. 전자전달계를 구성하는 물질들은 산화환원쌍(redox couple)으로 존재하며, 이 쌍의 환원전위는 표준 반쪽전지(standard reference half-cell)에 연결된 시료 반쪽전지(sample half-cell)에서 만들어지는 전압을 측정함으로써 알 수 있다. 표준 반쪽전지는 1기압의 수소(H_2) 가스와 평형을 이루고 있는 수소 이온(H^+) 용액에 전극을 넣어 만들고, 시료 반쪽전지에는 측정하고자 하는 시료를 넣어 만든 다음 전극들을 전압계에 연결한다. 이때 수소 이온이 수소 가스로 환원되는 반응($H^+ + e^- \rightarrow 1/2\ H_2$)이 대조구로서의 역할을 한다. 이 반쪽전지들을 한천다리(agar bridge)로 연결하여 이온들이 이동할 수 있도록 한다(그림 8-2). 이 결과 한쪽의 반쪽전지에서 반대쪽의 반쪽전지로 전자들이 흐르게 된다.

환원전위가 음(−)의 값을 나타내는 것은 전자가 시료 반쪽전지에서 표준 반쪽전위 방향으로 흐른다는 것을 의미하며, 양(+)의 값을 나타내는 것은 전자가 표준 반쪽전지에서 시료 반쪽전위 방향으로 흐른다는 것을 의미한다. 생물학적으로 중요한 산화환원쌍의 환원전위들을 표 8-1에 나타내었다.

NADH로부터 전자가 전자전달계를 거쳐 최종적으로 산소에 전달되고 수소 이온과 합쳐 물이 되는 반응의 환원전위를 보면 다음과 같다.

$$\begin{array}{lll} NADH + H^+ & \longrightarrow NAD^+ + 2H^+ + 2e^- & E°' = +0.320\ V \\ 1/2\ O_2 + 2H^+ + 2e^- & \longrightarrow H_2O & E°' = +0.816\ V \\ \hline NADH + 1/2\ O_2 + H^+ & \longrightarrow NAD^+ + H_2O & E°' = +1.136\ V \end{array}$$

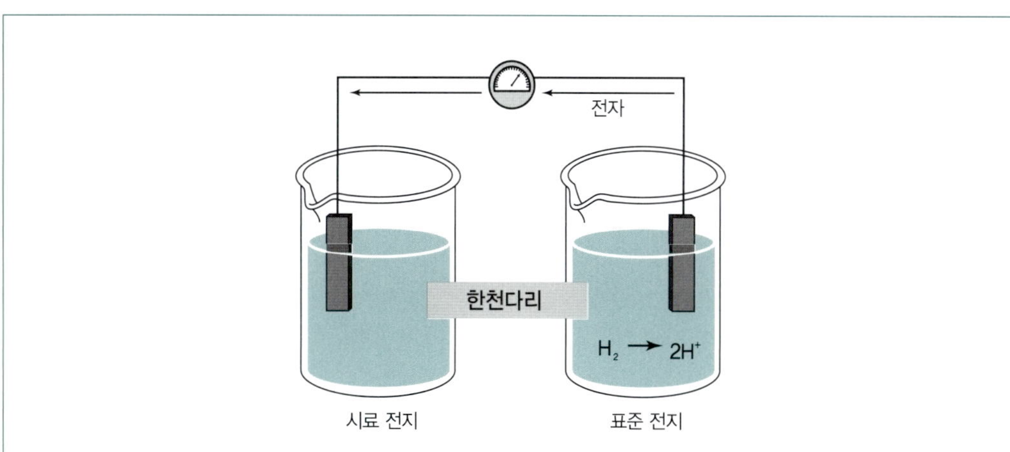

그림 8-2 • 산화환원전위의 측정장치

표 8-1 • 생물학적으로 중요한 산화환원 반응의 환원전

환원형 반쪽 반응	E°'(V)
$\frac{1}{2}O_2 + 2H^+ + 2e^- \rightarrow H_2O$	+0.816
$Fe^{3+} + e^- \rightarrow Fe^{2+}$	+0.771
시토크롬 a3(Fe^{3+}) + e^- → 시토크롬 a_3(Fe^{2+})	+0.350
시토크롬 a(Fe^{3+}) + e^- → 시토크롬 a(Fe^{2+})	+0.290
시토크롬 c(Fe^{3+}) + e^- → 시토크롬 c(Fe^{2+})	+0.254
시토크롬 c_1(Fe^{3+}) → 시토크롬 c_1(Fe^{2+})	+0.220
$CoQH^{\cdot} + H^+ + e^- \rightarrow CoQH_2$	+0.190
$CoQ + 2H^+ + 2e^- \rightarrow CoQH_2$	+0.060
시토크롬 bH(Fe^{3+}) + e^- → 시토크롬 bH(Fe^{2+})	+0.050
푸마르산 + $2H^+ + 2e^-$ → 숙신산	+0.031
$CoQ + H^+ + e^- \rightarrow CoQH^{\cdot}$	+0.030
시토크롬 bL(Fe^{3+}) + e− → 시토크롬 bL(Fe^{2+})	−0.100
옥살로아세트산 + $2H^+ + e^-$ → 말산	−0.166
피루브산 + $2H^+ + 2e^-$ → 젖산	−0.185
아세트알데히드 + $2H^+ + 2e^-$ → 에탄올	−0.197
$FMN + 2H^+ + 2e^- \rightarrow FMNH_2$	−0.219
$FAD + 2H^+ + 2e^- \rightarrow FADH_2$	−0.219
NAD+ + $2H^+ + 2e^-$ → NADH + H+	−0.320
NADP+ + $2H^+ + 2e^-$ → NADPH + H+	−0.320
α-케토글루타르산 + $CO_2 + 2H^+ + 2e^-$ → 이소시트르산	−0.380
숙신산 + $CO_2 + 2H^+ + 2e^-$ → α-케토글루타르산 + H_2O	−0.670

표준온도 25℃, 1 M 농도, pH 7.0의 조건에서 측정된 값.

pH 7.0에서의 표준 자유에너지 변화($\Delta G°'$)는 환원전위 변화($\Delta E°'$)와 관련이 있으므로 다음 식으로부터 계산할 수 있다.

$$\Delta G°' = -nF\Delta E°'$$

여기서 n은 전달된 전자의 수, F는 파라데이 상수(Faraday constant; F = 96.485 kJ mol^{-1} V^{-1})이며, G°'는 kJ mol^{-1} 또는 kcal mol^{-1}로 나타낸다. $\Delta E°'$값이 양(+)이면 $\Delta G°'$값은 음(−)이 된다. 위 반응의 $\Delta G°$를 계산하면 다음과 같다.

$$\Delta G°' = -2 \times 96.485\ kJ\ mol^{-1}\ V^{-1} \times 1.136V = -219\ kJ\ mol^{-1}$$
$$= -52.6\ kcal\ mol - 1$$

02 전자전달계 구성 복합체

NADH와 $FADH_2$로부터의 전자가 전자전달계를 통해 산소에 전달되는 과정은 전자운반체들로 구성된 4개의 복합체에 의해 수행된다(그림 8–3). 각 복합체의 구성성분을 표 8–2에 나타내었다.

전자전달계의 특징은 전자 운반체로서 보조효소 Q(coenzyme Q; CoQ)가 관여한다는 것이다. CoQ는 유비퀴논(ubiquinone)이라고도 하며, 긴 이소프레노이드 꼬리(isoprenoid tail)를 가지고 있는 퀴논 계통의 물질로서 미토콘드리아 내막에서 자유롭게 움직인다. CoQ에 전자 한 개와 양성자 한 개가 결합하여 세미퀴논(semiquinone; $CoQ^{\cdot}$)이 되고 다시 전자와 양성자가 결합하면 $CoQH_2$가 된다. $CoQH_2$를 유비퀴놀(ubiquinol)이라고도 한다(그림 8–4).

표 8–2 • 전자전달계를 구성하는 복합체의 구성성분

복합체	분자량(kD)	소단위체	보결분자단
I	900 이상	46	FMN, 철–황
II	140	4	FAD, 철–황
III	250	11	시토크롬 $b_L \cdot b_H$, 철–황, 시토크롬 c_1
IV	160	13	시토크롬 a, 구리, 시토크롬 a_3

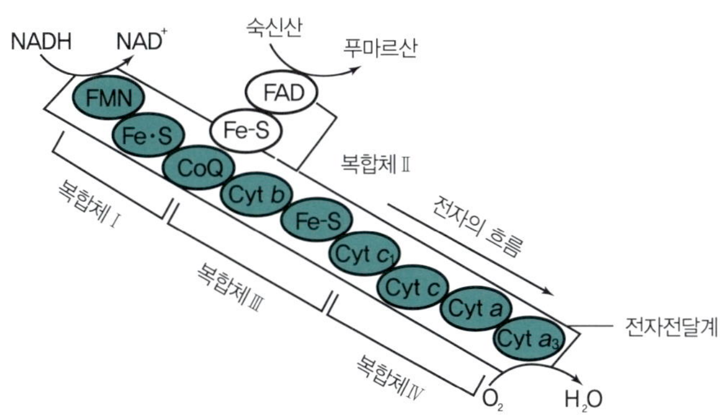

그림 8–3 • 전자전달계

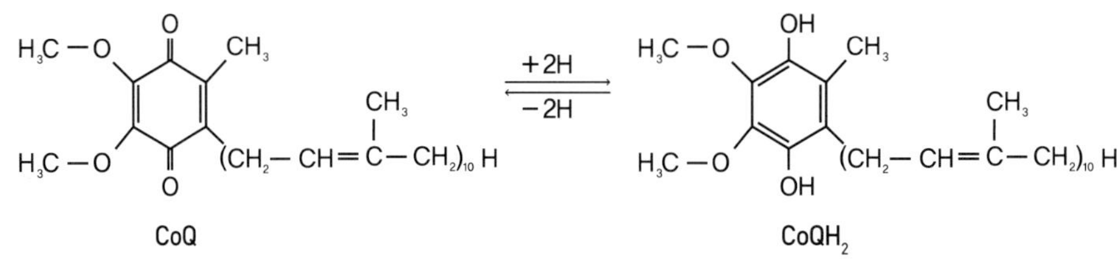

그림 8-4 • 보조효소 Q의 산화와 환원

03 복합체 I(complex I)

NADH−CoQ 산화환원효소(NADH−CoQ oxidoreductase) 또는 NADH 탈수소효소(NADH dehydrogenase)라고도 하며, NADH에서 CoQ로 전자의 전달을 담당한다. NADH는 첫 전자 운반체인 플라빈 모노뉴클레오티드(flavin mononucleotide; FMN)에 수소를 전달하고 산화되며, FMN은 $FMNH_2$로 환원된다. 구조적으로 FMN은 FAD와 달리 아데닌 뉴클레오티드(adenine nucleotide)를 가지고 있지 않다(그림 8−5).

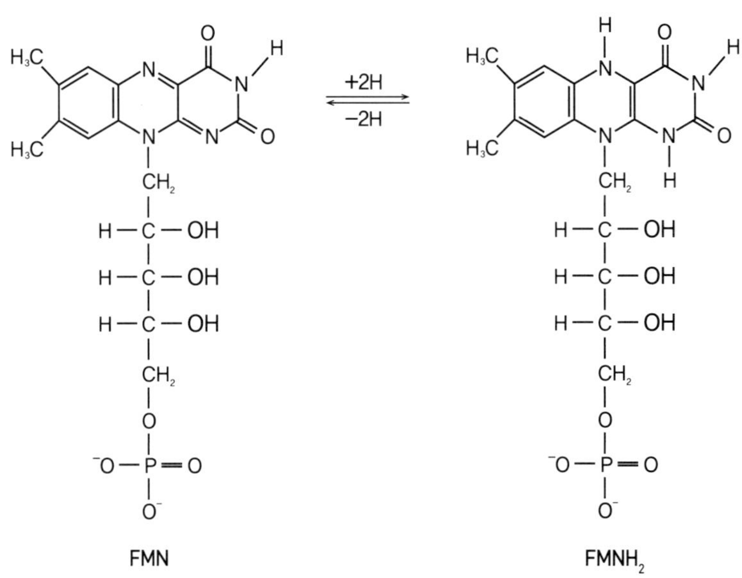

그림 8−5 • FMN의 구조

$FMNH_2$의 전자는 철-황 클러스터(Fe-S cluster)를 거쳐 CoQ로 전달되어 H^+와 함께 $CoQH_2$가 된다. 복합체 I을 통하여 수소 이온들이 미토콘드리아 기질로부터 내막을 통과하여 막간강으로 나간다. 복합체 I의 반응들을 요약하면 다음과 같다.

$$\begin{array}{lll} NADH + H^+ + E\text{-}FMN & \longrightarrow & NAD^+ + E\text{-}FMNH_2 \\ E\text{-}FMNH_2 + 2Fe\text{-}S_{\text{산화형}} & \longrightarrow & E\text{-}FMN + 2Fe\text{-}S_{\text{환원형}} + 2H^+ \\ 2Fe\text{-}S_{\text{환원형}} + CoQ + 2H^+ & \longrightarrow & 2Fe\text{-}S_{\text{산화형}} + CoQH_2 \\ \hline NADH + H^+ + CoQ & \longrightarrow & NAD+ + CoQH_2 \end{array}$$

04 복합체 II(complex II)

숙신산-CoQ 산화환원효소(succinate-CoQ oxidoreductase)라고도 하며, 구연산 회로에서 숙신산(succinate)이 푸마르산(fumarate)으로 되는 과정에서 숙신산 탈수소효소(succinate dehydrogenase)에 의해 생성된 $FADH_2$(그림 7-13 참조)로부터 CoQ로 전자의 전달을 담당한다. $FADH_2$로부터의 전자는 철-황 클러스터를 거쳐 CoQ로 전달되어 H^+와 함께 $CoQH_2$가 된다. 복합체 II의 반응들을 요약하면 다음과 같다.

$$\begin{array}{lll} \text{숙신산} + E\text{-}FAD & \longrightarrow & \text{푸마르산} + E\text{-}FADH_2 \\ E\text{-}FADH_2 + CoQ & \longrightarrow & E\text{-}FAD + CoQH_2 \\ \hline \text{숙신산} + CoQ & \longrightarrow & \text{푸마르산} + CoQH_2 \end{array}$$

05 복합체 III(complex III)

$CoQH_2$-시토크롬 c 산화환원효소($CoQH_2$-cytochrome c oxidoreductase) 또는 시토크롬 c 환원효소라고도 하며, 이 효소는 복합체 I과 II에서 생성된 $CoQH_2$로부터 전자를 시토크롬 c로 전달하는 반응에 관여한다. 이와 함께 양성자가 기질에서 막간강으로 나간다. CoQ는 막에서 자유롭게 이동할 수 있으므로 전자를 복합체 III으로 전달할 수 있다. 복합체 III는 시토크롬 b_L(low)과 b_H(high) 및 c_1으로 구성되어 있다.

$CoQH_2$의 산화에는 2개의 전자가 관여하지만 시토크롬 c_1이 환원되는 데에는 1개의 전자만이 필요하다. 나머지 하나는 Q 회로(Q cycle)를 통해 이동한다. $CoQH_2$로부터 이탈된 1개의 양성자는 막간강으로 나가고 전자 1개는 시토크롬 b_L과 b_H를 거쳐 이동한다. 이와 같이 양성자 1개와 전자 1개를 잃음으로써 세미퀴논($CoQ^{\cdot}$)이 되고, $CoQ^{\cdot}$은 다시 양성자 1개와 전자 1

개를 잃으면서 CoQ가 된다. 이때의 전자는 시토크롬 c_1을 거쳐 시토크롬 c로 전달된다. 시토크롬 b_L과 b_H를 거쳐 온 전자 1개는 기질로부터의 양성자 1개와 함께 CoQ에 전달되어 세미퀴논을 형성한다. CoQ˙에 복합체 I과 II에서 온 전자와 기질에서 온 양성자가 전달되어 $CoQH_2$를 형성한다(그림 8-6).

시토크롬들은 헴(heme)기를 가지고 있으므로 환원되면 Fe(II)로, 산화되면 Fe(III)로 된다. 복합체 III(complex III)의 전체 반응은 다음과 같다.

$$CoQH_2 + 2\text{시토크롬 c [Fe(III)]} \longrightarrow CoQ + 2\text{시토크롬 c [Fe(II)]} + 2H^+$$

06 복합체 IV(complex IV)

시토크롬 c 산화효소(cytochrome c oxidase)라 하며, 전자전달계의 최종단계인 시토크롬 c에서 시토크롬 a와 a_3를 경유하여 산소로 전자를 전달하는 반응에 관여한다. 양성자들은 기질에서 막간강으로 나간다. 시토크롬 c는 미토콘드리아 내막 바깥쪽 표면에 약하게 결합하여 자유롭게 이동하면서 전자를 전달한다. 복합체 VI의 전체 반응은 다음과 같다.

$$2\text{시토크롬 c [Fe(II)]} + 2H^+ + 1/2\ O_2 \longrightarrow 2\text{시토크롬 c [Fe(III)]} + H_2O$$

NADH로부터 복합체 4개를 거쳐 산소로 전자가 전달되는 반응에서의 표준 자유에너지 변

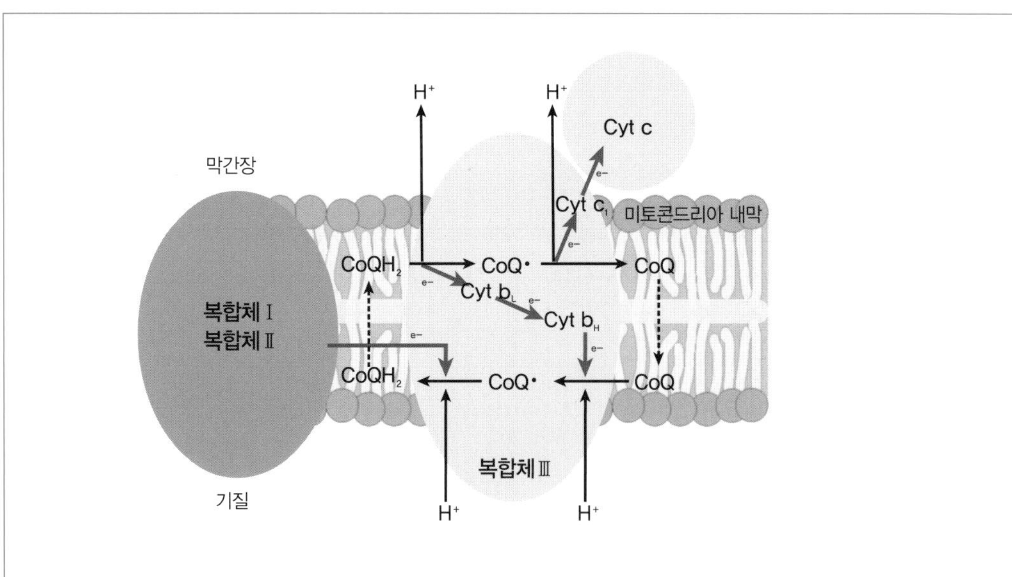

그림 8-6 • Q 회로

표 8-3 • 전자전달계의 표준 자유에너지 변화

반 응	ΔG°′: kJ/mol(kcal/mol)
$NADH + H^+ + E-FMN \rightarrow NAD^+ + E + FMNH_2$	−38.6(−9.2)
$E-FMNH_2 + CoQ \rightarrow E-FMN + CoQH_2$	−42.5(−10.2)
$CoQH_2$ + 2시토크롬 b[Fe(III)] → CoQ + $2H^+$ + 2시토크롬 b[Fe(II)]	+11.6(+2.8)
2시토크롬 b[Fe(II)] + 시토크롬 c_1[Fe(III)] → 2시토크롬 c_1[Fe(II)] + 2시토크롬 b[Fe(III)]	−34.7(−8.3)
2시토크롬 c1[Fe(II)] + 2시토크롬 c[Fe(III)] → 2시토크롬 c[Fe(II)] + 2시토크롬 c_1[Fe(III)]	−5.8(−1.4)
2시토크롬 c[Fe(II)] + 2시토크롬 산화효소[Fe(III)] → 2시토크롬 산화효소[Fe(II)] + 2시토크롬 c[Fe(III)]	−7.7(−1.8)
2시토크롬 산화효소[Fe(II)] + 1/2 O_2 + H^+ → 2시토크롬 산화효소[Fe(III)] + H_2O	−102.3(−24.5)
전체 반응 : NADH + H^+ + 1/2 O_2 → NAD^+ + H_2O	−220(−52.6)

화(ΔG°′)는 −220 kJ/mol(−52.6 kcal/mol)이다. 전자전달계의 표준 자유에너지 변화를 표 8-3에 나타내었다.

07 산화적 인산화반응

산화적 인산화반응(oxidative phosphorylation)은 ATP가 생성되는 반응으로 전자전달계와 짝을 이루어야만 일어난다. ATP의 생성에 관여하는 효소를 ATP 생성효소(ATP synthase)라 하며, F_1과 F_o로 구성되어 있기 때문에 F_oF_1ATPase라고도 한다. 전자현미경적 구조를 보면 Fo는 미토콘드리아 내막에 파묻혀 있으며, a, b, c 3개의 서로 다른 소단위체로 구성되어 있다. F1은 기질 쪽으로 돌출되어 있으며, $\alpha_3\beta_3\gamma\delta\varepsilon$의 서로 다른 5가지 소단위체로 구성되어 있다(그림 8-7).

전자전달 과정과 연관되어 산화적 인산화반응이 어떻게 일어나는가에 대한 몇 가지의 기전들이 제안되었으나, 1961년 영국의 Peter Mitchell은 그때까지와는 다른 화학삼투설(chemiosmotic hypothesis)을 제안하였다. 이 공로로 1978년 노벨 화학상을 받았다. Mitchell의 이 학설은 현재 많은 증거들에 의해 지지를 받고 있다.

Peter Mitchell

Mitchell은 전자의 이동과 ATP 생성이 미토콘드리아 내막을 경계로 하는 양성자 경사(proton gradient)와 밀접한 관계가 있다고 하였다. 전자가 전달계를 통해 이동하면 기질 내에 있는 양성자가 복합체를 통해 막간강으로 방출됨으로써 막간강에는 양성자의 농도가

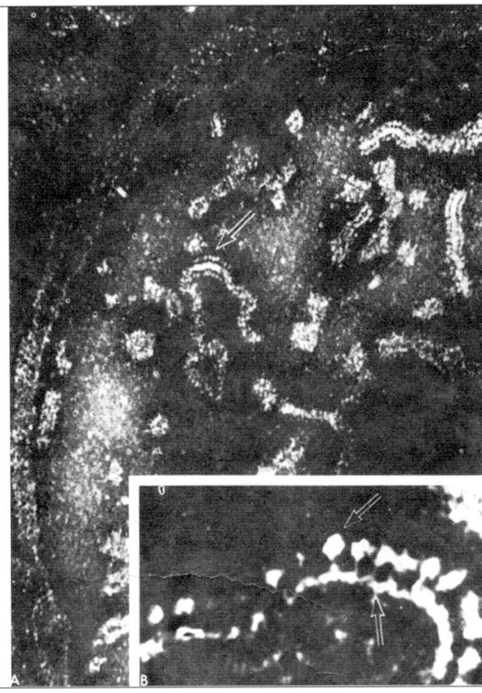

그림 8-7 ● 미토콘드리아의 전자현미경 사진

높게 되고, 반대로 기질은 양성자의 농도가 낮게 되는 양성자 경사가 형성된다는 것이다. 이 경사가 ATP의 생성을 유발하는데, 양성자가 기질로 되돌아 올 때 ATP 생성효소의 양성자 통로(proton channel)를 통해 들어오면서 활성화된 효소에 의해 ATP가 생성된다(그림 8-8).

F_oF_1ATPase의 소단위체 중 a, b, α, β, δ는 모터의 고정체(stator)를 형성하고, c, γ, ε은 회전체(rotar)를 형성하는데, 통로를 통해 양성자가 흐르면 회전체가 돌아가면서 α와 β 소단위체의 입체구조가 변화되면서 ATP가 생성된다(그림 8-9).

이 학설은 후에 입체구조 변화(conformational change)와 관련되어 변형되었다. 막을 경계로 하는 양성자 경사에 의한 양성자의 흐름은 ATP 생성효소의 입체구조에 변화를 일어나게 한다. 이 변화는 생성효소에 단단히 결합되어 있던 ATP를 떨어지게 만든다. ATP 생성효소는 세 가지의 입체구조로, 기질에 대해 친화력이 낮은 O형(open type), 촉매 활성이 없는 L형(loose-binding type) 및 촉매 활성이 있는 T형(tight-binding type)이 있다. L형에 ADP와 Pi가 결합하면 T형으로 변화가 일어나서 ATP가 생성되고, O형으로 바뀌면서 생성된 ATP가 방출하게 된다(그림 8-10).

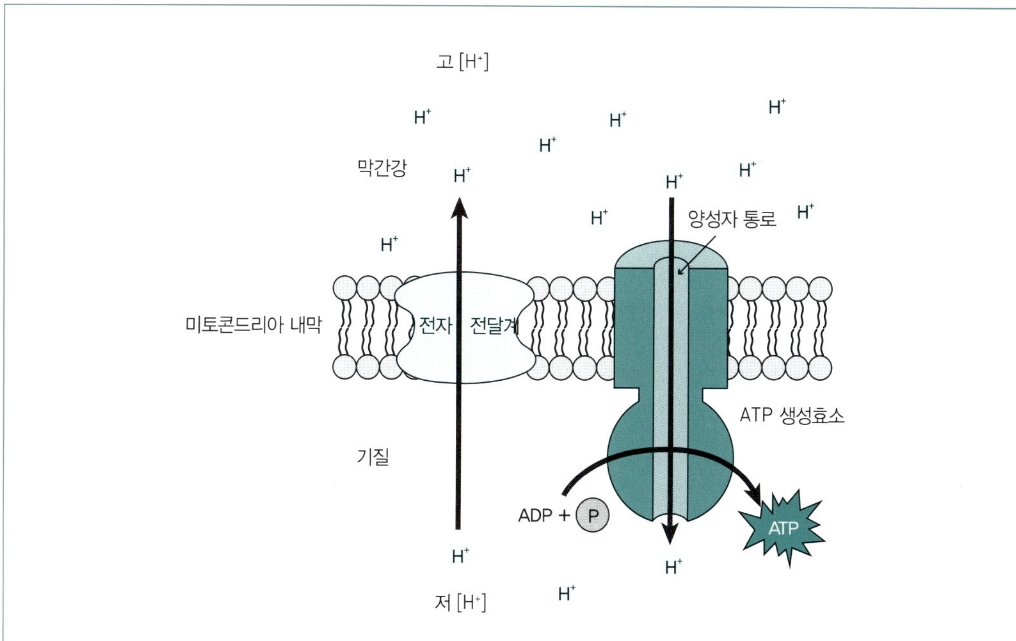

그림 8-8 • 화학삼투설

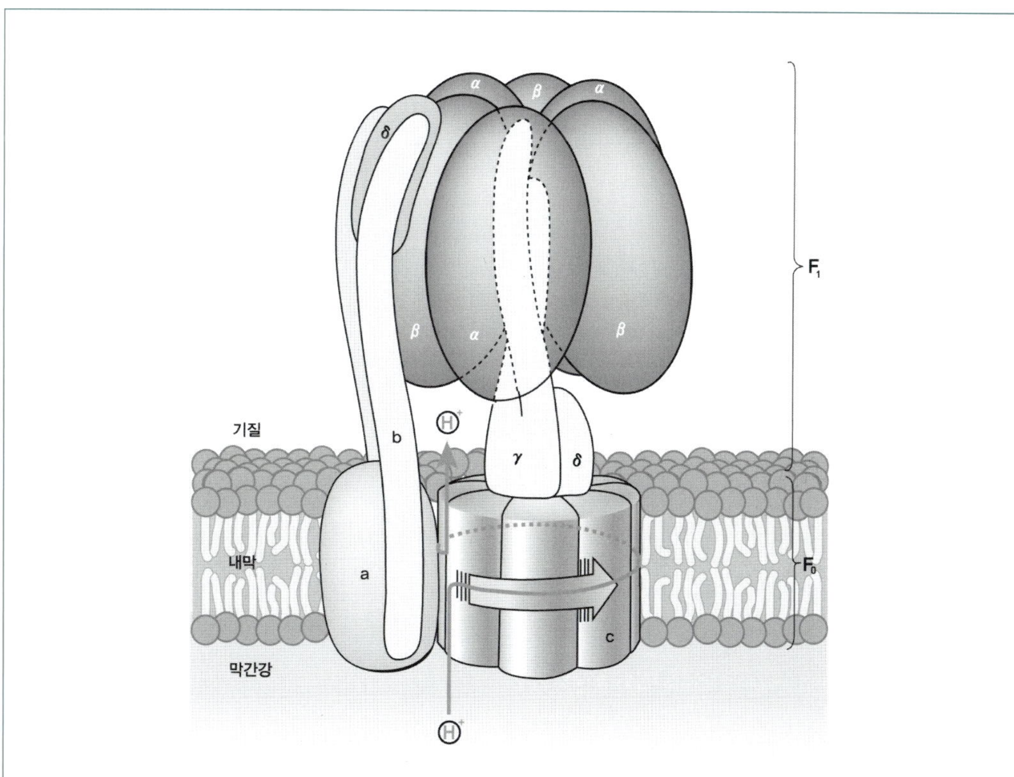

그림 8-9 • ATP 생성효소의 구조

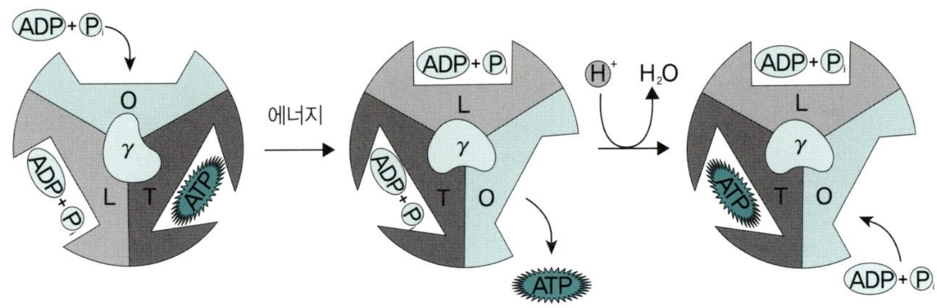

그림 8-10 • ATP 생성효소의 입체구조 변화

08 동반작용 억제제

동반작용 억제제 또는 짝풀림제(uncoupler)는 전자의 전달에는 영향을 주지 않으면서 산화적 인산화반응에 의한 ATP의 생성을 억제하는 작용을 한다. 2,4-DNP(2,4-dinitrophenol)는 억제제로서, DNP 음이온은 막간강에서 양성자와 결합하여 DNP를 형성한 다음 기질로 들어가기 때문에 양성자 경사가 형성되지 않는다. 양성자 경사를 방해함으로써 ATP의 생성을 억제하는 것이다(그림 8-11).

항생제인 그라미시딘 A와 발리노마이신은 이오노포어(ionophore)로, 막에 통로를 형성하여 H^+, K^+, Na^+와 같은 이온들이 막을 통해 통과할 수 있게 만들어 동반작용 억제제로서의 작용을 한다.

갓 태어난 아이를 포함하는 갓난 동물과 동면을 하는 일부 동물에서는 체온을 유지하기 위하여 열을 발생시키는데, 이 열 발생이 짝풀림 단백질(uncoupling protein)과 밀접한 관계를 가지고 있다. 갈색 지방조직(brown adipose tissue)에는 미토콘드리아가 많기 때문에 갈색을 띤다(그림 8-12).

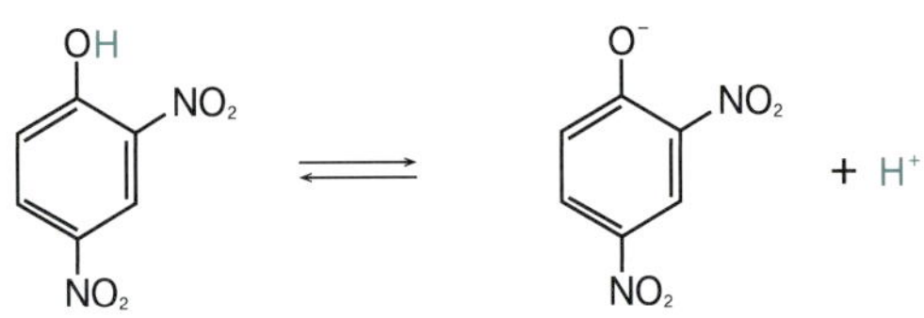

그림 8-11 • 2,4-DNP의 작용

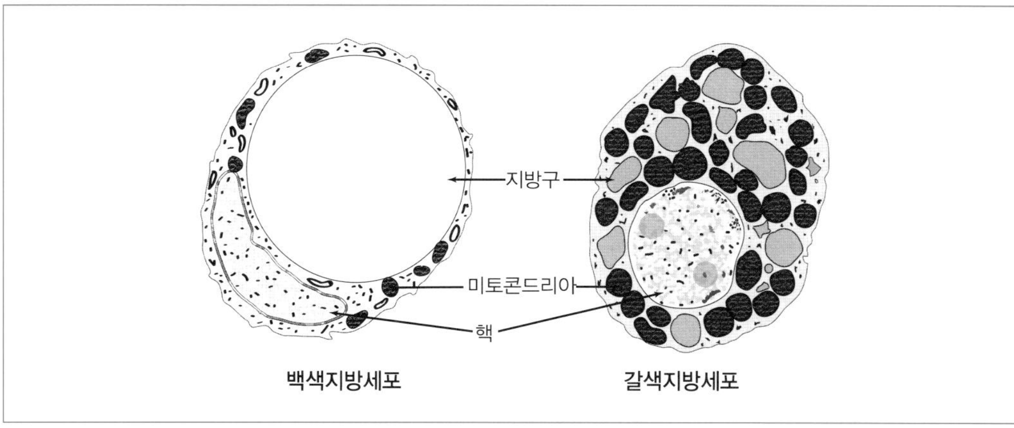

그림 8-12 ◦ **백색 지방세포와 갈색 지방세포**

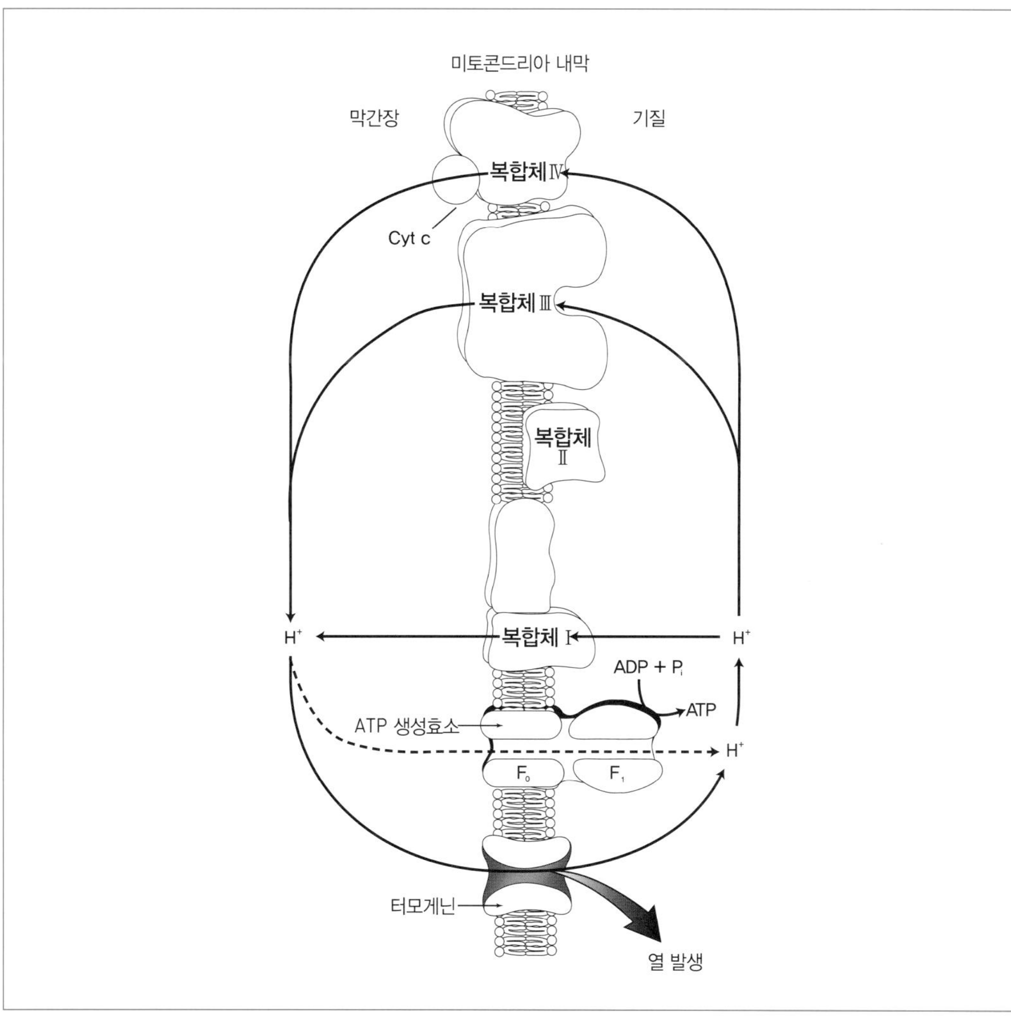

그림 8-13 ◦ **터모제닌에 의한 열 발생기전**

갈색 지방조직의 미토콘드리아 내막에는 열 발생 단백질인 터모제닌(thermogenin)이라는 짝풀림 단백질이 존재한다. 이 막 단백질이 활성화되면 양성자는 ATP 생성효소의 양성자 통로를 통하지 않고 양성자 통로로 작용하는 터모제닌을 통해 기질로 들어오면서 열을 발생시킨다(그림 8-13).

09 호흡 억제제

호흡 억제제(respiratory inhibitor)들은 전자전달계의 억제제로 작용하여 특정 부위에서의 전자의 흐름을 방해함으로써 ATP의 생성을 억제한다.

로테논(rotenone)과 아미탈(amytal)은 복합체 I의 FMN에서 CoQ로의 전자의 이동을 방해하고, 안티마이신 A(antimycin A)는 복합체 III의 시토크롬 b에서 CoQ로의 전자의 이동을 방해한다. 시안화물(CN^-), 아자이드(N_3^-), 일산화탄소(CO)는 복합체 VI의 시토크롬 a_3에서 H_2O로의 전자의 이동을 방해한다(그림 8-14).

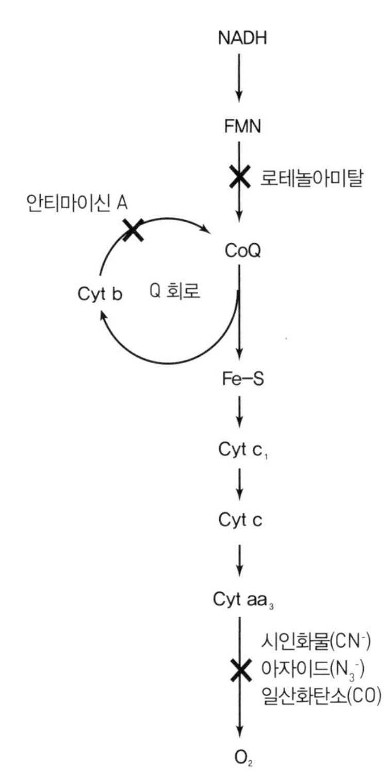

그림 8-14 • 호흡 억제제들에 의한 억제

10 셔틀 기전

해당과정의 6단계에서 글리세르알데히드 3-인산이 글리세르알데히드 3-인산 탈수소효소에 의해 1,3-비스포스포글리세르산으로 전환되는 과정에서 NADH가 생성된다(그림 7-2 참조). NADH는 세포질에서 생기기 때문에 ATP 생성을 위해 미토콘드리아 내막을 통과하여 전자전달사슬로 들어가야 하지만 내막을 통과할 수 없다. 그러나 막을 통과하는 운반체로 전자를 전달함으로써 가능해진다.

글리세롤-인산 셔틀(glycerol-phosphate shuttle)과 말산-아스파르트산 셔틀(malate-aspartate shuttle)은 미토콘드리아의 전자전달계로 전자를 전달하는 역할을 한다. 글리세롤-인산 셔틀은 사람을 포함하는 포유동물의 근육과 뇌에서 발견되며, 글리세롤-인산이 셔틀로 작용하여 전자를 FAD로 전달함으로써 $FADH_2$를 생성한다(그림 8-15). $FADH_2$로부터 전자가 전자전달계를 통해 전달되면 1.5 분자의 ATP가 생성된다. 말산-아스파르트산 셔틀은 신장, 간, 심장에서 발견되며, 이 셔틀에서는 말산이 셔틀로 작용하여 전자를 NAD^+로 전달함으로써 NADH를 생성한다(그림 8-16). NADH로부터 전자가 전자전달계를 통해 전달되면 2.5 분자의 ATP가 생성된다.

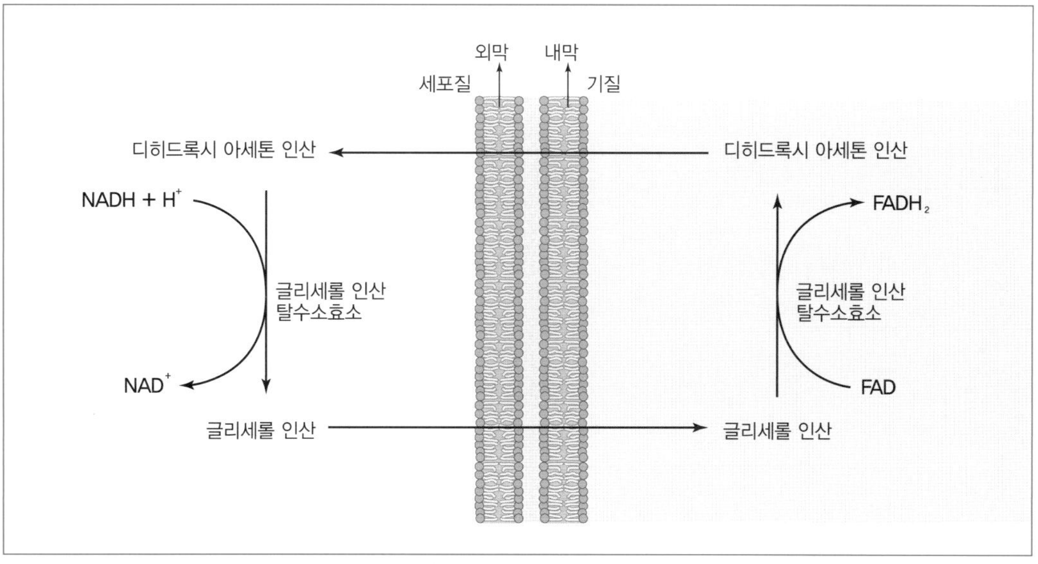

그림 8-15 • 글리세롤-인산 셔틀

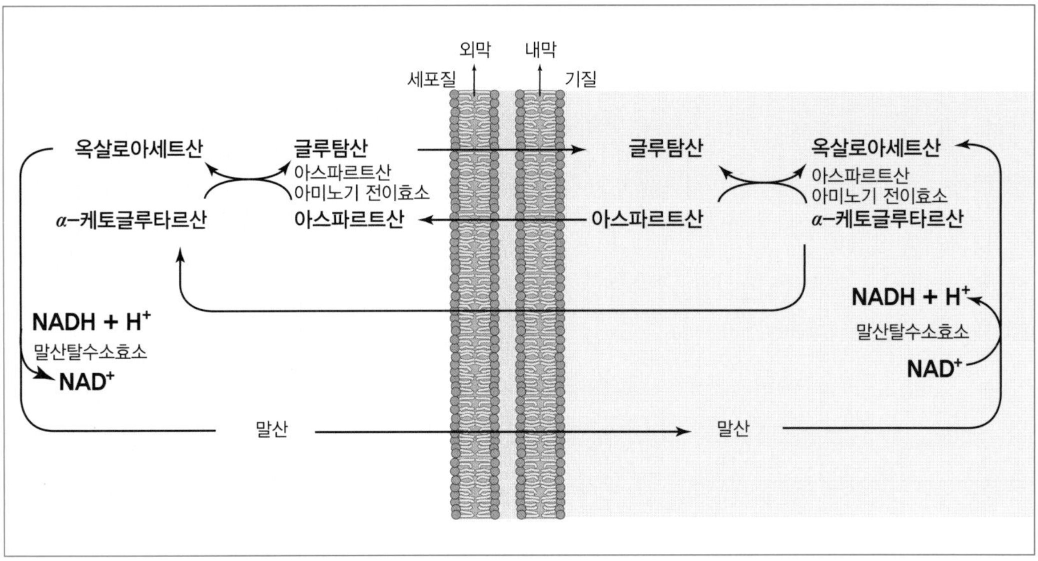

그림 8-16 • **말산-아스파르트산 셔틀**

11 포도당 완전 산화에 의한 ATP의 생성

포도당 1분자가 해당과정, 구연산 회로 및 전자전달계를 거치면서 몇 분자의 ATP가 생성되는지 계산할 필요가 있다. 기질 수준 인산화반응과 산화적 인산화반응으로 ATP가 생성되는데, 이 중 산화적 인산화반응은 전자전달계와 동반하여 일어나기 때문에 P/O비(P/O ratio)를 고려해야 할 것이다. P는 인산화반응에서 ATP를 생성하기 위하여 소비되는 Pi의 몰(mol) 수를 나타내며, O는 전자전달계에서 물을 만드는 데 소모되는 산소 원자의 몰 수를 의미한다.

$$ADP + Pi \longrightarrow ATP$$
$$1/2\ O_2 + 2H^+ + 2e^- \longrightarrow H_2O$$

실험적으로 측정하면 NADH로부터 전자가 산소로 운반될 때의 P/O비 값은 2.5이며, $FADH_2$로부터 전자가 산소로 운반될 때의 P/O비 값은 1.5이다. 이 P/O비 값에 근거하여 포도당이 완전 산화될 때 생성되는 ATP의 수를 표 8-4에 나타내었다. 포도당 1분자가 해당과정, 구연산 회로 및 전자전달계를 거치면서 각각 30분자와 32 ATP가 생성되는데, 2분자의 차이는 두 셔틀에 기인되어 생기기 때문이다.

표 8-4 ● 포도당이 완전 산화될 때 생성되는 ATP의 분자 수

반응단계	ATP 수
해당과정 : 포도당 → 피루브산(세포질)	
○포도당 인산화	−1
○과당 6-인산의 인산화	−1
○1,3-BPG 2분자의 기질수준 인산화반응	+2
○포스포엔올피루브산 2분자의 기질수준 인산화반응	+2
○글리세르알데히드 3-인산 2분자의 산화에 의해 NADH 2분자 생성	
피루브산 → 아세틸 CoA(미토콘드리아)	
○NADH 2분자 생성	
구연산 회로(미토콘드리아)	
○숙시닐 CoA → 숙신산 : GTP 2분자의 기질수준 인산화반응	+2
○이소시트르산, α-케토글루타르산, 말산 각 2분자의 산화에 의해 NADH 6분자 생성	
○$FADH_2$ 2분자 생성	
산화적 인산화반응(미토콘드리아)	
○해당과정에서 생성된 NADH 2분자	
• 글리세롤-인산 셔틀에 의한 NADH 운반	+3
• 말산-아스파르트산 셔틀에 의한 NADH 운반	+5
• 피루브산 → 아세틸 CoA : NADH 2분자	+5
○구연산 회로에서 생성된 $FADH_2$ 2분자	+3
○구연산 회로에서 생성된 NADH 6분자	+15
포도당 1분자당 생성되는 ATP의 분자 수	+30(+32)

제 9 장

아미노산 대사

Amino acid metabolism

1. 아미노산의 분해

사람은 아미노산의 분해과정에서 생긴 과잉의 암모니아(NH_4^+)를 요소(urea)로 전환시킨 다음에 배설한다. 반면에 어류는 암모니아의 형태로 배설하며, 파충류와 조류는 암모니아를 요산(uric acid)으로 전환시켜 배설한다(그림 9-1). 요산은 물에 녹지 않는데, 물은 새의 비행에 걸림돌이 되기 때문이다.

01 암모니아는 요소 회로에 의해 요소로 전환된 후 배설

1932년 Hans Krebs와 Kurt Henseleit에 의해 밝혀진 요소 회로(urea cycle)에 의하여 간에서 요소가 합성된다(그림 9-2). 합성된 요소 분자의 두 질소원자들 중 하나는 암모니아에서 유래된 카르바모일 인산(carbamoyl phosphate)으로부터, 다른 하나는 아스파르트산(aspartate)으로부터 유도되며, 탄소 원자는 CO_2에서 유래된다.

간세포의 미토콘드리아 기질(matrix)에서 암모니아, CO_2, ATP로부터 카르바모일 인산 합성효소(carbamoyl phosphate synthetase)에 의하여 카르바모일 인산이 합성된다. 이 효소는 기질인 암모니아에 대해 매우 높은 친화력(Km = 250 μM/L)을 가지는 알로스테릭 효소(allosteric enzyme)로, 활성제(activator)인 *N*-아세틸글루탐산(*N*-acethylglutamate)에 의해 활성화된다.

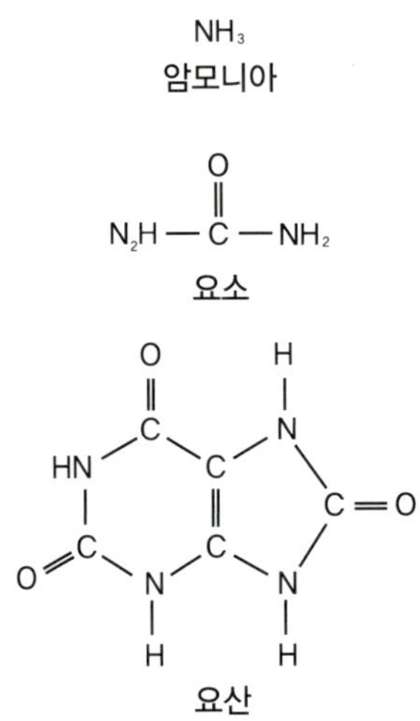

그림 9-1 • 암모니아, 요산 및 요소의 구조

ATP 두 분자의 사용은 이 반응을 비가역적으로 만든다.

$$NH_4^+ + CO_2 + 2ATP + H_2O \longrightarrow \text{Carbamoyl phosphate} + 2ADP + Pi$$

N–아세틸글루탐산은 *N*–아세틸글루탐산 생성효소(*N*–acethylglutamate synthase)에 의해 글루탐산과 아세틸–CoA(acethyl CoA)로부터 생성된다.

$$\text{Acethyl CoA} + \text{Glutamate} \longrightarrow N\text{–Acethylglutamate} + \text{CoA–SH}$$

이 효소는 고농도의 아르기닌(arginine)에 의해 활성이 촉진된다. 낮은 카르바모일 인산 합성효소의 활성으로 인해 오르니틴이 대사되지 못함으로써 누적되면 아르기닌이 축적된다. 이

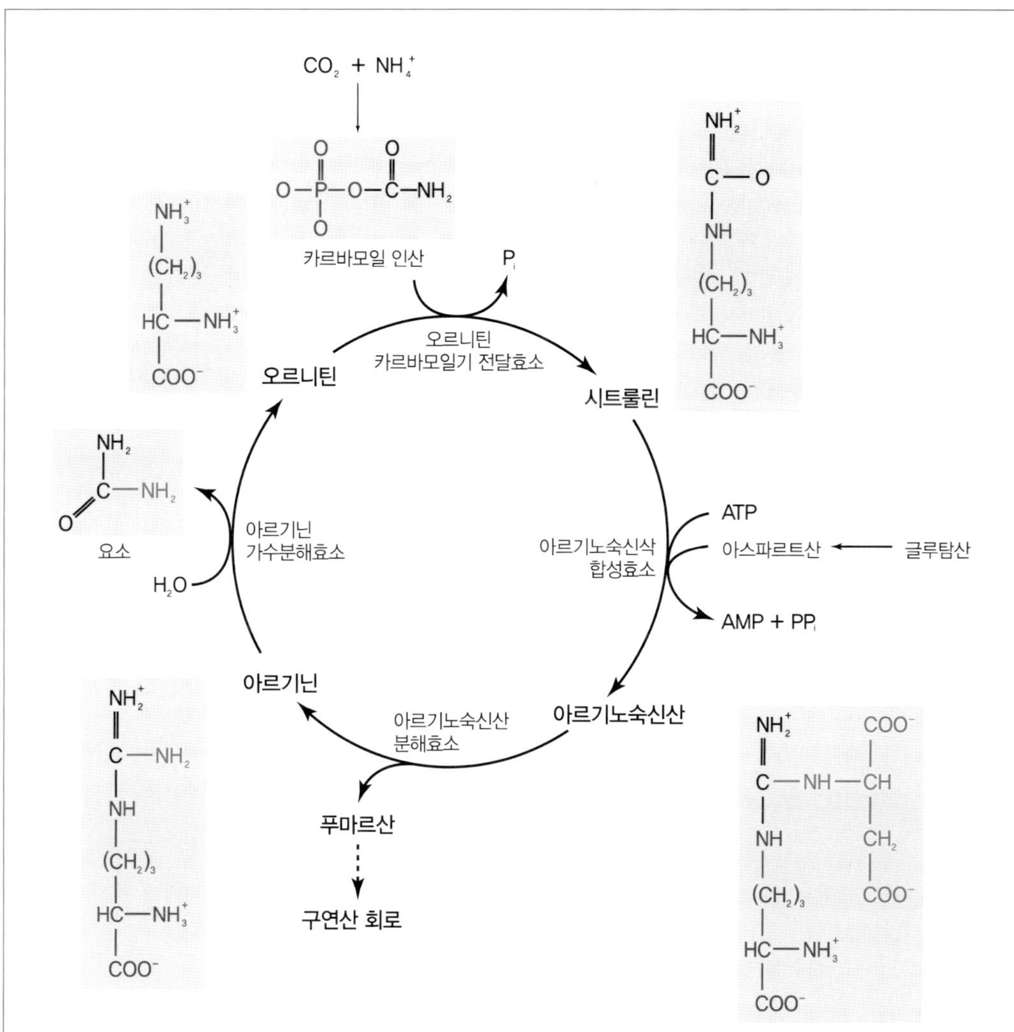

그림 9–2 • **요소 회로**

에 따라 아르기닌은 *N*-아세틸글루탐산의 합성을 촉진하게 되고, 결과적으로 카르바모일 인산 합성효소의 활성을 증가시키게 된다. 글루탐산의 농도가 증가하면 *N*-아세틸글루탐산의 농도가 증가되어 요소 회로의 활성이 증가된다.

카르바모일 인산(carbamoyl phosphate)의 카르바모일기(carbamoyl group)가 오르니틴(ornithine)으로 전달되어 오르니틴 카르바모일기 전달효소(ornithine transcarbamoylase)에 의하여 시트룰린(citrulline)을 형성한다.

$$\text{Carbamoy phosphate} + \text{Ornithine} \longrightarrow \text{Citrulline} + \text{Pi}$$

시트룰린은 운반체(transporter)에 의해 시토졸(cytosol)로 수송된 후, ATP와의 반응으로 시트룰릴-AMP(citrullyl-AMP) 중간체가 형성된 후 아스파르트산(aspartate)과 축합하여 아르기노숙신산(arginosuccinate)을 합성한다.

이 반응은 아르기노숙신산 합성효소(arginosuccinate synthetase)에 의해 촉매된다. 이 과정에서의 산물인 피로인산(pyrophosphate)은 가수분해된다.

$$\text{Citrulline} + \text{Aspartate} + \text{ATP} \longrightarrow \text{AMP} + \text{PPi} + \text{Arginosuccinate}$$

아르기노숙신산 분해효소(arginosuccinase)에 의해 아르기노숙신산이 아르기닌과 푸마르산(fumarate)으로 분해된다.

$$\text{Arginosuccinate} \longrightarrow \text{Arginine} + \text{Fumarate}$$

아르기닌은 아르기닌 가수분해효소(arginase)에 의하여 요소와 오르니틴으로 가수분해된다. 재생된 오르니틴은 운반체(transporter)에 의해 미토콘드리아로 수송되며, 요소는 신장에서 여과되어 오줌의 형태로 배설된다.

$$\text{Arginine} + H_2O \longrightarrow \text{Urea} + \text{Ornithine}$$

02 요소 회로와 구연산 회로의 연결

요소의 합성 과정 식을 요약하면 다음과 같다.

$$NH_4^+ + CO_2 + 3ATP + \text{Aspartate} + 2H_2O \longrightarrow$$
$$\text{Urea} + 2ADP + 2Pi + AMP + PPi + \text{Fumarate}$$

요소 회로의 푸마르산은 구연산 회로(TCA cycle)의 물질로서 요소 회로와 구연산 회로를 연결시켜 주는 물질이다. 푸마르산이 수화되어 생긴 말산은 옥살로아세트산으로 산화된다. 옥살로아세트산은 아미노기 전이반응(transamination)에 의하여 아스파르트산으로 된 다음 요소회로의 아르기노숙신산으로 되기도 하고, 포도당신합성(gluconeogenesis) 경로에 의하여 포도당으로 전환될 수 있으며, 아세틸 CoA와 축합하여 구연산을 형성하기도 한다.

03 아미노산의 탄소골격

아미노산의 탄소골격은 피루브산(pyruvate), 아세틸 CoA(acetyl CoA), 아세토아세틸 CoA(acetoacetyl CoA), α-케토글루타르산(α-ketoglutarate), 숙시닐 CoA(succinyl CoA), 푸마르산(fumarate) 및 옥살로아세트산(oxaloacetate) 등의 대사 중간물질들을 만든다.

포도당 생성(glucogenic) 아미노산들은 피루브산, α-케토글루타르산, 숙시닐 CoA, 푸마르산, 옥살로아세트산들로 분해된 다음 포스포에놀피루브산(phosphoenolpyruvate)으로 전환된 후 포도당신합성 경로를 통해 포도당이나 글리코겐으로 전환된다. 케톤체 생성(ketogenic) 아미노산들은 아세틸CoA와 아세토아세틸 CoA로 분해되어 아세토아세트산(acetoacetate), β-히드록시부티르산(β-hydroxybutyrate), 아세톤(acetone)과 같은 케톤체(ketone body)들을 생성한다. 케톤체 생성(ketogenic) 아미노산들은 구연산 회로에서 사용되지만 포유동물들은 아세틸 CoA 또는 아세토아세틸 CoA들로부터 포도당이 합성되는 대사경로가 없다(표 9-1).

04 아미노산의 분해

20종의 표준 아미노산들은 각각 아세틸 CoA, α-케토글루타르산, 숙시닐 CoA, 푸마르산 및 옥살로아세트산으로 전환된 후 구연산 회로로 연결된다(그림 9-3).

표 9-1 • 포도당 생성 아미노산과 케톤체 생성 아미노산

	아미노산
포도당 생성 아미노산	알라닌, 아르기닌, 아스파라긴, 아스파르트산, 시스테인, 글루타민, 글루탐산, 글리신, 히스티딘, 메티오닌, 프롤린, 세린, 발린
케톤체 생성 아미노산	류신, 리신
포도당 생성 아미노산과 케톤체 생성 아미노산	이소류신, 페닐알라닌, 트레오닌, 트립토판, 티로신

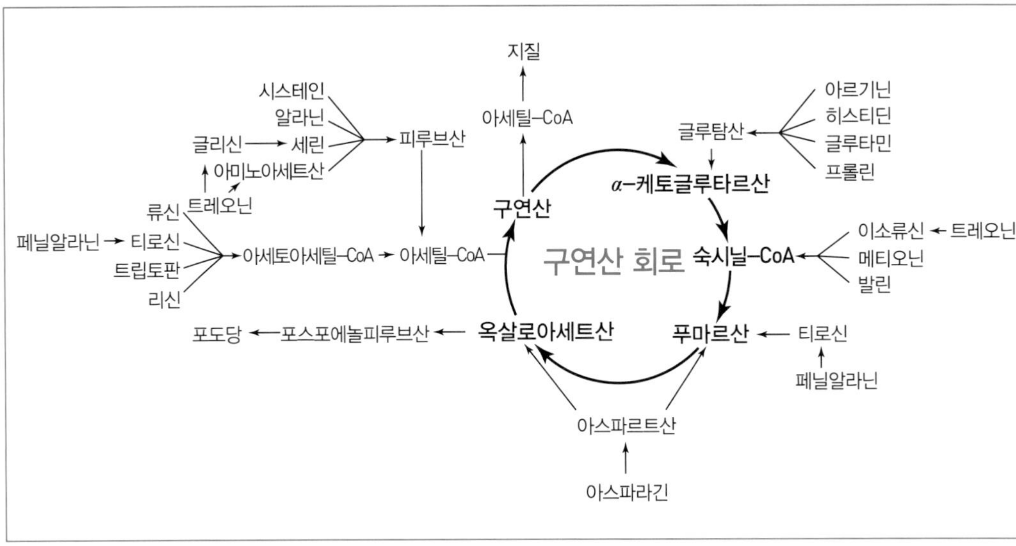

그림 9-3 • **아미노산의 전체적인 분해 경로**

05 피루브산으로 전환되는 아미노산

알라닌(alanine), 세린(serine), 시스테인(cysteine), 트레오닌(threonine), 글리신(glycine)은 피루브산을 경유하여 아세틸 CoA로 전환된다(그림 9-4).

알라닌은 아미노기 전이반응으로 직접 피루브산을 생성한다.

$$\text{Alanine} + \alpha\text{-Ketoglutarate} \rightleftharpoons \text{Pyruvate} + \text{Glutamate}$$

세린 또한 간단하게 세린 탈수소효소(serine dehydratase)에 의한 탈아미노반응(deamination)으로 피루브산을 생성한다.

$$\text{Serine} \longrightarrow \text{Pyruvate} + NH_4^+$$

시스테인은 황 원자가 제거되는 단계와 아미노기 전이반응의 두 단계를 거쳐서 피루브산으로 전환된다.

글리신은 N^5,N^{10}-메틸렌테트라히드로엽산(N^5,N^{10}-Methylenetetrahydrofolate)과 반응하여 세린 히드록시메틸 전이효소(serine hydroxymethyl transferase)에 의해 세린으로 전환되며, 트레오닌은 2-아미노 3-케토부티르산(2-amino 3-ketobutyrate)을 거쳐서 피루브산으로 전환된다.

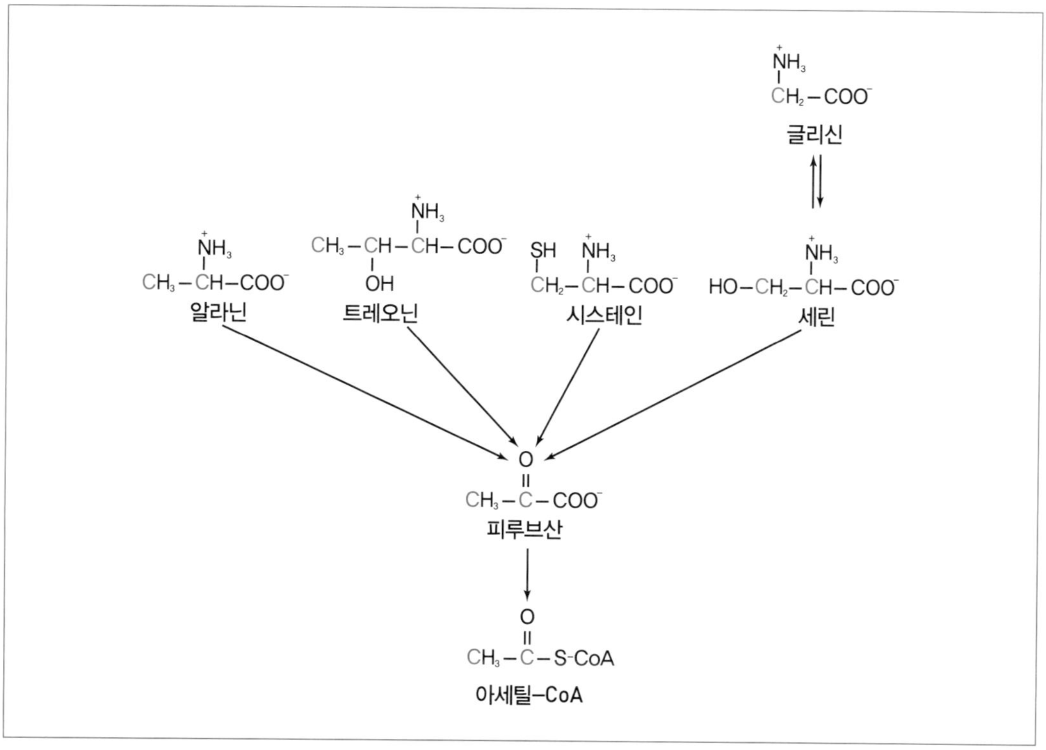

그림 9−4 ● 피루브산으로 전환되는 아미노산

06 글루탐산을 거쳐 α−케토글루타르산으로 전환되는 아미노산

아르기닌(arginine), 프롤린(proline), 글루타민(glutamine), 히스티딘(histidine)은 글루탐산(glutamate)이 된 후 글루탐산 탈수소효소(glutamate dehydrogenase)에 의한 산화적 탈아미노반응(oxidative deamination)에 의해 α−케토글루타르산으로 전환된다(그림 9−5).

아르기닌과 프롤린은 글루탐산 γ−세미알데히드(glutamate γ−semialdehyde)를, 히스티딘(histidine)은 4−이미다졸론−5−프로피온산(4−imidazolone 5−propionate)을 통해 글루탐산으로 전환된다.

글루타민은 글루타민 가수분해효소(glutaminase)에 의하여 글루탐산과 암모니아로 분해된다.

$$\text{Glutamine} + H_2O \longrightarrow \text{Glutamate} + NH_4^+$$

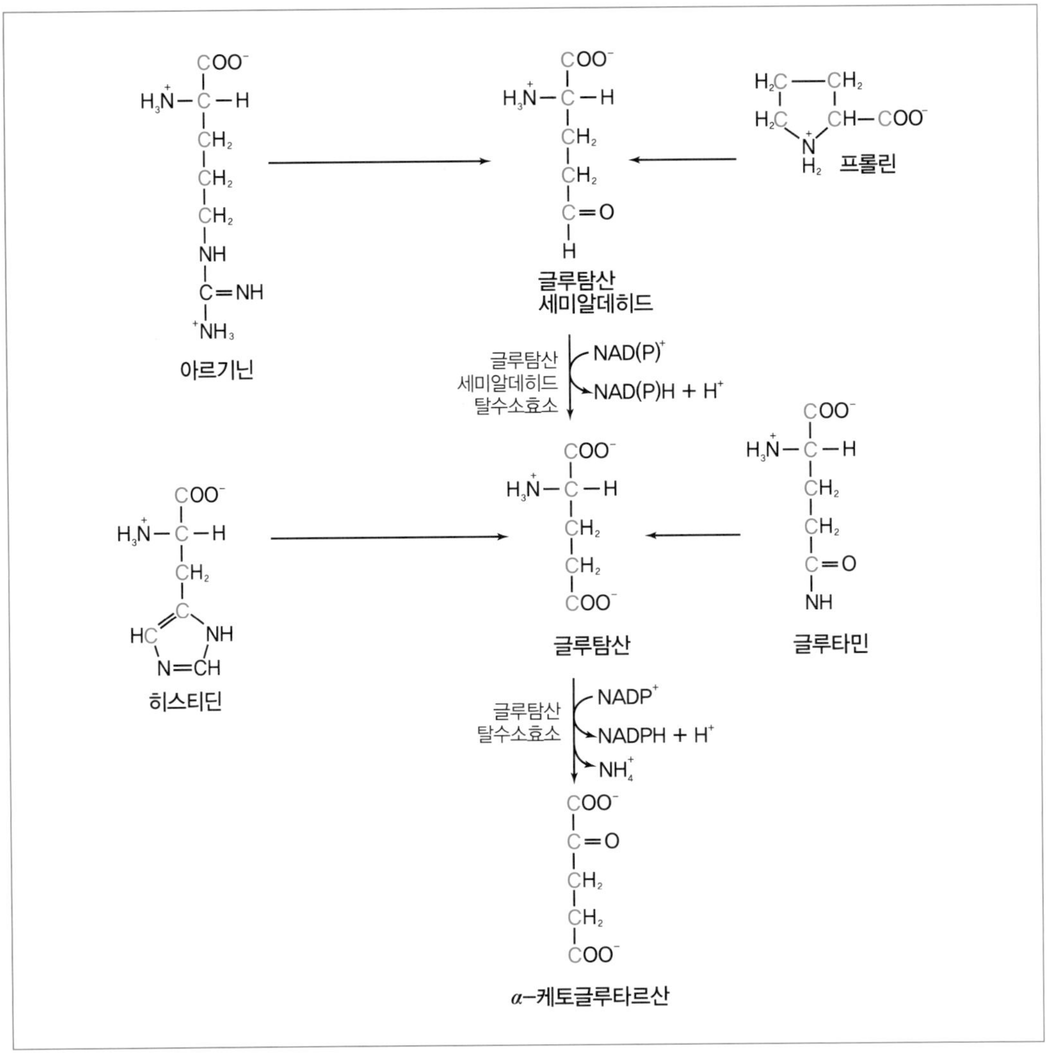

그림 9-5 • α-케토글루타르산으로 전환되는 아미노산

07 숙시닐 CoA로 전환되는 아미노산

메티오닌(methionine), 트레오닌(threonine), 이소류신(isoleucine), 발린(valine)은 프로피오닐 CoA(propionyl CoA)와 메틸말로닐 CoA(methylmalonyl CoA)를 거쳐 숙시닐 CoA(succinyl CoA)로 전환된다(그림 9-6).

메티오닌과 트레오닌은 α-케토부티르산(α-ketobutyrate)을 거쳐 프로피오닐 CoA로, 이소류신과 발린은 각각 여러 단계를 거쳐 프로피오닐 CoA로 전환된다. 프로피오닐 CoA는 프로피오닐 CoA 카르복실라아제(propionyl CoA carboxylase)에 의하여 D-메틸말로닐 CoA를 생

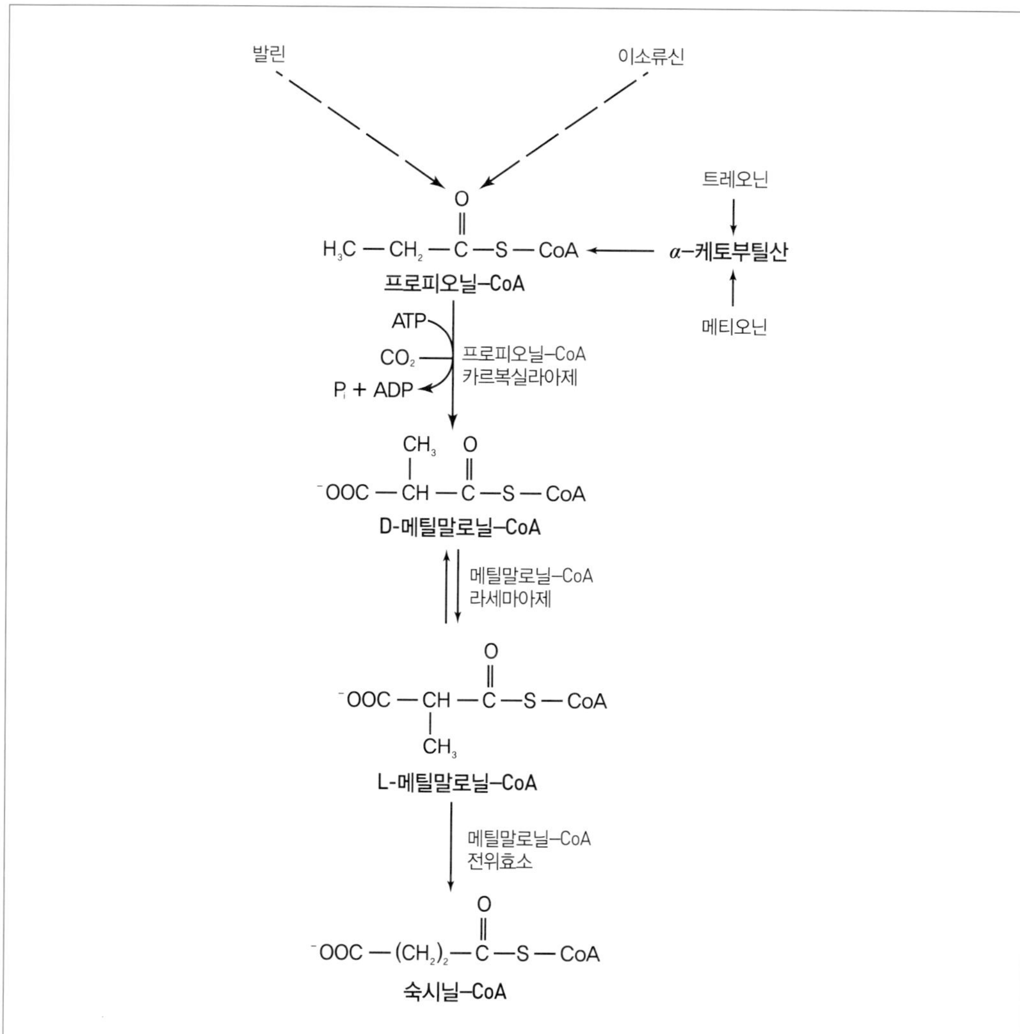

그림 9-6 • **숙시닐 CoA로 전환되는 아미노산**

성하고, 이는 라세마아제(racemase)에 의해 L-이성질체로 전환된다.

$$\text{Propionyl CoA} + HCO_3^- + \text{ATP} \longrightarrow \text{D-Methylmalonyl CoA} + \text{ADP} + \text{Pi} + 2H^+$$

$$\text{D-Methylmalonyl CoA} \rightleftharpoons \text{L-Methylmalonyl CoA}$$

L-메틸말로닐 CoA는 비타민 B_{12}의 보조효소(coenzyme)를 가지고 있는 L-메틸말로닐 CoA 전위효소(L-Methylmalonyl CoA mutase)에 의해 숙시닐 CoA로 전환된다.

$$\text{L-Methylmalonyl CoA} \rightleftharpoons \text{Succinyl CoA}$$

08 아세토아세트산과 푸마르산으로 분해되는 페닐알라닌과 티로신

페닐알라닌(phenylalanine)은 페닐알라닌 수산화효소(phenylalanine hydroxylase)에 의한 수산화반응(hydroxylation)에 의해 티로신(tyrosine)으로 전환된다. 이 효소는 O_2 분자의 한 원자를 페닐알라닌에 결합시켜 티로신의 수산기(hydroxy group)를 형성하게 하고 나머지 한 원자는 NADH에 의해 H_2O로 환원된다(그림 9–7).

페닐알라닌 수산화효소는 보조인자(cofactor)로서 페닐알라닌의 수산화반응에서 NADH로부터 O_2로 전자를 운반해 주는 역할을 하는 테트라히드로비오프테린(tetrahydrobiopterin)을 가지고 있다. 이 환원제는 산화되면 디히드로비오프테린(dihydrobiopterin)으로 되며, 디히드로비오프테린은 NADPH와 반응하여 디히드로비오프테린 환원효소(dihydrobiopterin reductase)에 의해 테트라히드로비오프테린으로 환원된다(그림 9–8). 이 반응은 비가역적 반응으로 간에서 일어난다.

페닐알라닌 수산화효소와 디히드로비오프테린 환원효소에 의해 반응을 합치면 다음과 같다.

$$\text{Phenylalanine} + O_2 + \text{NADPH} + H^+ \longrightarrow \text{Tyrosine} + \text{NAD}^+ + H_2O$$

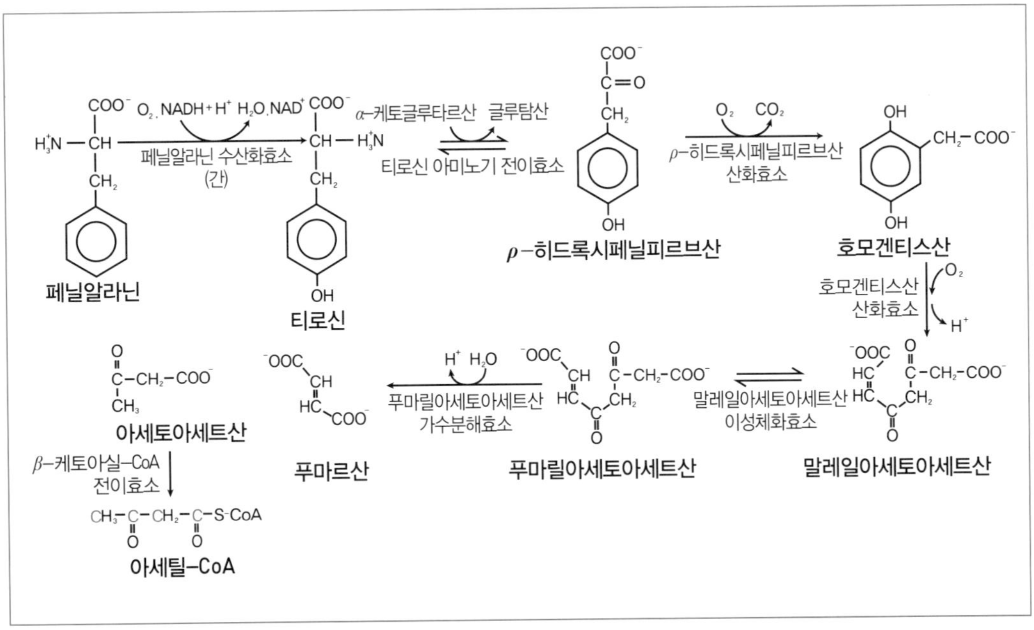

그림 9–7 • 페닐알라닌과 티로신의 분해

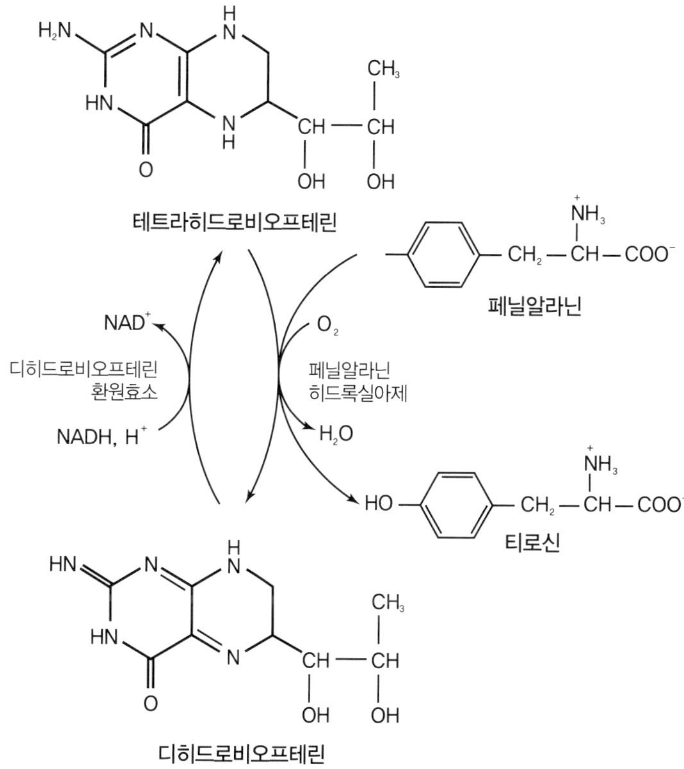

그림 9-8 ● **테트라히드로비오프테린의 환원**

다음 단계에서 아미노기 전이반응에 의해 티로신이 ρ-히드록시페닐피르브산(ρ-hydroxyphenylpyruvate)으로 전환되고 호모겐티스산(homogentisate), 말레일아세토아세트산(maleylacetoacetate) 및 푸마릴아세토아세트산(fumarylacetoacetate)을 거쳐 푸마르산(fumarate)과 아세토아세트산(acetoacetate)으로 분해된다(그림 9-7). 아세토아세트산은 아세토아세틸CoA를 거쳐 아세틸 CoA로 전환된다(그림 9-3).

09 옥살로아세트산으로 전환되는 아미노산

아스파라긴(asparagine)은 아스파라긴가수분해효소(asparaginase)에 의하여 암모니아와 아스파르트산(aspartate)으로 분해된다. 아스파르트산은 또한 요소 회로에 의하여 푸마르산으로 전환되기도 한다.

$$\text{Aasparagine} + H_2O \longrightarrow \text{Aspartate} + NH_4^+$$

아스파르트산은 아스파르트산 아미노기 전이효소(aspartate aminotransferase)에 의한 아미노기 전이반응으로 시트르산 회로의 중간물질인 옥살로아세트산이 생성된다.

$$\text{Aspartate} + \alpha\text{-Ketoglutarate} \rightleftharpoons \text{Oxaloacetate} + \text{Glutamate}$$

10 아세토아세틸 CoA를 거쳐 아세틸 CoA로 전환되는 트립토판, 리신 및 류신

트립토판(tryptophan)과 리신(lysine)은 글루타릴 CoA(glutaryl CoA)로 된 다음에 아세토아세틸 CoA로, 류신(leucine)은 아세토아세트산을 거쳐 아세토아세틸 CoA로 된 후 아세틸 CoA로 전환된다(그림 9-9).

류신이 아세토아세트산을 거쳐 아세틸 CoA로 분해되는 반응에는 많은 보조효소들이 관여한다. 아미노기 전이반응에는 피리독살인산(pyridoxal phosphate), 산화적 탈탄산반응(oxidative decarboxylation)에는 티아민피로인산(thiamine pyrophosphate), 리포산(lipoic acid), FAD 및 NAD, 카르복실화반응(carboxylation)에는 비오틴(biotin)이 관여한다.

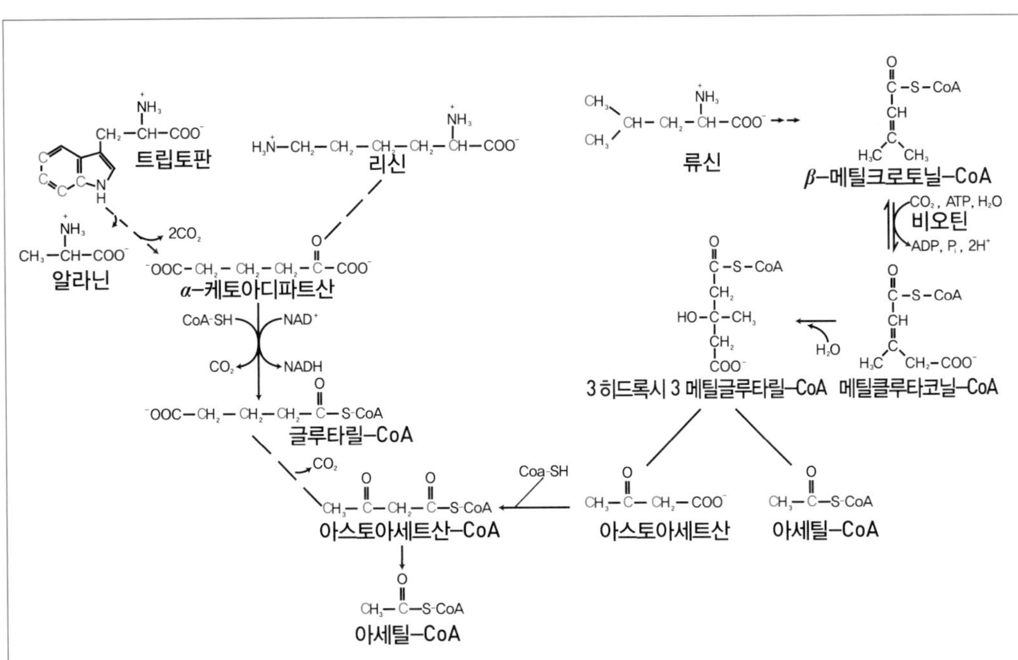

그림 9-9 • 트립토판, 리신 및 류신의 분해

2. 아미노산 대사의 유전적 이상

아미노산 대사가 유전적으로 여러 가지 결함이 있는 사람들이 있다. 선천적으로 유전자가 결핍됨으로 인해 아미노산 대사에 관여하는 효소가 생성이 되지 못함으로써 정상적으로 대사가 되지 못하여 생기는 증후군들이다. 아미노산 대사에 관련되는 많은 유전병이 알려져 있다.

01 페닐케톤뇨증

페닐케톤뇨증(phenylketonuria; PKU)은 페닐알라닌을 티로신으로 전환시키는 효소인 페닐알라닌 수산화효소(phenylalanine hydroxylase)가 결핍되어 생기는 유전적 대사이상 증후군으로, 사람의 유전적 대사결함 증후군에서 최초로 발견된 것 중의 하나이다. 이 효소가 작용하지 못하면 페닐알라닌이 티로신으로 전환되지 못하고 정상인에서는 작용하지 않던 제 2의 페닐알라닌 대사경로가 작동하여 페닐알라닌은 아미노기 전이반응으로 페닐피루브산(phenylpyruvate)을 생성한다(그림 9-10).

$$\text{Phenylalanine} + \alpha\text{-Ketoglutarate} \rightleftharpoons \text{Phenylpyruvate} + \text{Glutamate}$$

페닐피루브산과 티로신으로 대사되지 못한 페닐알라닌은 혈액이나 조직 내에 축적된 다음 오줌으로 배설된다. 유아기에 페닐피루브산 농도의 증가로 인해 혈액 내에 과잉으로 축적되면 정상적인 뇌의 발달이 억제되어 정상 이하의 무게로서 심한 정신박약증을 유발한다. 이 정신박약 현상의 생화학적 근거는 아직 풀지 못하고 있다.

유아기 초기에 페닐알라닌 함량이 낮은 단백질 음식을 섭취하도록 하면 정신박약을 대부분 예방될 수 있다. 거의 모든 단백질은 적어도 얼마 정도의 페닐알라닌을 함유하고 있기 때문에 우유 카제인과 같은 단백질은 가수분해한 후 흡착법에 의하여 페닐알라닌을 제거하여야 한다.

페닐케톤뇨증은 신생아 2만 명당 한 명꼴로 나타난다. 치료하지 않고 방치하면 페닐케톤뇨증 환자의 대부분은 30세가 되기 전에 사망한다. 발견 초기에는 염화철(ferric chloride; $FeCl_3$)을 사용하여 오줌 내의 페닐피루브산이나 혈액 내의 페닐알라닌을 검색하였으나 오늘날에는 질량분광분석기를 사용하여 생후 2일 전에 신생아 오줌 중의 페닐알라닌이나 페닐피루브산의 함량을 측정하는 검사를 통해 간단히 유무를 확인할 수 있다. 페닐피루브산은 염화철과 반응하면 짙은 녹색을 나타낸다.

페닐케톤뇨증 환자들은 페닐알라닌이 함유하고 있기 때문에 인공 감미료인 아스파탐(aspartam)을 피해야 하는데, 이것은 설탕보다 약 200배의 단맛을 가지고 있다. 이 물질은 설탕 대용으로 사용되며, 여러 가지 상품명으로 시중에서 판매되고 있다. 이 상품들에는 다음과 같은 문구가 들어 있다.

Phenylketonurics contains phenylalanine.

아스파탐은 디펩티드(dipeptide)인 아스파르틸-페닐알라닌 메틸에스테르(*N*-aspartyl-phenylalanine methylester)로서 페닐알라닌을 함유하고 있다.

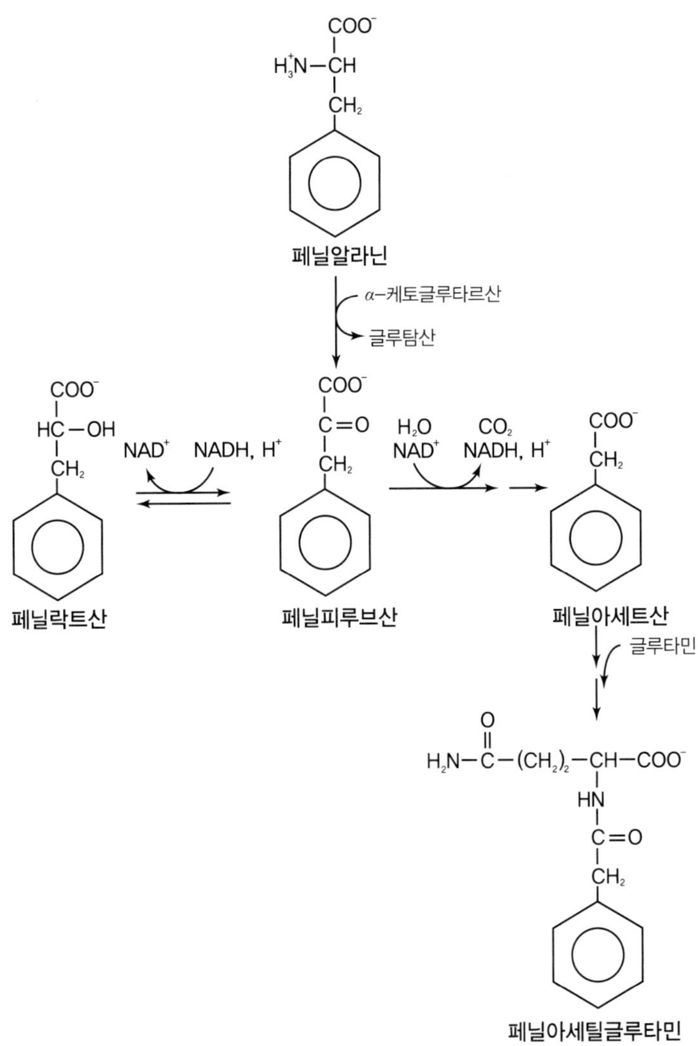

그림 9-10 • **페닐케톤뇨증**

페닐피루브산으로부터 페닐락트산(phenyllactate)과 페닐아세트산(phenylacetate)이 유도된다. 페닐아세트산의 카르복시기와 글루타민의 α-아미노기가 아미드를 형성하여 페닐아세틸글루타민을 생성한다.

02 알캅톤뇨증

알캅톤뇨증(alcaptonuria)은 호모겐티스산 산화효소(homogentisate oxidase)의 결핍으로 일어나는 유전적 대사이상 증후군이다. 티로신으로부터 생성된 호모겐티스산이 말레일아세토아세트산으로 대사되지 못하면 이 물질이 체액 내에 축적되어 오줌으로 배설되는데, 오줌이 공기와 빛에 노출되면 요소의 일부가 분해되어 생긴 암모니아에 의해 오줌이 알칼리성으로 변하기 때문에 호모겐티스산은 공기 중의 산소에 의해서 산화되어 오줌의 색깔이 흑색을 띠게 된다.

03 백색증

멜라닌(melanine)은 피부, 머리카락, 안구의 홍채와 망막에 존재하는 흑색의 색소이다. 멜라닌은 가시광선과 DNA의 손상, 피부암, 화상을 유발시키는 자외선으로부터 피부를 보호해 주는 역할을 한다. 멜라닌은 티로신으로부터 합성되는데, 티로신이 구리 함유 티로시나아제

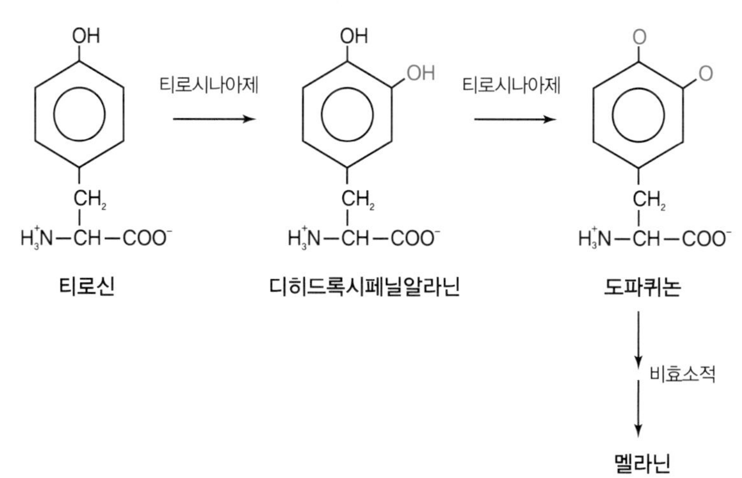

그림 9-11 • 멜라닌의 합성

(tyrosinase)에 의해 디히드록시페닐알라닌(dihydroxyphenylalanine; DOPA)과 도파퀴논(Dopaquinone)으로 산화된 후 비효소적으로 멜라닌으로 전환된다(그림 9-11). 백색증(albinism)은 티로시나아제의 결핍에 의해 유발되는 유전적 대사이상 증후군이다.

04 단풍시럽뇨병

단풍시럽뇨병(maple syrup urine disease)은 발린, 이소류신, 류신의 산화적 탈탄산반응이 억제되어 일어난다. 따라서 혈액 내의 류신, 이소류신 및 발린의 양은 현저하게 증가하며, 이 결과로 이 아미노산들로부터 유도되는 α-케토산도 같이 증가한다. 이 병을 가진 환자의 오줌에서는 단풍시럽의 냄새가 난다. 단풍시럽뇨병 환자들은 발린, 이소류신 및 류신 함량이 낮은 음식을 섭취하도록 하지 않으면 치명적인 결과를 가져올 수 있다.

3. 아미노산의 생합성

사람은 단백질의 구성성분인 20종의 표준 아미노산 중에서 10종의 아미노산을 만드는데, 이 아미노산들을 비필수 아미노산(nonessential amino acid)이라 한다. 나머지 10종은 필수 아미노산(essential amino acid)으로서 음식물을 통해 얻어야만 한다(표 9-2).

표 9-2 • 사람에게 필요한 아미노산

필수	비필수
아르기닌	알라닌
히스티딘	아스파라긴
이소류신	아스파트산
류신	시스테인
리신	글루탐산
메티오닌	글루타민
페닐알라닌	글리신
트레오닌	프롤린
트립토판	세린
발린	티로신

20종의 표준 아미노산들은 구연산 회로(TCA cycle), 해당과정(glycolysis) 및 오탄당 인산경로(pentose phosphate pathway)의 중간물질들로부터 생합성된다. 시발물질에 기초하여 6개의 생합성 군으로 분류할 수 있다(그림 9-12).

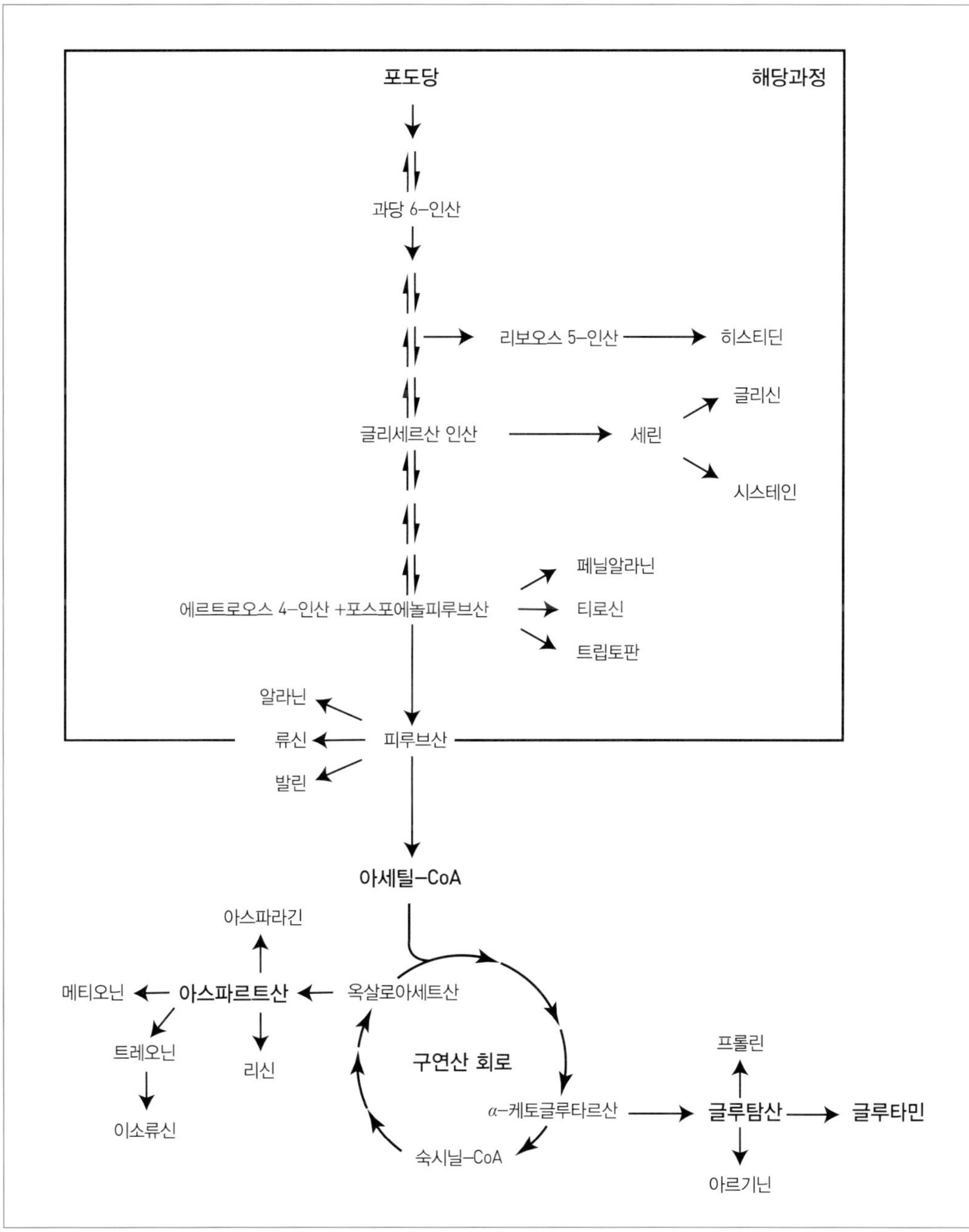

그림 9-12 • **시발물질에 기초한 아미노산의 생합성 군**

01 α-케토글루타르산으로부터 합성된 글루탐산은 글루타민, 프롤린, 아르기닌의 전구물질

글루탐산(Glu)은 미토콘드리아 기질 내에 존재하는 글루탐산 탈수소효소(glutamate dehydrogenase)에 의한 환원적 아미노반응(reductive amination)에 의해 암모니아(NH_4^+)와 구연산 회로의 중간물질인 α-케토글루타르산(α-ketoglutarate)으로부터 합성된다.

$$NH_4^+ + \alpha\text{-Ketoglutarate} + NADPH + H^+ \rightleftharpoons \text{Glutamate} + NADP^+ + H_2O$$

글루타민(Gln)은 글루타민 합성효소(glutamine synthetase)에 의해 글루탐산으로부터 합성된다. 이 효소는 다른자리 입체성 효소이다.

$$\text{Glutamate} + NH_4^+ + ATP \longrightarrow \text{Glutamine} + ADP + Pi + H^+$$

프롤린과 아르기닌은 비필수 아미노산으로, 글루탐산으로부터 합성된다. 글루탐산의 γ-카르복실기(γ-carboxyl group)가 ATP와 반응하여 글루탐산 키나아제(glutamate kinase)에 의해 γ-글루타밀 인산(γ-glutamyl phosphate)을 만든 다음에 글루탐산 탈수소효소(glutamate dehydrogenase)에 의해 환원되어 글루탐산 γ-세미알데히드(glutamic γ-semialdehyde)를 생성한다.

$$\text{Glutamate} \xrightarrow{ATP \;\; ADP} \gamma\text{-Glutamyl phosphate} \xrightarrow{NADPH + H^+ \;\; NADP^+ + Pi} \text{Glutamic } \gamma\text{-semialdehyde}$$

글루탐산 γ-세미알데히드는 비효소적으로 고리형의 Δ^1-피롤린 5-카르복실산(Δ^1-pyrroline 5-carboxylate)로 된 다음에 프롤린 카르복실산 환원효소(pyrroline carboxylate reductase)에 의해 환원되어 프롤린이 생성된다.

$$\text{Glutamic } \gamma\text{-Semialdehyde} \xrightarrow[H_2O]{} \Delta^1\text{-Pyrroline 5-carboxylate} \xrightarrow{NADPH + H^+ \;\; NADP^+ + Pi} \text{Proline}$$

글루탐산으로부터 글루탐산 아세틸기 전이효소(glutamate transacetylase)에 의해 생성된 *N*-아세틸글루탐산(*N*-acetylglutamate)은 인산화반응(phosphorylation), 탈수소반응(dehydration) 및 아미노기 전이반응(transamination)을 거쳐 오르니틴(ornithine)으로 전환된 후 요소 회로를 통해 아르기닌이 생성된다(그림 9-13).

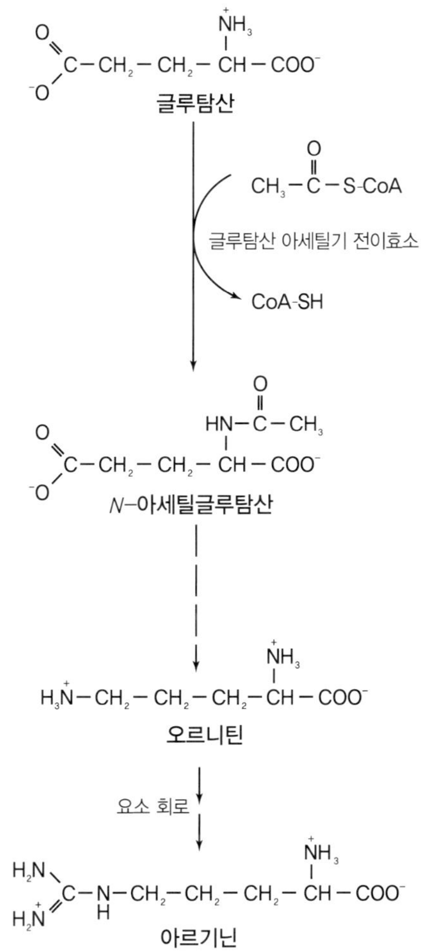

그림 9-13 • 아르기닌의 생성

02 글리세르산 인산으로부터 합성된 세린은 글리신과 시스테인의 전구물질

세린(serine) 합성의 주 경로는 해당과정의 중간물질인 글리세르산 인산(3-phosphoglycerate)으로부터의 합성이다. 글리세르산 인산의 2번 탄소의 수산기가 NAD^+에 의해 산화되어 포스포히드록시 피루브산(3-phosphohydroxy pyruvate)이 생성되고, 이는 아미노기 전이반응에 의해 포스포세린(3-phosphoserine)이 만들어진다. 최종적으로 가수분해되어 세린을 생성한다.

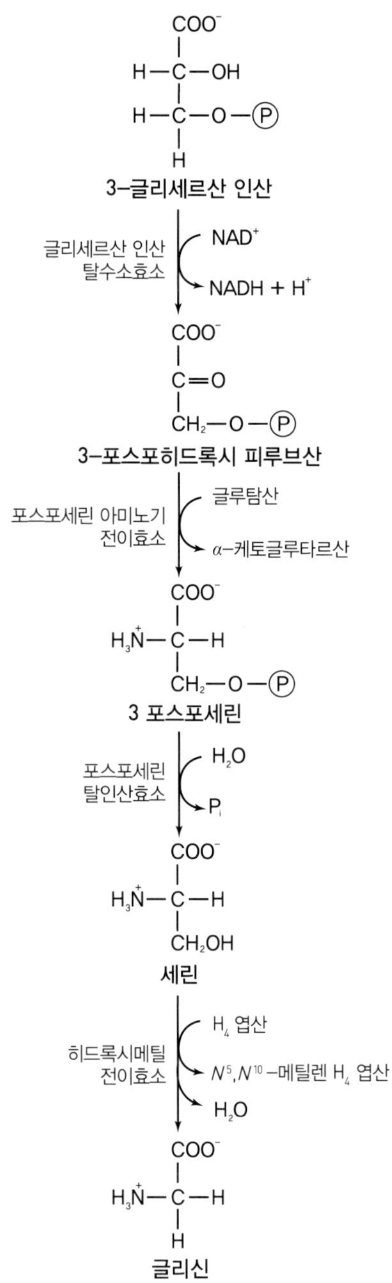

그림 9-14 • **글리신의 생성**

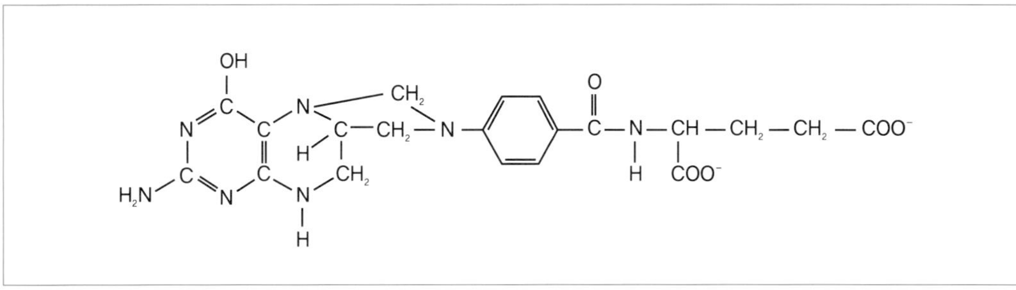

그림 9-15 • N^{10}, N^{10}-methylenetetrahydrofolate

글리신(glycine)은 전구물질인 세린으로부터 세린 히드록시메틸 전이효소(serine hydroxymethyl transferase)에 의해 생성된다. 3 탄소인 세린의 β 탄소는 1 탄소 단위체의 운반체인 테트라히드로엽산(tetrahydrofolate)의 5와 10번 부위의 질소 사이에 메틸렌 다리(methylene bridge)를 형성하여 N^5,N^{10}−메틸렌테트라히드로엽산(N^5,N^{10}−methylenetetrahydrofolate, 그림 9−15)을 생성하면서 2탄소인 글리신이 만들어진다.

$$\text{Serine} + \text{Tetrahydrofolate} \rightleftharpoons \text{Glycine} + N^5,N^{10}\text{−Methylenetetrahydrofolate} + H_2O$$

척추동물의 간에서는 글리신 생성효소(glycine synthase)에 의한 다른 경로에 의해 이산화탄소와 암모니아로부터 글리신이 생성된다.

$$CO_2 + NH_4^+ + \text{NADPH} + H^+ + N^5,N^{10}\text{−Methylenetetrahydrofolate} \rightleftharpoons$$
$$\text{Glycine} + \text{NAD}^+ + \text{Tetrahydrofolate}$$

세린은 시스테인(cysteine)의 전구물질이다. 시스테인 합성 과정에 세린은 탄소 골격을, 메티오닌(methionine)은 황 원자를 제공한다. 메티오닌은 ATP와 반응하여 S−아데노실메티오닌(S−adenosyl methionine)을 형성하고, 황에 붙어 있는 메틸기(methyl group)가 떨어져 나가 S−아데노실호모시스테인(Sadenosyl homocysteine)이 만들어진다. 이로부터 생성된 호모시스테인(homocysteine)은 세린과 반응하여 시스타티오닌(cystathionine)을 만들고, 최종적으로 시스타티오닌 γ−리아제(cystathionine γ−lyase)에 의해 시스테인이 생성된다(그림 9−16).

03 옥살로아세트산으로부터 아스파르산의 생성

아미노기 전이효소(transaminase)에 의한 아미노기 전이반응에 의해 옥살로아세트산(oxaloacetate)과, 글루탐산으로부터 아스파르트산(aspartate)이 생성된다.

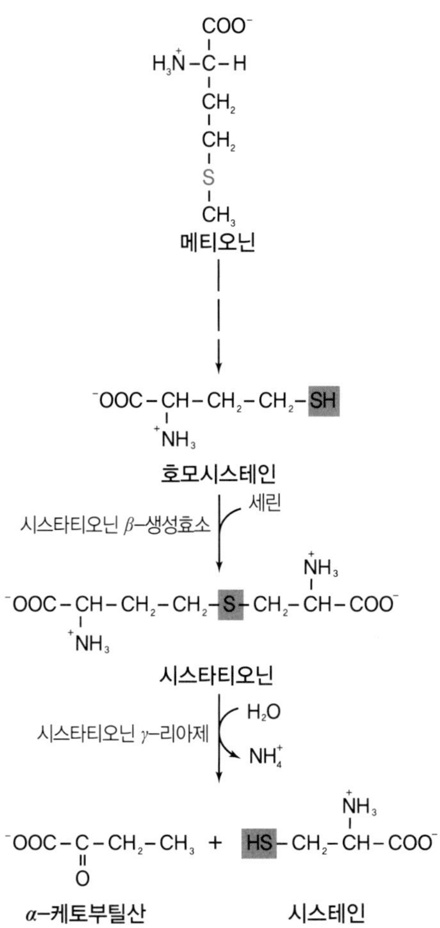

그림 9-16 • **시스테인의 생성**

$$\text{Glutamate} + \text{Oxaloacetate} \rightleftharpoons \alpha\text{-Ketoglutarate} + \text{Aspartate}$$

생성된 아스파르트산은 글루타민과 반응하여 아스파라긴 합성효소(asparagine synthetase)에 의해 아스파라긴과 글루탐산으로 전환된다. 이때 글루타민의 아미노기가 아스파르트산 R기의 카르복실기에 결합하여 아스파라긴으로 된다.

$$\text{Aspartate} + \text{Glutamine} + \text{ATP} + H_2O \longrightarrow \text{Glutamate} + \text{Asparagine} + \text{AMP} + \text{PPi}$$

아스파르트산은 ATP와 NADPH와의 2단계 반응에 의해 아스파르트산 β-세미알데히드(aspartate β-semialdehyde)로 전환된 후 서로 다른 3가지 경로를 통해 리신(lysine), 메티오닌

(methionine), 트레오닌(threonine)이 생성된다. 식물과 세균에서는 이와 같이 아스파르트산으로부터 메티오닌이 생성되지만 동물의 체내에서는 합성되지 않으므로 사람을 포함하여 동물은 음식물로부터 메티오닌을 얻어야 하기 때문에 필수 아미노산이다.

트레오닌은 미생물에서 일련의 반응에 의해 이소류신(isoleucine)을 생성한다.

04 피루브산으로부터 알라닌, 발린, 류신의 생성

알라닌(alanine)은 아미노기 전이효소(transaminase)에 의한 아미노기 전이반응에 의해 피루브산(pyruvate)과 글루탐산으로부터 생성된다.

$$\text{Glutamate} + \text{Pyruvate} \rightleftharpoons \alpha\text{-Ketoglutarate} + \text{Alanine}$$

피루브산으로부터 전환된 중간물질인 α-케토 이소발레레산(α-Keto isovalerate)은 글루탐산과 반응하여 아미노기 전이반응으로 발린(valine)이 생성된다.

$$\text{Pyruvate} \longrightarrow \alpha\text{-Keto isovalerate} + \text{Glutamate} \longrightarrow \alpha\text{-Ketoglutarate} + \text{Valine}$$

또한 α-케토 이소발레레산으로부터 형성된 α-케토 이소카프로산(α-ketoisocaproate)은 아미노기 전이반응에 의해 발린(valine)으로 전환된다.

$$\alpha\text{-Ketoisocaproate} + \text{Glutamate} \longrightarrow \alpha\text{-Ketoglutarate} + \text{Leucine}$$

05 방향족 아미노산들은 코리슴산 경로를 통해 생성

방향족 아미노산들인 페닐알라닌(phenylalanine), 티로신(tyrosine) 및 트립토판(tryptophan)의 합성 과정은 대장균에서 연구되었는데, 해당과정의 중간물질인 포스포엔올피루브산(phosphoenolpyruvate)와 5탄당 인산 경로의 중간물질인 에리트로오스 4-인산(erythrose 4-phosphate)의 축합반응으로부터 시작하여 시킴산(shikimate)을 거쳐 코리슴산(chorismate)이 생성된다(그림 9-17). 코리슴산으로부터 전환된 프레펜산(prephenate)으로부터는 페닐알라닌과 티로신이, 안트라닐산(anthranilate)으로부터는 트립토판이 생성된다(그림 9-18).

티로신은 비필수 아미노산으로서 인체 내에서 페닐알라닌 수산화효소(phenylalanine hydroxylase)에 의해 페닐알라닌으로부터 직접 생성된다.

$$\text{Phenylalanine} + \text{NADPH} + \text{H}^+ + \text{O}_2 \longrightarrow \text{Tyrosine} + \text{NAD}^+ + \text{H}_2\text{O}$$

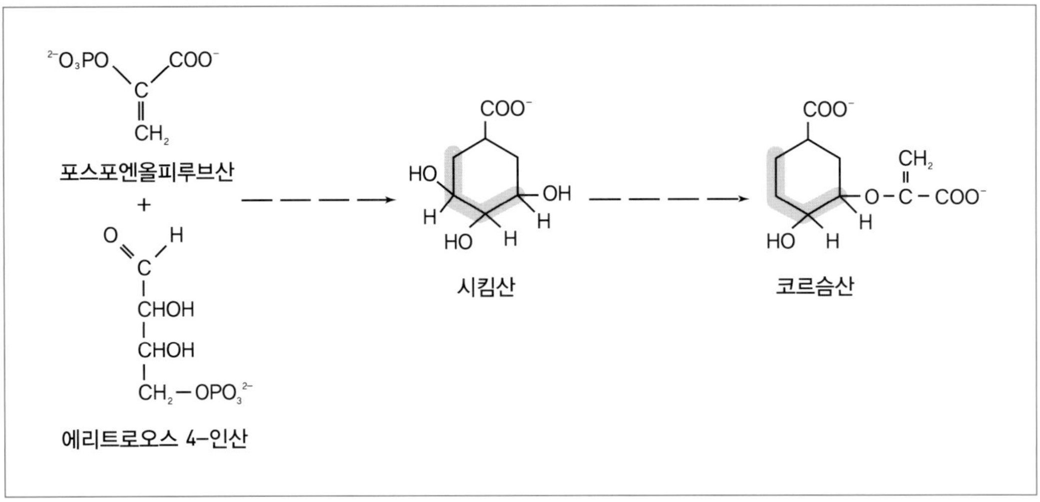

그림 9-17 • **코리슴산 경로**

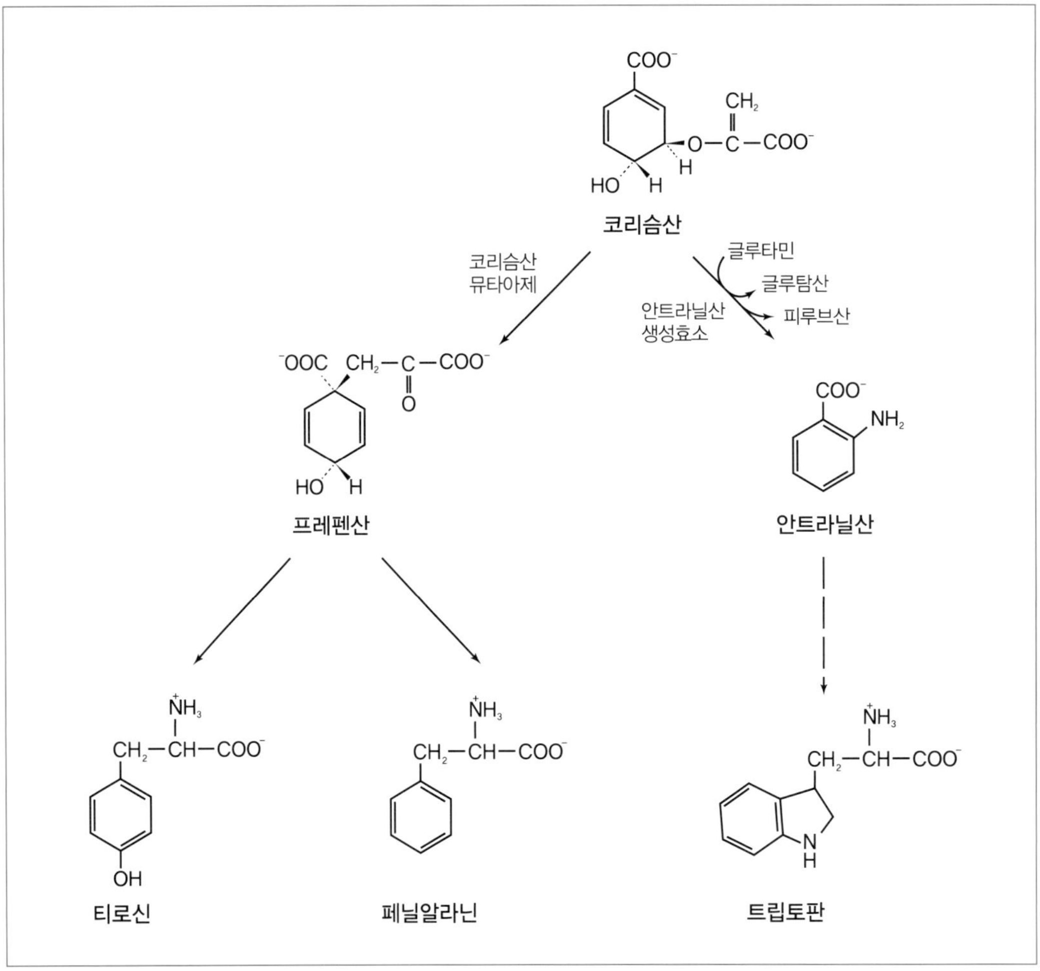

그림 9-18 • **방향족 아미노산의 생성**

06 전구물질로서의 아미노산

아미노산은 단백질의 구성성분으로서의 역할 뿐만 아니라 효소, 보조효소, 호르몬, 신경전달물질, 항생제, 헤모글로빈 등의 생체내 분자들의 전구물질로 작용한다(표 9–3).

표 9–3 • 전구물질로 작용하는 아미노산

아미노산	생체내 분자
글루탐산	글루타티온(glutathione)
글리신	헤모글로빈의 헴(heme)–포르피린(porphyrine), 근육수축 크레아틴
아르기닌	요소, 근육수축 크레아틴(creatine)
트립토판	신경전달물질인 세로토닌(serotonin), 광주기 정보전달 호르몬인 멜라토닌(melatonin), NAD의 니코틴아미드(nicotine amide)
티로신	티록신(thyroxine), 카테콜아민(catecholamine), 도파민, 에피네프린, 노르에피네프린
페닐알라닌	도파민(dopamine), 에피네프린(epinephrine), 노르에피네프린(norepinephrine)
히스티딘	혈관확장제인 히스타민(histamine), 근육조직 단백질인 카르노신(carnosine)

제 10 장

지질 대사

Lipid metabolism

에너지의 주요 저장형태인 트라이아실글리세롤은 지질분해효소(lipase)에 의해서 글리세롤(glycerol)과 지방산으로 분해된다. 또한 생체막의 구성성분인 포스포아실글리세롤은 인지질분해효소(phospholipase)에 의해서 가수분해되어 지방산이 생성된다.

여러 종류의 인지질분해효소들은 포스포아실글리세롤의 특정 결합을 가수분해한다. 거미와 뱀 독에 들어 있는 인지질분해효소들은 물렸을 때 조직들을 손상시키며, 분해효소에 의해 지질이 가수분해되어 생긴 산물들은 적혈구 세포들을 분해하여 혈병이 형성되지 않음으로써 출혈에 의해 죽게 된다.

01 글리세롤 대사

트라이아실글리세롤은 글리세롤(glycerol)과 지방산으로 분해된다. 글리세롤은 간으로 흡수되어 글리세롤 키나아제(glycerol kinase)에 의해 인산화되어 글리세롤 3-인산(glycerol 3-phosphate)으로 된 후 글리세롤 인산 탈수소효소(glycerol phosphate dehydrogenase)에 의해 디하이드록시아세톤 인산(dihydroxyacetone phosphate)으로 산화된다. 이는 글리세르 알데히드 3-인산(glyceraldehyde 3-phosphate)으로 이성체화된 다음 해당과정으로 연결된다.

$$\text{Glycerol} \xrightarrow{\text{ATP} \curvearrowright \text{ADP}} \text{Glycerol 3-phosphate} \xrightarrow{\text{NAD}^+ \curvearrowright \text{NADPH + H}^+} \text{Dihydroxyacetone phosphate}$$

$$\longrightarrow \text{Glyceraldehyde 3-phosphate} \xrightarrow{\text{Glycolvsis}} \text{1,3-Bisphosphoglycerate}$$

02 지방산 대사

지방산의 대사과정은 아실지방산이 생성되는 활성화(activation), 아세틸-CoA(acetyl CoA)가 만들어지는 β-산화과정(β-oxidation)과 구연산 회로(TCA cycle)를 통해 완전 산화되는 과정으로 나눌 수 있다.

지질대사에서는 지방산 산화가 주요한 에너지원으로 지방산의 활성화로부터 시작되며, 활성화된 형태의 지방산은 아실-CoA이다. 1단계는 방출된 지방산이 ATP와 결합하면서 피로인산(pyrophosphate; PPi)이 분리되고 아실-AMP 중간물질이 생성된다. 2단계는 아실-AMP 중간물질이 CoA-SH와 결합하여 아실-CoA와 AMP가 형성된다. 이 두 반응은 아실-CoA 합성효소(acyl-CoA synthetase)에 의해 촉매된다. 이 반응들은 세포질 내에서 일어난다.

$$\begin{array}{c} \text{Fatty acid} + \text{ATP} \longrightarrow \text{Acyl-AMP} + \text{PPi} \\ \text{Acyl-AMP} + \text{CoA-SH} \longrightarrow \text{Acyl-CoA} + \text{AMP} \\ \hline \text{Fatty acid} + \text{ATP} + \text{CoA-SH} \longrightarrow \text{Acyl-CoA} + \text{AMP} + \text{PPi} \end{array}$$

활성화된 지방산 아실-CoA는 미토콘드리아로 운반된다. 이때 아실-CoA는 미토콘드리아의 외막은 통과할 수 있지만 내막은 통과할 수 없기 때문에 막간강(intermembrane space)의 내막 부분에서 아실기가 에스테르전이반응(transesterificarion)에 의해 카르니틴(carnitine)으로 전달이 되어 아실-카르니틴(acyl-carnitine)이 된다. 이 반응은 내막의 바깥쪽에 존재하는 카르니틴아실전이효소 I(carnitine acyltransferase I)에 의해 촉매된다. 아실-카르니틴은 카르니틴 전이효소(carnitine translocase)를 통해 내막을 통과하여 기질(matrix)로 들어간다. 내막의 안쪽에 위치하는 카르니틴 아실전이효소 II에 의해 아실-카르니틴은 기질 내에서 CoA-SH와 반응하여 아실-CoA와 카르니틴으로 된다(그림 10-1). 카르니틴 아실전이효소는 14-18 탄소의 긴 사슬 지방산에 대해 특이성을 가지고 있으므로 카르니틴 팔미토일전이효소(carnitine palmitoyltransferase)라고도 한다. 12개 이하의 탄소로 구성된 지방산은 카르니틴에 의존하지 않고 막을 수동적으로 통과하여 미토콘드리아 내에서 활성화된다.

활성화된 지방산 아실-CoA가 미토콘드리아로 운반되는 데 관여하는 카르니틴 아실전이효소는 알로스테릭 효소(allosteric enzyme)로서 지방산의 합성 과정에서 아세틸 CoA로부터 만들어지는 말로닐-CoA(malonyl-CoA)에 의해 억제된다. 따라서 지방산의 합성이 활성화되면 지방산의 산화는 억제된다.

미토콘드리아의 기질에서 아실-CoA는 β-산화에 의한 반복되는 일련의 반응들에 의해 지방산의 β 탄소 부위인 카르복실 말단에서 시작하여 연속적으로 탄소가 2개씩 절단되면서 아세틸-CoA가 만들어진다.

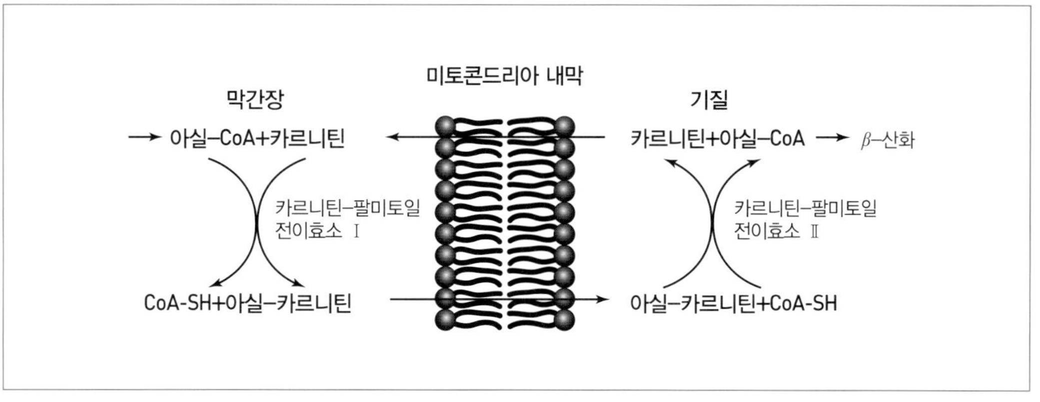

그림 10-1 • 미토콘드리아에서 카르니틴의 기능

$$\text{Acyl–CoA} + \text{FAD} \xrightarrow[\text{Acyl-CoA dehydrogenase}]{} trans\text{–}\Delta^2\text{–Enoyl–CoA} + \text{FADH}_2$$

$$trans\text{–}\Delta^2\text{–Enoyl–CoA} + \text{H}_2\text{O} \xrightarrow[\text{Enoyl–CoA hydratase}]{} \text{L–}\beta\text{–Hydroxylacyl–CoA}$$

$$\text{L–}\beta\text{–Hydroxylacyl–CoA} + \text{NAD}^+ \xrightarrow[\text{L–hydroxylacyl–CoA dehydrogenase}]{} \beta\text{–Ketoacyl–CoA} + \text{NADH} + \text{H}^+$$

$$\beta\text{–Ketoacyl–CoA} + \text{CoA–SH} \xrightarrow[\beta\text{–kotothiolase}]{} \text{Acyl–CoA} + \text{Acetyl–CoA}$$

탄소 18개인 포화지방산의 β–산화과정을 예로 들어 보면, 4단계를 통해 탄소가 2개씩 짧아지면서 이 과정이 연속적으로 8번 일어난다. 이 결과 9분자의 아세틸–CoA가 만들어진다.

$$\text{Saturated fatty acid(C : 18)} + 8\text{FAD} + 8\text{NAD}^+ + 8\text{CoA–SH} + 8\text{H}_2\text{O} \longrightarrow$$
$$9\text{Acetyl–CoA} + 8\text{FADH}_2 + 8\text{NADH} + 8\text{H}^+$$

에너지 생산량을 계산해 보면 생성된 아세틸–CoA는 구연산 회로에서 3개의 NADH, 1개의 $FADH_2$, 1개의 ATP를 생성하기 때문에 탄소 18개인 포화지방산 1분자에서 총 27몰(mol)의 NADH + H^+, 9$FADH_2$, 9ATP가 만들어진다. 여기에 β–산화에서 생성된 8몰의 $FADH_2$와 8몰의 NADH + H^+를 합하게 되면 탄소 18개인 포화지방산 1분자로부터 생성되는 ATP는 표 10–1과 같다.

NADH와 $FADH_2$가 전자전달계로 연결되어 산화적 인산화반응에 의해 ATP가 생성된다.

표 10–1 • ATP의 생성

	생성된 ATP
NADH + H^+ : 35몰(1몰당 2.5 ATP)	35 × 2.5 = +87.5 ATP
$FADH_2$: 17몰(1몰당 1.5 ATP)	17 × 1.5 = +25.5 ATP
ATP : 9몰	+9 ATP
활성화 단계에서 ATP 2몰 사용	–2 ATP
87.5 ATP + 25.5 ATP + 9 ATP –2 ATP = 120 ATP	

03 홀수 탄소수 지방산과 단일 불포화지방산의 대사

홀수 탄소수를 가진 지방산은 먼저 카르복실 말단으로부터 탄소 2개씩 떨어져 나가 아세틸 CoA를 만든다. 그리고 남은 1개의 탄소로부터 β–산화에 의해 프로피오닐 CoA(propionyl–CoA)가 만들어진다. 이는 프로피오닐 CoA 카르복실라아제에 의해 D–메틸 말로닐 CoA(D–methylmalonyl–CoA)로 된 다음 L–메틸 말로닐 CoA로 재배열된 후 메틸 말로닐 CoA 뮤타아제(methylmalonyl–CoA mutase)에 의해 숙시닐–CoA(succinyl–CoA)로 전환된 다(그림 10–2). 두 효소는 각각 비오틴(biotin)과 데옥시아데노실코발아민(deoxyadenosylcobalamine)을 필요로 한다. 숙시닐–CoA는 구연산 회로의 물질로 대사되면서 탈수소효소에 의해 생성된 NADH와 $FADH_2$는 전자전달계에서 ATP를 생성한다. 또한 프로피오닐 CoA와 메틸 말로닌 CoA는 아미노산들의 분해대사에 관여하는 물질이다.

이중결합을 하나 가지고 있는 단일 불포화지방산이 아세틸 CoA로 전환되기 위해서는 포화지방산의 분해과정에서는 볼 수 없는 부가적인 반응인 시스–트랜스 이성체화반응(cis–trans isomerization)이 요구된다.

올레산(oleic acid; 18:1–Δ^9)은 불포화지방산으로 활성화되면 올레오일–CoA(oleoyl–CoA)가 생성된다. 올레오일–CoA의 카르복실 말단에서부터 β–산화가 3회 일어나 3분자의 아세틸 CoA와 3과 4번 탄소 사이에 시스 이중결합이 있는 탄소 12개의 시스–Δ^3–도데세노일–CoA(cis–Δ^3–dodecenoyl–CoA)가 만들어진다. 엔오일–CoA 이성체화효소(enoyl–CoA isomerase)에 의해 트랜스–Δ^2–도데세노일–CoA(trans–Δ^2–dodecenoyl–CoA)로 전환된 다음 엔오일–CoA 수화효소(enoyl–CoA hydratase)에 의해 L–β–하이드록시아실–CoA(L–β–hydroxylacyl–CoA)가 되고 β–산화가 계속 이어져 6분자의 아세틸 CoA가 만들어진다. 수화효소에 의해 물 1분자가 끼어들어 가기 위해서는 2번과 3번 탄소가 트랜스 이중결합을 하고 있어야 한다. 올레산 1분자로부터 최종적으로 9분자의 아세틸 CoA가 만들어진다(그림 10–3).

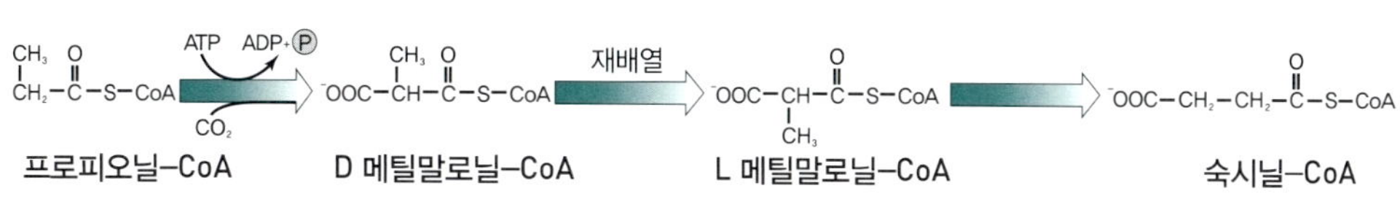

그림 10–2 • 홀수 탄소수를 가진 불포화지방산의 분해

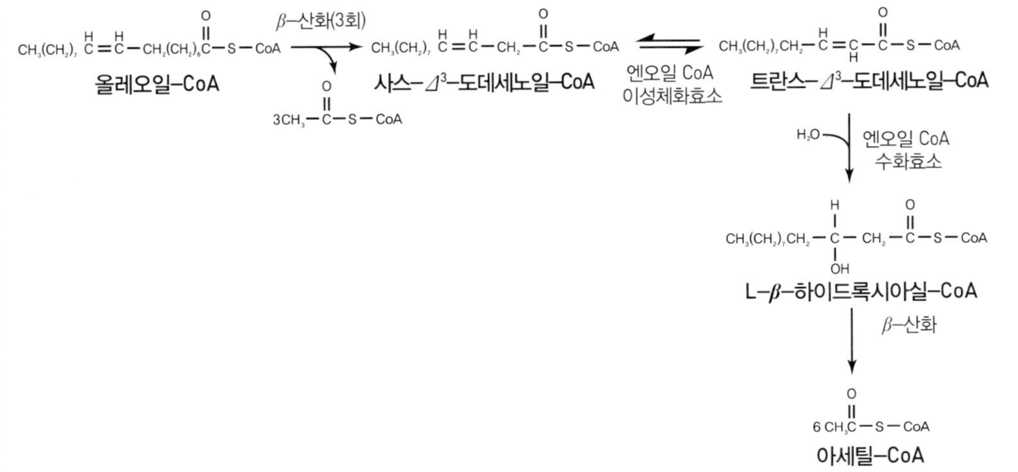

그림 10–3 • **올레산의 β–산화**

04 다중 불포화지방산의 대사

여러 개의 이중결합을 가진 다중 불포화지방산은 단일 불포화지방산의 분해과정과 양상이 다르다. 다중 불포화지방산인 리놀레산(linoleic acid; 18:2–$\Delta^{9,12}$)은 이중결합이 시스 형태로, 시스–Δ^{12}와 시스–Δ^{9}이다. 먼저 β–산화가 3회 일어나 3분자의 아세틸 CoA가 형성되면서 이중결합의 배열은 시스–Δ^{6}과 시스–Δ^{3}이 되고, 엔오일–CoA 이성화체효소로 인해 시스–Δ^{6}과 트랜스–Δ^{2}로 배열이 바뀐다. 다시 β–산화 1회가 일어나 1분자의 아세틸 CoA가 형성되고, 나머지 부분은 시스–Δ^{4} 형태가 된다. 여기에 아실–CoA 탈수소효소(acyl–CoA dehydrogenase)에 의해 2번과 3번 탄소의 수소 원자가 각각 1개씩 이탈되어 시스–Δ^{4}와 트랜스–Δ^{2} 형태가 된다. 이는 2,4–디엔오일–CoA 환원효소(2,4–dienoyl–CoA reductase)에 의해 NADPH를 사용하여 트랜스 Δ^{3}–디엔오일–CoA가 되며, 엔오일–CoA 이성화효소에 의해 트랜스–Δ^{2}–엔오일–CoA가 된다. 이 결과 산화가 4회가 일어나 5분자의 아세틸 CoA가 생성된다. 리놀렌산 1분자로부터 최종적으로 9분자의 아세틸 CoA가 만들어진다(그림 10–4).

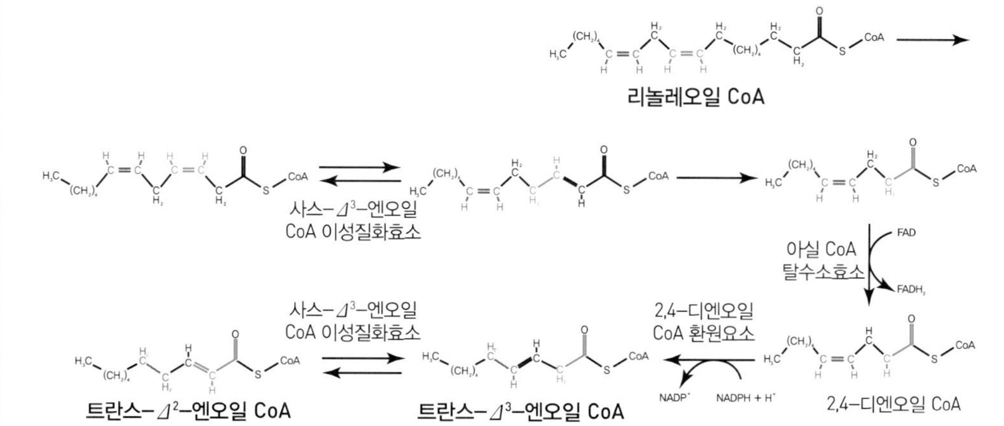

그림 10-4 • **리놀렌산의 β-산화**

05 케톤체

지방산의 β-산화에 의해 생성된 아세틸 CoA는 구연산 회로로 들어가지만 아세틸 CoA가 많이 만들어지면 케톤체(ketone body)가 생성된다. 구연산 회로에서 아세틸 CoA는 옥살로아세트산(oxaloacetate)과 반응하여 구연산을 만드는데, 옥살로아세트산이 충분하지 않음으로 인해 많은 양의 아세틸CoA를 소화할 수 없기 때문이다. 이로 인해 아세토아세트산(acetoacetate), β-하이드록시부티르산(β-hydroxybutyrate), 아세톤(acetone)과 같은 케톤체가 생성하게 된다. 케톤체는 또 다른 형태의 에너지원이다.

케톤체는 간의 미토콘드리아에서 생성된다. 2분자의 아세틸 CoA 중 1분자에서 티오라아제(thiolase)에 의해 CoA-SH가 빠져나가고 남은 부분이 1분자의 아세틸 CoA와 결합하여 아세토아세틸-CoA(acetoacetyl-CoA)가 된다. HMG-CoA 생성효소(HMG-CoA synthase)에 의해 아세토아세틸-CoA가 또다른 아세틸 CoA와 축합하여 β-하이드록시-β-메틸글루타릴-CoA(β-hydroxy-β-methylglutaryl-CoA; HMG-CoA)가 된다. HMG-CoA에서 HMG-CoA 리아제(HMG-CoA lyase)에 의해 아세틸 CoA 1분자가 빠지면서 아세토아세트산을 만든다. 아세토아세트산은 β-하이드록시부티르산 탈수소효소(β-hydroxybutyrate dehydrogenase)에 의해 환원되어 β-하이드록시부티르산이 만들어지거나 CO_2가 이탈되면서 자발적으로 아세톤을 만든다(그림 10-5).

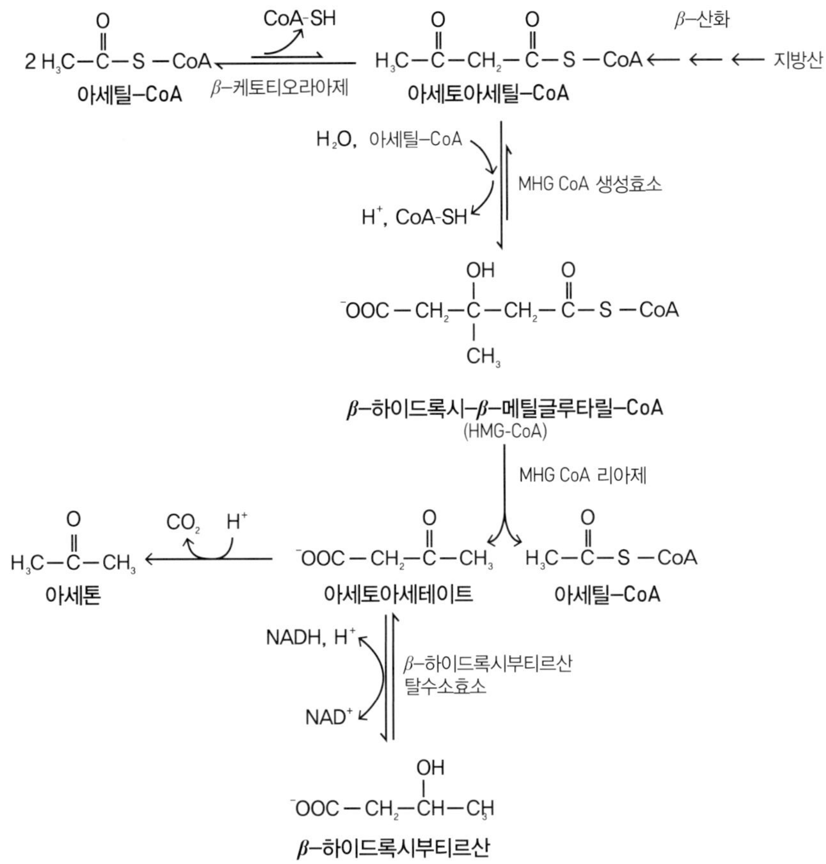

그림 10-5 • **간에서의 케톤체 생성**

간에서 만들어진 케톤체는 자체적으로 사용하지 않고 혈액으로 방출한 뒤 다른 조직으로 운반하여 에너지원으로 사용한다. 심장근육과 신장 피질에서는 포도당보다는 아세토아세트산을 선호하여 이를 에너지원으로 사용한다. 아세토아세트산과 숙시닐-CoA가 반응하여 아세토아세틸-CoA와 숙신산이 만들어지고, 아세토아세틸-CoA는 아세틸-CoA로 된 후 구연산회로로 대사되어 에너지를 만들게 된다.

$$\beta\text{-Hydroxybutyrate} \rightleftharpoons \text{Acetoacetate}$$

$$\text{Acetoacetate} + \text{Succinyl-CoA} \rightleftharpoons \text{Acetoacetyl-CoA} + \text{Succinate}$$

$$\text{Acetoacetyl-CoA} \longrightarrow \text{Acetyl-CoA} \longrightarrow \text{TCA cycle}$$

케톤체는 지질을 많이 섭취하면 생기지만 공복, 기아, 단식 및 당뇨와 같은 요인들에 의해서도 생긴다. 공복, 기아, 단식의 경우 에너지원인 체내의 지방이 분해되어 생긴 지방산이 β-산화에 의해 아세틸 CoA가 생성되는데, 이때 생성된 아세틸 CoA가 옥살로아세트산보다 많기 때문에 대사되어 케톤체가 생성된다. 포도당을 에너지원으로 사용하는 뇌의 경우 단식 시에는 많은 양의 아세토아세트산을 에너지원으로 사용한다.

인슐린은 간에서 포도당의 흡수를 촉진하여 혈당을 높이는데, 흡수가 일어나지 않으면 지방산 분해에 의해 생긴 아세틸 CoA와 반응하는 옥살로아세트산이 만들어지지 않는다. 또한 인슐린이 결핍되면 지방조직에서 지방산이 방출되어 β-산화에 의해 아세틸 CoA가 생성되지만 옥살로아세트산이 충분치 못하므로 에너지화되지 못하고 케톤체가 만들어진다. 이는 혈액으로 방출된다.

케톤체는 중요한 에너지원이지만 아세토아세트산과 β-하이드록시부티르산은 산성 물질이기 때문에 혈액 내에 과량으로 존재하면 pH가 낮아져 산성혈증(acidosis)을 유발한다. 고농도의 케톤체는 산(acid)과 염기(base)의 불균형을 초래하여 신장의 기능을 저하시키며, 중추신경계의 기능도 손상시킨다. 당뇨병인 사람들은 산성혈증에 의해 탈수현상이 야기되며, 심하면 혼수 상태에 빠지게 된다.

제 11 장

핵산 대사

Nucleic acid metabolism

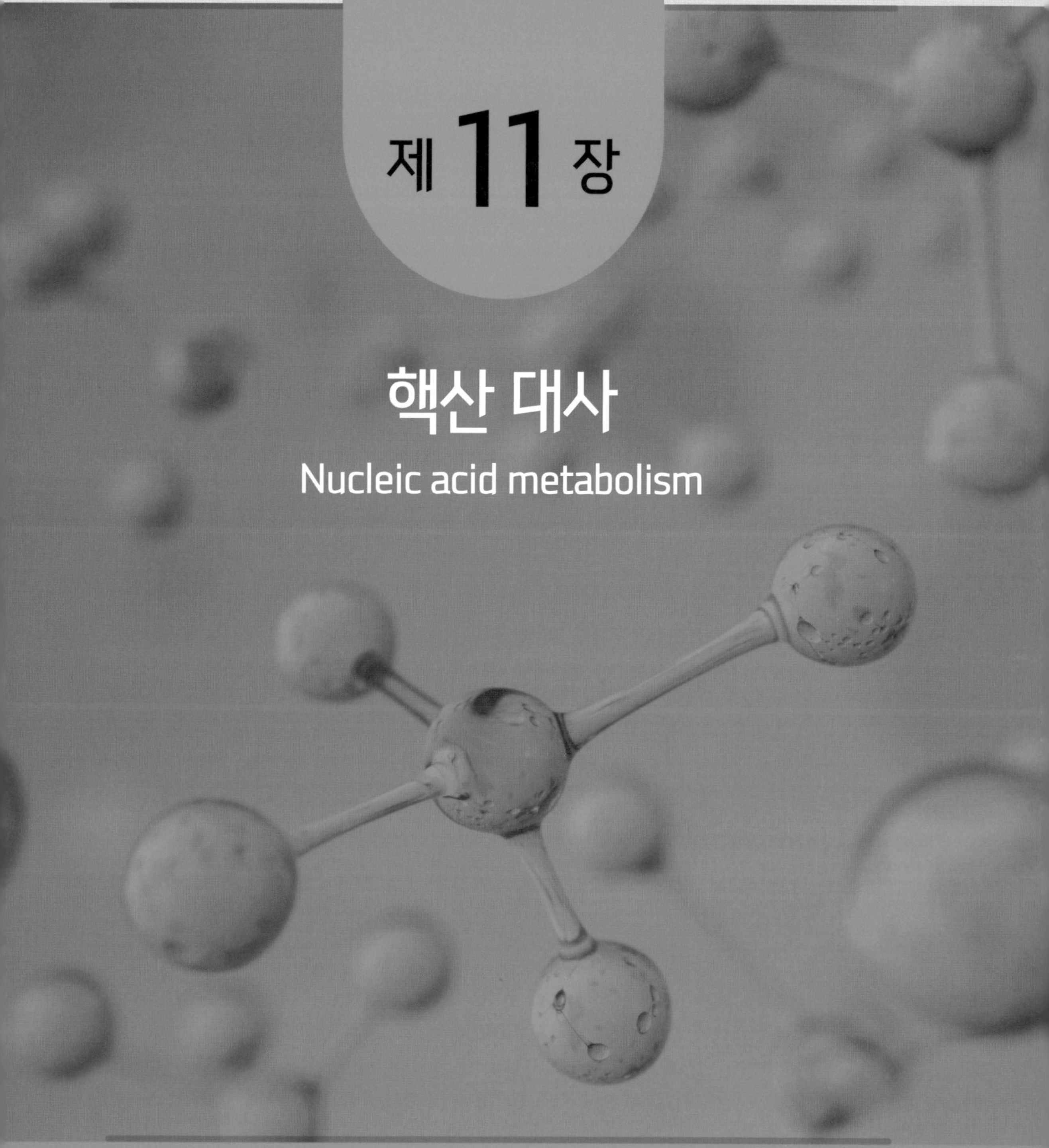

핵산의 근본 물질인 퓨린(purine) 염기와 피리미딘(pyrimidine) 염기에 대하여 더욱 자세하게 알아보기로 한다. 퓨린과 피리미딘은 모두 핵산(nucleic acid)의 전구체(precursor)이다. 앞에서 설명한 것처럼 아데닌(adenine)과 구아닌(guanine)은 퓨린 염기이고, 시토신(cytocine), 티민(thymine), 우라실(uracil)은 피리미딘 염기이다. 이들은 핵산의 원료인 동시에 다양한 세포 대사에 관여하며, 심지어는 비타민의 보조효소로서도 중요한 역할을 한다. 이들은 탄소와 질소가 서로 연결된 이종고리(heterocycle) 모양을 하고 있다. 고리가 하나면 피리미딘, 고리가 2개면 퓨린으로 분류한다. 퓨린과 피리미딘의 고리를 구성하는 개개의 탄소와 질소에는 고유 번호를 붙여서 구별하고 있다. 따라서 퓨린과 피리미딘에 빨리 익숙해지기 위해서는 번호체계를 숙지하는 것이 필수적이다. 보통 티민은 DNA에서만 발견되며, 우라실은 RNA에서만 발견된다. 그 외의 다른 세 가지 염기들은 DNA와 RNA 모두에서 발견된다.

DNA와 RNA의 가장 큰 구조적 차이는 당(sugar)이다. RNA에서는 이 당이 리보오스(ribose)인 반면 DNA에서는 디옥시리보오스(deoxyribose)이다.

01 퓨린의 합성

퓨린(purine)은 2개의 고리로 구성된 염기이다. 퓨린은 간(liver)에서 합성되는데, 리보오스가 인산화(phosphorylation)되어 리보오스-5-인산(ribose-5-phosphate)으로 바뀌는 것이 합성 과정의 첫 단계이다. 이후의 과정은 여기에 각 조각을 단계적으로 붙여나가면서 진행된다. ATP가 인(phosphate)을 2개 제공하면 PRPP(phosphoribosyl pyrophosphate)가 되고, 여기에 글루타민(glutamine)이 질소를 제공하면 5-포스포리보실-1-아민(5-phosphoribosyl-1-amine)이 만들어지는데, 이것이 퓨린 합성에서 가장 중요한 구조이다. 이후의 합성은 순차적으로 탄소와 질소를 붙여 나가는 단순한 과정의 반복이다. 먼저 글리신(glycine)이 탄소 2개와 질소 하나를 제공하고, 여기에 엽산(folate)이 또 다른 탄소를 제공해 준다. 글루타민이 다시 질소를 하나 더하고 구조가 구부러지면서 닫히면 첫 번째 고리가 만들어진다. 여기에 이산화탄소가 탄소를, 아스파르트산(aspartate)이 질소를, 엽산이 또 다른 탄소를 더해 주고, 이제 두 번째 고리가 닫히게 된다. 그 결과 만들어지는 것이 IMP(inosinate), 즉 이노신염이다. IMP로부터 AMP와 GMP가 갈라져 합성되는데, 아스파르트산의 질소가 더해지면 AMP(adenylate)가, 글루타민의 질소가 더해지면 GMP(guanylate)가 각각 만들어진다(그림 11-1).

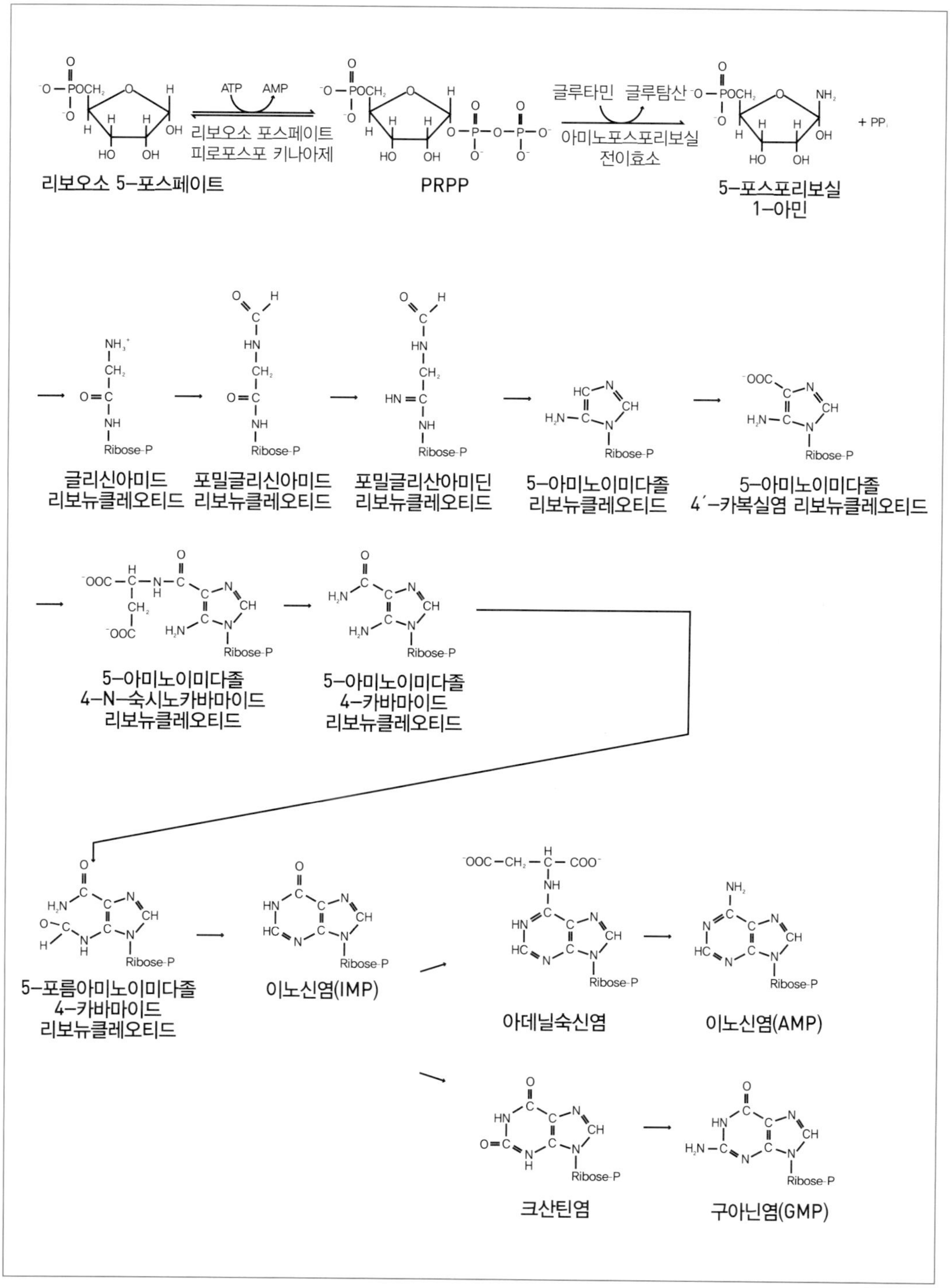
ATP
AMP
리보오스 포스페이트
피로포스포 키나아제
글루타민
글루탐산
아미노포스포리보실
전이효소
+ PPi
리보오스 5-포스페이트
PRPP
5-포스포리보실
1-아민
글리신아미드
리보뉴클레오티드
포밀글리신아미드
리보뉴클레오티드
포밀글리산아미딘
리보뉴클레오티드
5-아미노이미다졸
리보뉴클레오티드
5-아미노이미다졸
4'-카복실염 리보뉴클레오티드
5-아미노이미다졸
4-N-숙시노카바마이드
리보뉴클레오티드
5-아미노이미다졸
4-카바마이드
리보뉴클레오티드
5-포름아미노이미다졸
4-카바마이드
리보뉴클레오티드
이노신염(IMP)
아데닐숙신염
이노신염(AMP)
크산틴염
구아닌염(GMP)

그림 11-1 • 퓨린의 합성

02 퓨린의 분해

퓨린이 분해되면 궁극적으로 요산(uric acid)이 되는데, 요산은 물에 녹지 않는다. 퓨린은 하나가 아닌 여러 경로와 단계를 거쳐 분해될 수 있다. AMP는 아데닐 탈아미노효소(adenylate deaminase)에 의해 IMP로 깨진다.

IMP는 계속해서 하이포크산틴(hypoxanthine)으로 깨지게 된다. AMP를 분해하는 다른 경로는 인을 제거(dephosphorylation)해서 아데노신(adenosine)으로 변환시킨 뒤 아데노신 탈아미노효소(adenosine deaminase)에 의해 이노신(inosine)으로 전환하는 것이다. 만약, 이 효소의 활성이 지나치게 강하면 ATP의 양이 전반적으로 감소되어 용혈성 빈혈(hemolytic anemia)이 생기게 된다. 이렇게 해서 만들어진 이노신은 다시 뉴클레오시드 인산화효소(nucleoside phosphorylase)에 의해 하이포크산틴으로 전환된다. 하이포크산틴은 계속해서 크산틴 산화효소(xanthine oxidase)에 의해 크산틴(xanthine)으로 바뀌게 된다. GMP는 구아닌으로 분해된 다음 구아닌 탈아미노효소(guanine deaminase)에 의해 직접 크산틴으로 바뀐다. 크산틴은 크산틴 산화효소(xanthine oxidase)에 의해 최종적으로 요산으로 바뀐다. 이처럼 AMP와 GMP 모두 궁극적으로는 요산으로 분해된다(그림 11-2).

03 퓨린의 회수

세포가 퓨린을 다시 회수하여 재사용하는 과정은 HGPRT(hypoxanthineguanine phosphoribosyl transferase)라는 효소에 의해 이루어진다. 이 효소는 하이포크산틴이나 구아닌에 인산화당(phosphoribosyl group)을 붙여주는데, 그 결과는 IMP 또는 GMP의 형성이다. IMP는 계속해서 아미노화반응(amination)을 통해 AMP로 전환되며 AMP에 아데닐 키나아제(adenylate kinase)가 인을 붙임으로써 ADP가 만들어진다. 이 효소의 기능이 저하되면 역시 용혈성 빈혈에 걸리게 되는데, 퓨린이 제대로 회수되지 않아 세포 내 ATP 농도가 저하되기 때문이다.

아데닌 역시 인산화당과 결합하여 AMP로 전환되는데, 이때의 효소는 아데닌 인산화당 운반효소(adenine phosphoribosyl transferase)이다. 아데노신은 아데노신 키나아제(adenosine kinase)에 의해 인산화됨으로써 AMP로 전환되어 회수가 가능하다(그림 11-3).

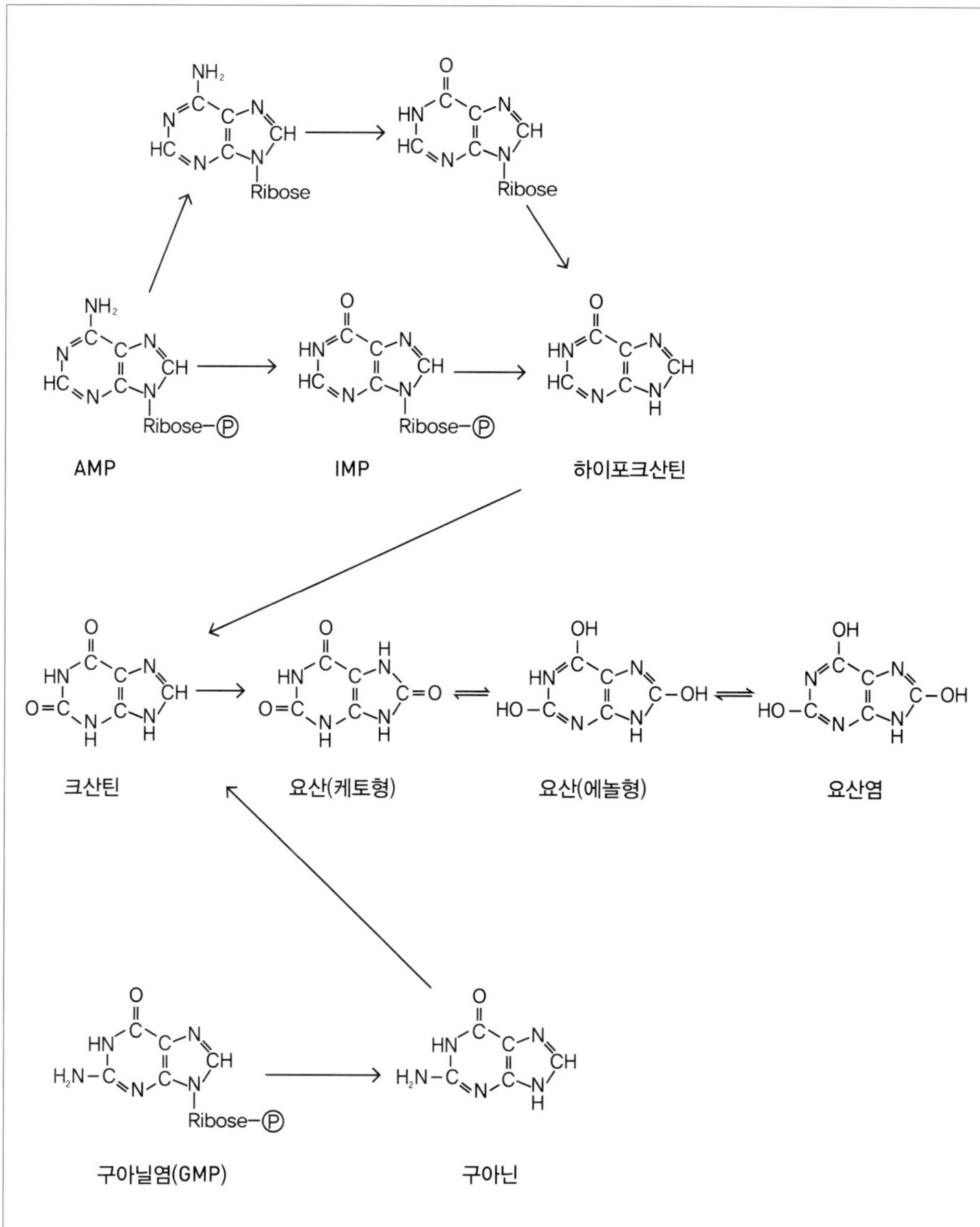

그림 11-2 • 퓨린의 분해

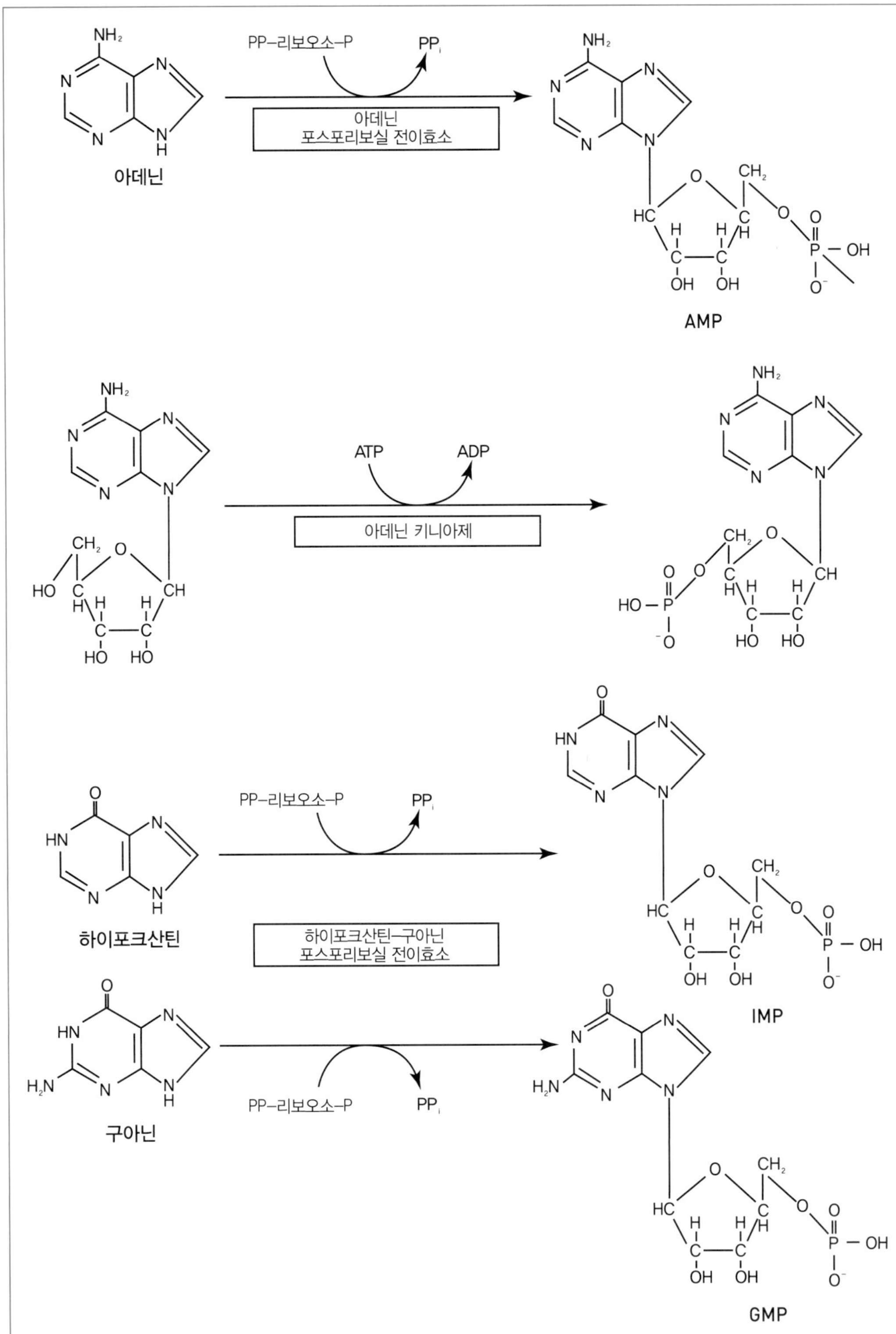

아데닌
PP–리보오소–P
PPi
아데닌 포스포리보실 전이효소
AMP
ATP
ADP
아데닌 키니아제
하이포크산틴
하이포크산틴–구아닌 포스포리보실 전이효소
IMP
구아닌
GMP

그림 11–3 ● **퓨린의 회수**

04 피리미딘의 합성

피리미딘(pyrimidine)의 합성은 퓨린의 경우와 비슷하다. 그러나 퓨린이 당에 질소와 탄소를 순서대로 붙여나가는 반면 피리미딘은 염기가 먼저 만들어진 다음에 당과 결합한다는 점이 다르다. 반응의 시작은 CO_2와 ATP 그리고 글루타민이 서로 결합하여 카르바밀 인산(carbamyl phosphate)을 형성하는 것이다. 여기에 아스파르트산이 더해져서 카르바밀 아스파르트산이 만 들어지는데 이것이 피리미딘 합성에서 가장 중요한 화합물이다. 여기에 몇가지 변형, 즉 인산화당의 결합과 탈카르복실화(decarboxylation)반응과 같은 반응에 의해 UMP가 만들어진다. UMP는 퓨린 합성에서 IMP가 중간자 역할을 했던 것처럼 CMP와 TMP로 갈라지는 매개체로 작용한다. 퓨린 합성이나 피리미딘 합성 모두 인산화반응을 위해서 ATP를 사용한다(그림 11-4).

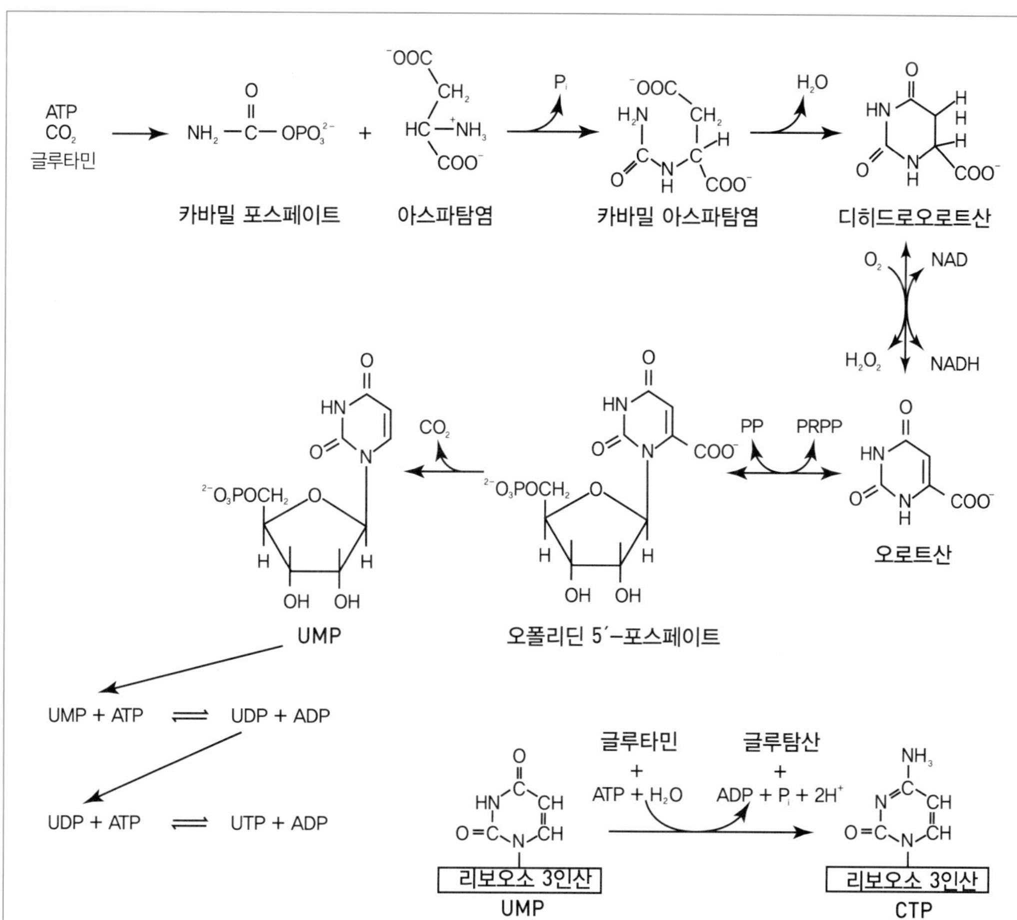

그림 11-4 • 피리미딘의 합성

05 피리미딘의 분해

피리미딘의 분해는 비교적 간단하게 일어난다. 퓨린의 경우와 다른 점은 피리미딘이 물에 잘 용해된다는 것이다. 따라서 어떤 문제로 인해 피리미딘이 지나치게 많이 분해되어 버릴지라도 소변으로 빠져나가기 때문에 몸에 해롭지는 않다. 피리미딘 뉴클레오티드는 피리미딘 뉴클레오티다아제(pyrimidine nucleotidase)에 의해 피리미딘 리보오스(pyrimidine ribose)로 바뀌게 된다. 핵산이 분해될 때 어떤 문제가 생긴다면 보통은 이 효소의 기능이 결핍되기 때문이다. 그러나 효소의 기능이 결핍될지라도 증상은 미미하여 자각증상이 없거나 약간의 빈혈을 호소할 정도이다. 효소의 기능이 떨어지면 생화학적으로는 RNA가 단백질과 엉겨 붙어 세포막에 달라붙음으로써 세포 형태를 바꾸어버려 수명을 단축시키게 된다. 납에 중독되면 이

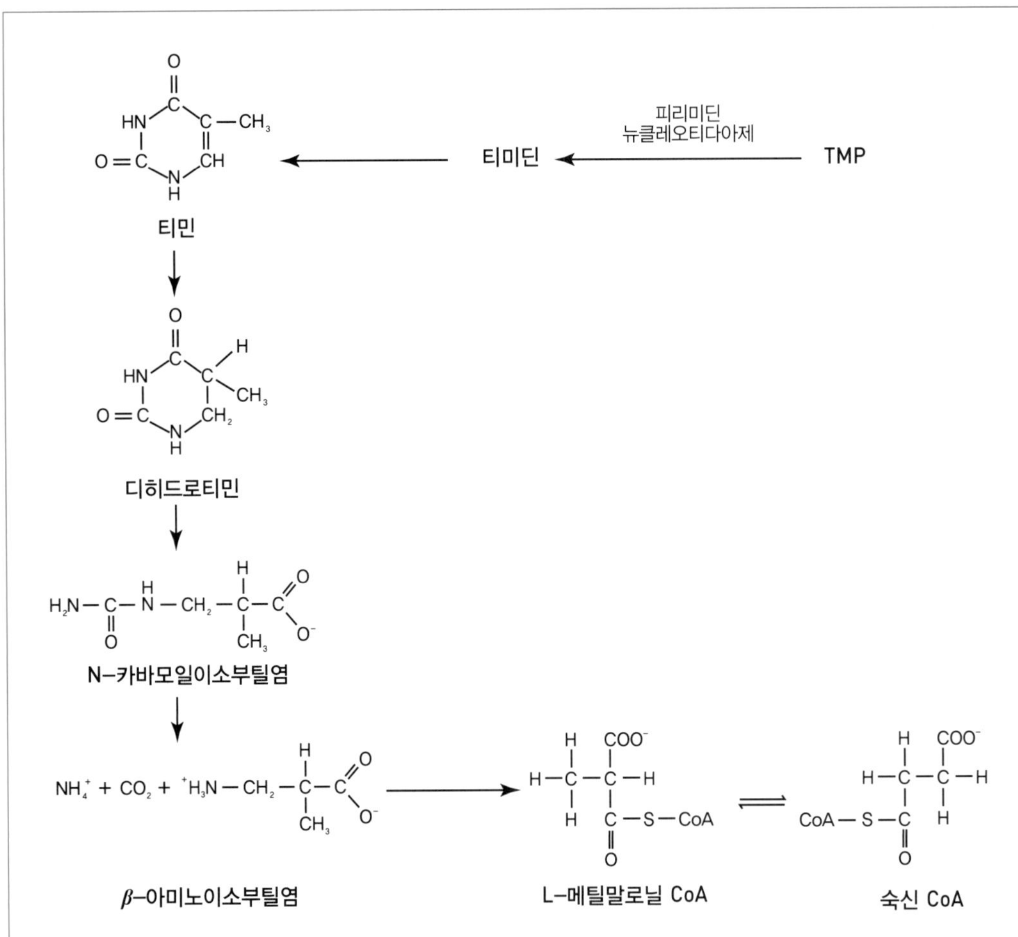

그림 11-5 • 피리미딘의 분해

효소가 억제받게 되고, 그 결과 빈혈을 초래하게 된다. 시토신이 분해되면 알라닌(alanine)이 만들어지는데, 이 역시 물에 용해되는 아미노산이다(그림 11-5).

06 피리미딘의 회수

피리미딘의 회수과정은 퓨린과 비슷하다. 우리딘(uridine)과 시티딘(cytidine)은 우리딘-시토신 키나아제(uridine-cytidine kinase)에 의해 ATP를 사용하면서 다시 인산화된다. 티미딘(thymidine) 역시 티미딘 키나아제(thymidine kinase)에 의해서 다시 인산화된다. 피리미딘의 회수에서는 PRPP가 관여하지 않는다(그림 11-6).

07 디옥시 화합물의 합성

DNA를 합성하기 위해서는 리보오스를 디옥시리보오스로 전환시켜야 한다. 이 반응에 관여하는 효소는 리보뉴클레오티드 환원효소(ribonucleotide reductase)이다. 또한 이 효소는 합성효소(synthetase)와 함께 UMP를 전환시켜 TMP를 합성할 때에도 작용한다. 이 환원반응에 사용되는 보조효소는 NADPH이다.

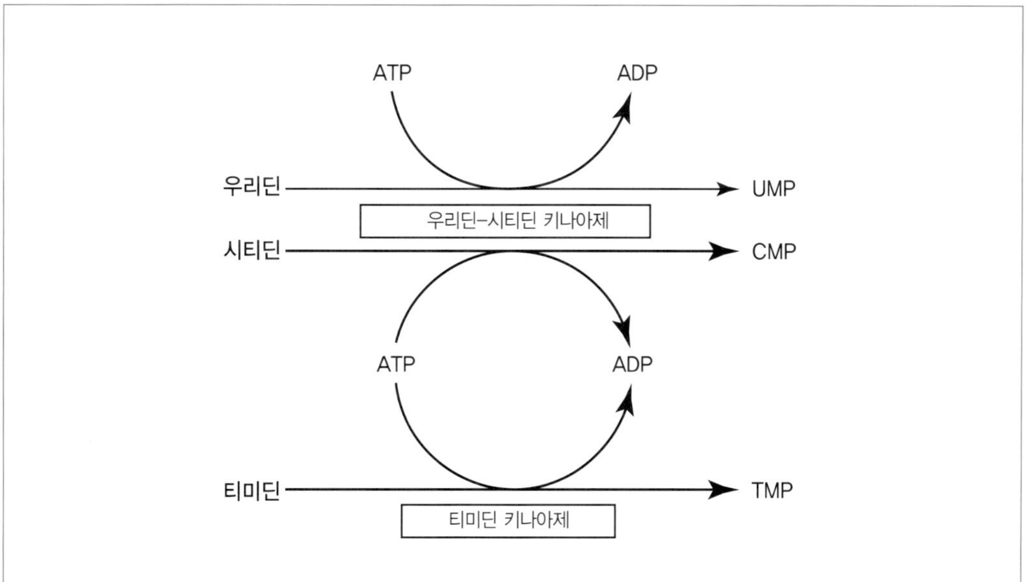

그림 11-6 • 피리미딘의 회수

DNA 전구체는 당이 디옥시리보오스이다. 여기에서 산소를 떼어 내려면 전구체가 반드시 2개의 인이 붙은 상태, 즉 디포스페이트(diphosphate) 형태이어야 한다. 예를 들어, UDP는 2′dUDP로 환원된 다음 인이 떨어져 나가 2′dUMP로 바뀌어야 2′dTMP를 합성하는 데 사용될 수 있다.

통풍이라고도 부르는 고요산혈증(hyperuricacidemia)은 체내 요산 수치가 증가하는 것이다. 요산이 포화농도를 넘어가면 결정이 생기게 되고, 이것이 관절에 쌓이면서 뻣뻣해지고 통증이 생기는 것이다.

퓨린과 피리미딘은 상기한 것처럼 체내에서 왕성하게 재활용된다. 이러한 순환과정에서 나타날 수 있는 세 가지 경우를 정리하면 다음과 같다. 첫째, 아데닐 키나아제(adenylate kinase)의 활성이 떨어져서 AMP에서 ATP로의 전환이 제대로 일어나지 못하는 경우, 둘째 아데노신 탈아미노효소(adenosine deaminase)의 활성이 증가하여 아데노신과 AMP가 고갈됨으로 써 야기되는 용혈성 빈혈, 셋째 피리미딘 뉴클레오티다아제의 활성이 떨어지거나 결핍될 경우에 RNA가 서로 달라붙어 뭉치면서 세포에 문제를 일으키는 경우들이다.

08 폴리뉴클레오티드

2개의 뉴클레오티드를 서로 연결하는 것은 에스테르 결합(ester bond)이다. 에스테르 결합이란 산과 알코올의 결합(C－O－P)이다. 결합은 첫 번째 뉴클레오티드의 3′수산화기(OH)와 두 번째 뉴클레오티드의 α－인(α－phosphate) 사이에서 일어난다. 여기서 인은 사실상 인산(PO_4)이고 3′탄소의 수산화기가 알코올에 해당하므로 이 둘 사이의 결합은 에스테르 결합이다.

한편, α－인은 당의 5′탄소와도 결합하고 있다. 이 역시 에스테르 결합이다. 5′탄소(CH2OH)의 OH기가 인과 결합하고 있기 때문이다. 결국 α인이 가운데 서서 3′와 5′의 2개 에스테르 결합을 통해 뉴클레오티드를 서로 연결시키고 있는 것이다. 요약하면, 2개의 뉴클레오티드는 3′－5′포스포디에스테르 결합(3′－5′phosphodiester bond)으로 연결된 것이다. 그리고 이 결합과정에서 β－인과 γ－인은 떨어져나간다(그림 11－7).

2개의 뉴클레오티드가 결합하면 디뉴클레오티드(dinucleotide), 3개가 결합하면 트리뉴클레오티드(trinucleotide)라 부른다. 그 이상 길어지면 폴리뉴클레오티드(polynucleotide)라는 용어를 사용한다. 폴리뉴클레오티드의 길이에는 제한이 없다.

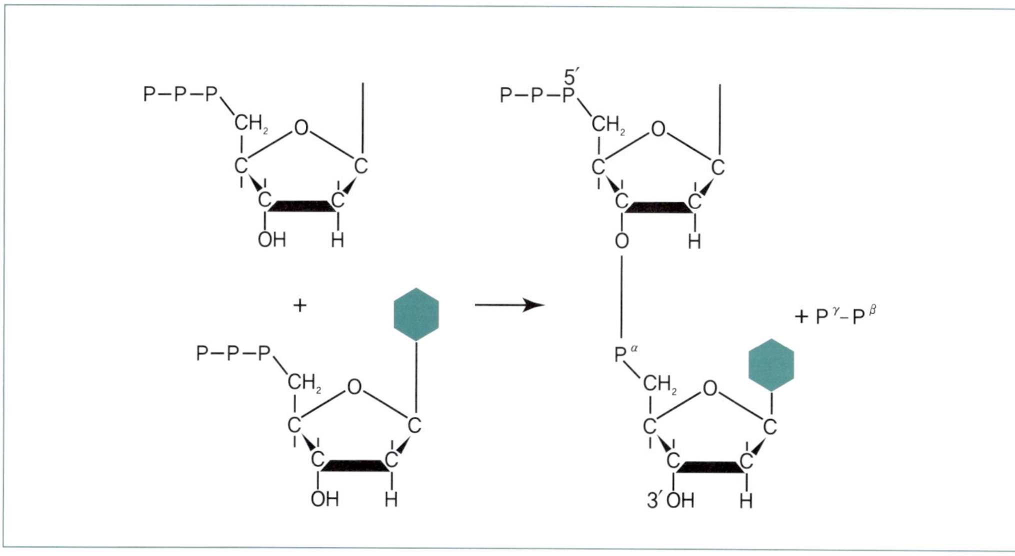

그림 11-7 • 포스포디에스테르 결합

09 염색체와 DNA

사람의 세포에서 46개 염색체에 감겨있는 DNA를 분리해 연결하면 거의 2m나 될 정도로 길다. 엄청나게 거대한 DNA 분자가 세포핵 속으로 어떻게 차곡차곡 들어갈 수 있는지 불가사의한 일이 아닐 수 없다. 그에 대한 해답은 바로 염색체 구조에 있다. 19세기 말까지는 진핵세포의 염색체를 크로마틴(chromatin)이라고 불렀다. 이는 특수 시약에 강하게 염색되는 성질을 보였기 때문이다. 염색체는 화학적으로 DNA와 단백질이 각각 50% 정도 섞여 있다. 즉, 유전정보인 DNA가 마치 연줄이 얼레에 감기듯이 단백질 지지대에 질서정연하게 감겨있는 구조이다.

사람의 DNA는 몇 가지 특징이 있다.

첫째, DNA가 여러 개 토막으로 나누어져 있다는 것이다. 즉, 전체 DNA가 46개의 염색체에 나누어 감기어져 있다.

둘째, 염색체에 감긴 DNA는 길게 펴보면 일직선 구조이다. 그리고 각 염색체의 양쪽 끝은 텔로미어(telomere)라 불리는 특수 구조가 감싸고 있다. 텔로미어가 없으면 DNA는 서로 달라붙고 만다.

셋째, 염색체는 두 개가 한 쌍을 이루고 있다. 동일한 종류의 유전자가 들어 있기 때문이다. 이들을 상동염색체(homologous chromosome)라 부른다. 사람의 체세포는 46개의 염색체가 모

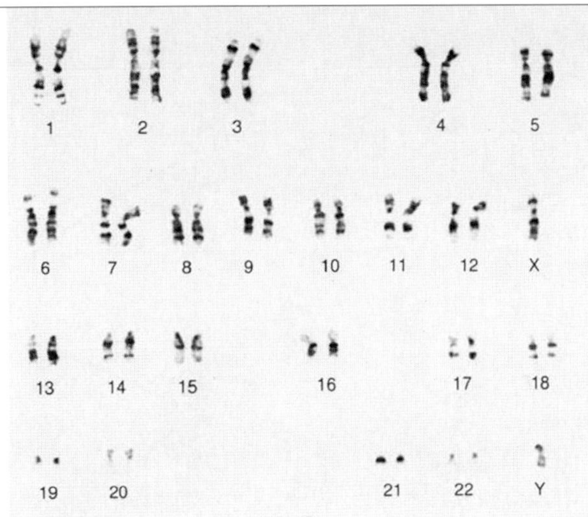

그림 11-8 • **사람의 46개 염색체**

두 들어 있기 때문에 이배체(diploid)이다. 반면 정자와 난자 같은 생식세포는 상동염색체 중 한쪽만 들어 있기 때문에 반수체(haploid)라 부른다. 상동염색체 중 하나는 아버지로부터, 다른 하나는 어머니로부터 물려받는다.

넷째, 세포에는 염색체 외에 DNA도 있다. 이들 DNA는 미토콘드리아와 엽록체에 들어 있다. 원래 이들은 진핵세포와 별개로 진화한 박테리아지만 공생설에 의해 한 세포 안에 공존하게 된 것이다. 그러므로 유전암호의 체계가 핵 DNA와 상당한 차이가 있다.

다섯째, 사람의 게놈은 반수체 세포에서 3×6^6 kb이다. 게놈(genome)은 우리말로 유전체라 번역하는데, 한 세포 안에 들어 있는 전체 유전물질을 뜻하는 용어이다.

10 염색체의 번호체계

세포분열은 전기, 중기, 후기, 말기의 순서로 진행된다. 이 중 염색체를 가장 선명하게 관찰할 수 있는 시기는 중기이다. 염색체를 구별하는 가장 뚜렷한 기준은 길이에 의한 것이다. 염색체는 가장 긴 것부터 1번, 2번 등 차례로 번호를 붙여 나간다. 거의 구분이 안 될 정도로 비슷한 크기인 21번과 22번은 21번이 실제로 더 작기 때문에 잘못 붙여진 번호이지만, 관습에 의해 그대로 사용되고 있다. X와 Y는 성염색체이다.

11 PCR(polymerase chain reaction)

대부분의 시료에서 추출한 DNA의 양은 정확한 유전검사를 하기에 부족하기 마련이다. 그래서 개발된 방법이 유전자증폭기술인 PCR(polymerase chain reaction)이다. PCR 기술을 이용하면 불과 두세 시간 만에 DNA를 100만 배 이상 증폭해낼 수 있기 때문에 환자로부터 아주 적은 양의 혈액을 채취하거나 심지어는 머리카락 한 올만 있어도 검사에 필요한 유전자를 확보할 수 있다.

PCR은 DNA 복제의 원리를 따른 것인데, 두 줄의 DNA를 일단 끓여서(94℃) 변성시킨 다음(denaturation) 여기에 미리 제조한 짧은 DNA 프라이머를 한 쌍 첨가하면서 반응 온도를 낮추어(37~70℃) 주형에 붙여주고(annealing), 72℃로 온도를 올려 Taq DNA polymerase가 새로운 DNA를 합성하도록 해 준다. 한 번의 반응 사이클이 끝나면 다시 94℃로 온도를 올려 변성시키고 동일한 과정을 되풀이한다. 이처럼 매회 반응 사이클이 되풀이될 때마다 DNA는 2n으로 증폭되기 때문에 불과 수 시간 만에 아주 적은 샘플에서 검사에 충분한 DNA를 확보해낼 수 있다. 보통은 30~40 사이클을 되풀이하는데, 전체 걸리는 시간은 불과 2시간 정도이다. 이처럼 빠르게 DNA를 증폭시킬 수 있고 또 적은 양의 DNA도 증폭시킬 수 있기 때문에 PCR은 친자확인부터 범죄 용의자 확인에까지 널리 사용되는 기술이다.

Taq DNA polymerase는 DNA 중합효소인데, 온천 등지에서 서식하는 미생물인 Thermophilus aquaricus에서 추출했기 때문에 고온에서 견디는 성질이 탁월하다. Taq DNA polymerase 덕분에 연속적인 반응 사이클을 수행하는 것이 가능해졌다. PCR 기술은 이제 유전공학뿐만 아니라 생명현상을 다루는 모든 영역에서 필수 테크닉으로 활용되고 있다.

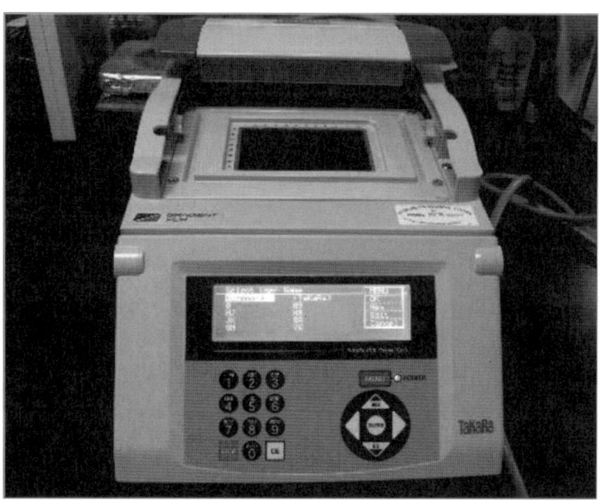

그림 11-9 • PCR 기계

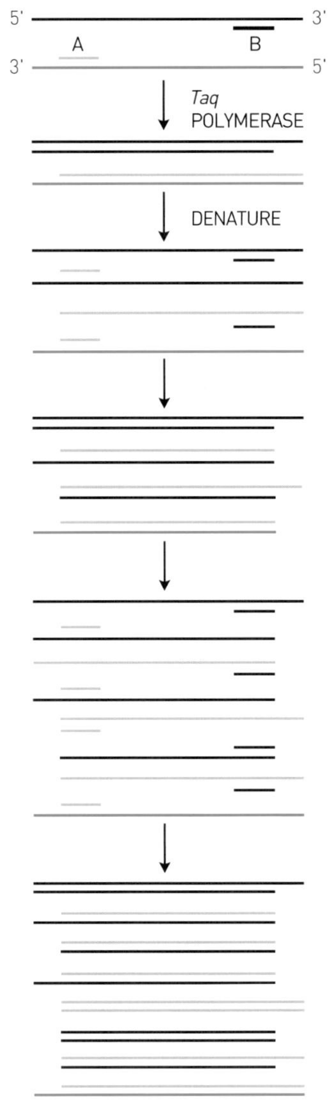

그림 11-10 • PCR 반응의 원리

제 12 장

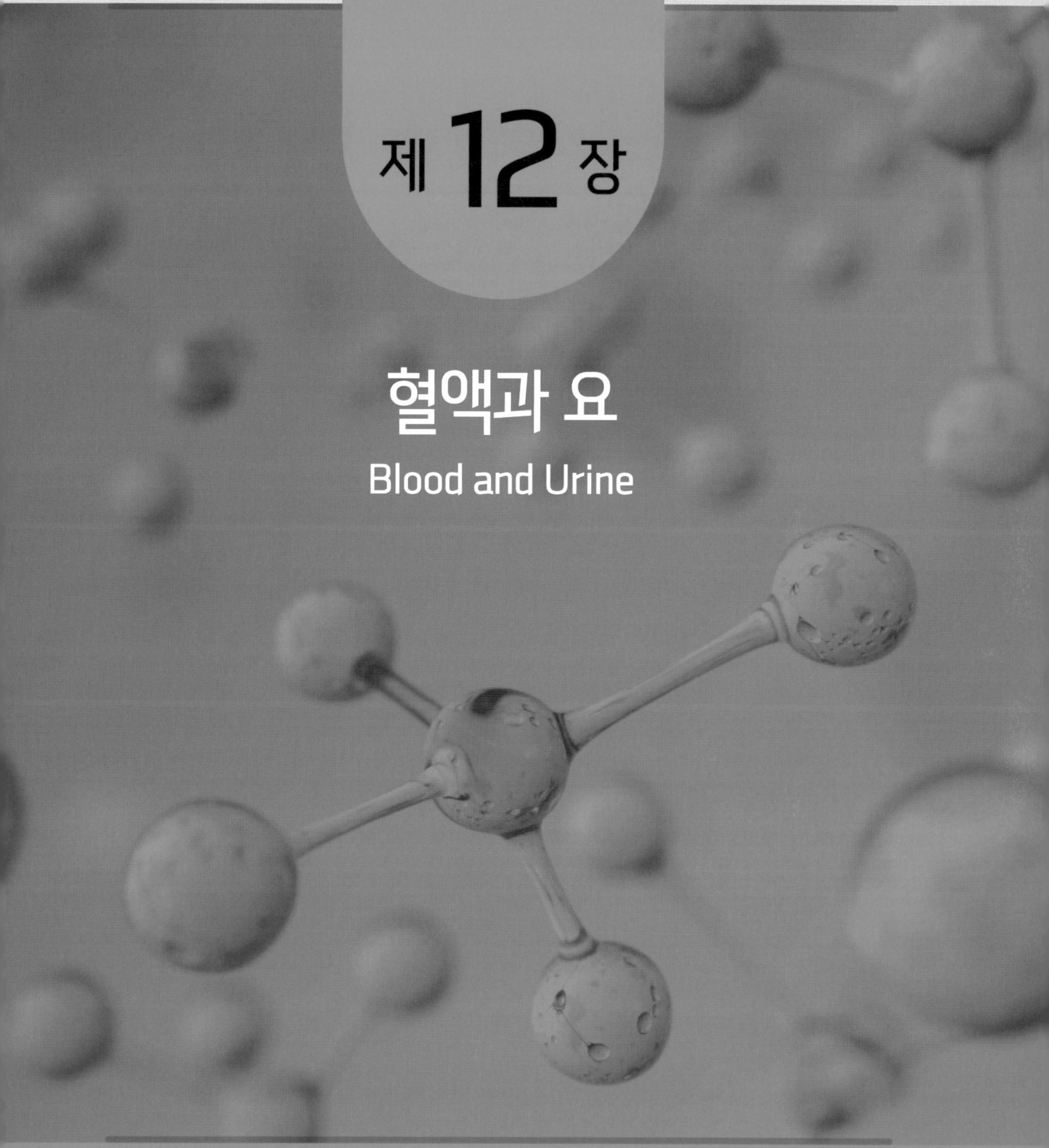

혈액과 요

Blood and Urine

01 혈액의 구성

혈액(blood)은 혈청(serum)과 섬유소로 구성된 혈장과 적혈구, 백혈구, 혈소판의 고형성분으로 구성되어 있으며, 체중의 약 8%가 혈액이다.

혈장(blood plasma)은 약 90%가 물로 구성되어 있으며, 각종 탄수화물, 단백질, 아미노산, 지질, 무기염류, 요소, 유기산, 크레아티닌 등이 함유되어 있다(표 12-1). 혈장의 약 7%를 차지하는 단백질을 혈청단백질(serum protein)이라 한다. 이는 혈액의 산염기평형을 유지하며 혈액에 점성을 부여하여 동맥혈압을 유지하거나 면역을 담당한다. 탄수화물은 혈당(blood sugar)으로 존재하며, 혈당 중에 약 80 mg/100 mL가 존재한다. 무기성분으로는 Na^+, K^+, Ca^{2+}, Mg^{2+}, Cl^-, HCO_3^- 등으로, Na^+와 Cl^-는 염류의 대부분을 차지하고, Ca^{2+}는 혈액응고, 뼈 형성, 심장기능 조절 및 생체막의 투과성에 관여한다.

사람의 혈장 내에 함유된 주요 단백질 성분으로는 혈청 알부민, 글로불린, 피브리노겐 등이 있다(표 12-2).

고형성분에는 적혈구, 백혈구 및 혈소판이 있다(그림 12-1).

적혈구(erythrocyte)는 핵이 없는 원판 모양의 세포로, 지름이 약 8.5μ이다. 헴기(heme group)가 있는 헤모글로빈(hemoglobin)을 함유하고, 성인 남자는 혈액 1 mm^3당 평균 450만~600만 개, 성인 여자는 480만~550만 개 정도이다(그림 12-2). 오래된 적혈구는 간이나 비장에서 파괴되며, 헤모글로빈은 담즙의 구성성분인 빌리루빈(bilirubin) 색소로 되어 장으로 배설된다.

백혈구(leucocyte)에는 과립성의 호중성, 호산성, 호염기성 백혈구, 림프구 및 단핵구가 있다. 말초혈액의 1 mm^3당 4,500~9,000개, 평균하여 6,000~7,000개가 있으나 개인에 따라 다르고, 오전 중에 수치가 가장 적게 나타난다. 백혈구는 아메바 운동을 하여 세균 침입 시에

표 12-1 • 정상인 혈장의 주요 성분(혈장 100 mL당)

물	90.7 g
총 단백질	7 g
총 무기물	0.9 g
포도당(혈당)	80 mg
지방산	100~250 mg
콜레스테롤	150~250 mg
요소	20~30 mg

표 12-2 • 사람 혈장 내에 함유된 주요 단백질 성분

	농도(mg/100 mL)	분자량(kD)	기능
혈청 알부민	3,000~4,000	68,000	삼투 조절 지방산, 빌리루빈 수송
α_1–글로불린	100	40,000~55,000	–
α_1–당단백질	350~450	200,000~400,000	지질 수송
α_2–글로불린 α_2–당단백질 셀루로플라스민(Ceruloplasmin) 프로트롬빈	400~900 30 	 800,000 이상 150,000 63,000	 – 구리 수송 혈액응고
β–글로불린 β_1–지질 단백질 트랜스페린(Transferrin) 플라스미노겐(Plasminogen)	600~1,200 350~450 40 	3~20 million 85,000 90,000 	 지질 수송 철 수송 피브리노리신(fibrinolysin)의 전구물질
γ–글로불린	700~1,500	150,000	항체
피브리노겐	300	340,000	혈액응고

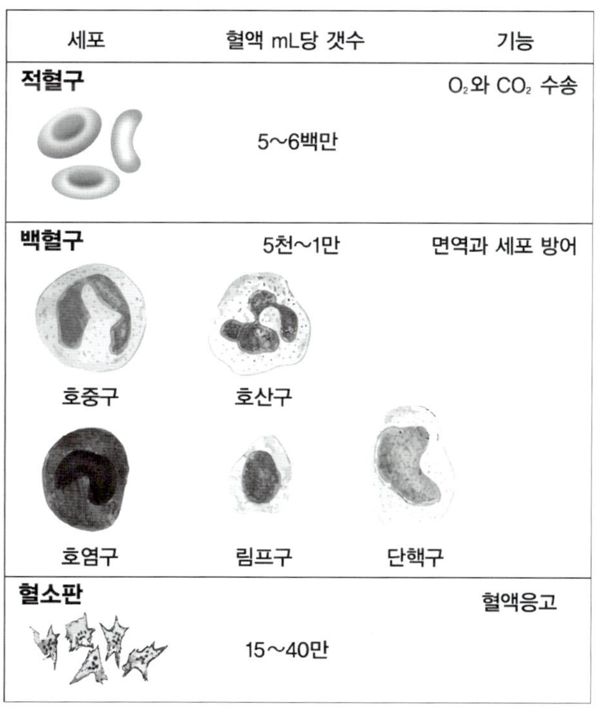

그림 12-1 • 사람의 혈액 내에 들어 있는 고형성분

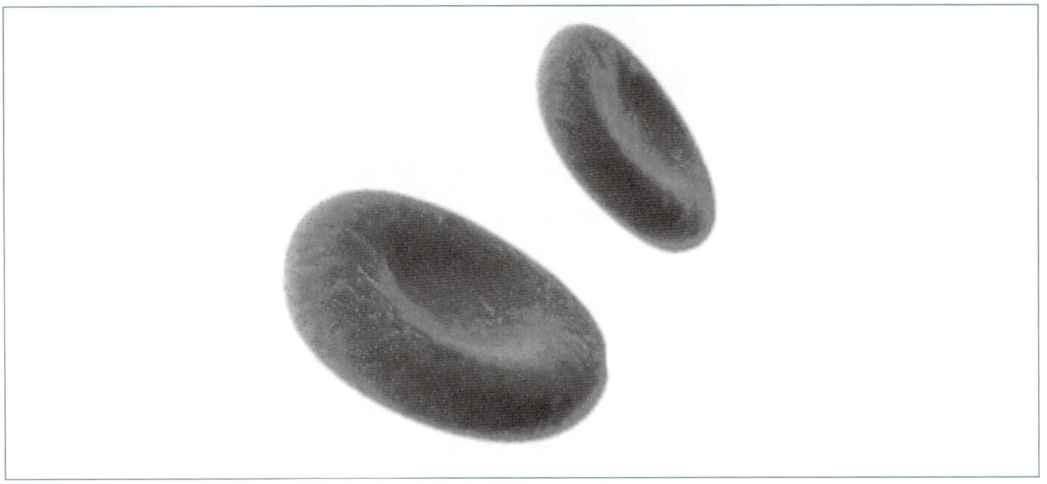

그림 12-2 • 적혈구

식균작용(phagocytosis)을 하며 림프구에서는 면역물질을 호염기성 백혈구에서는 헤파린을 생성한다(표 12-3).

혈소판(blood platelet, thrombocyte)은 지름이 약 2~4μ 정도인 핵이 없는 소체로, 혈액 1 mm^3당 약 25만~30만 개가 존재한다. 골수의 거핵세포의 허족의 절단에 의해 생성되며, 수명은 수일 정도이다. 또한 파괴되기 쉬운 성질을 가지고 있으며, 내부에 다량의 세로토닌(serotonin)을 함유하고 있는데, 이 물질은 혈관이 파괴될 때 혈관벽을 수축시키며 트롬보플라스틴(thromboplastin)을 유리하여 혈액응고를 도와 출혈 시에 혈액응고를 촉진시킨다.

혈액은 전신을 순환함으로써 각 조직기관의 조직액을 연락 교류시켜 체액성분의 균등화나 소화 흡수된 영양분을 조직세포에 이동시키고 세포 내에서 생긴 노폐물을 배설기관으로 이동시키기도 한다. 혈액은 또한 온몸의 각 부분을 돌아다니며 신체 각부의 대사적 차이에 의한 체온의 불균등을 균일화하고 외부에서 침입하는 세균에 대한 식균작용과 각종 독성물질에 대한 해독작용도 하고 있다.

표 12-3 • 백혈구의 비율

과립백혈구 호중성 호산성 호염기성	 55~65% 1~4% 0~1%
림프구	20~30%
단핵구	4~10%

02 혈액의 기체 운반

산소의 운반 : 혈액 내의 산소는 헤모글로빈과 결합하여 산화 헤모글로빈(oxyhemoglobin; HbO_2)을 만든다. 헤모글로빈(hemoglobin)은 알로스테릭 단백질(allosteric protein)로, 산소와 협동적으로 결합한다. 헤모글로빈의 산소포화곡선은 S자형 곡선(S−shaped 또는 Sigmoidal curve)으로, 산소가 점차적으로 많이 결합할수록 낮은 친화도의 상태에서 높은 친화도 상태로 전환된다(그림 12−3). 헤모글로빈 개개의 소단위체(subuint)에 산소가 결합함으로써 인접한 소단위체에 산소의 결합이 쉬워진다.

$$Hb + 4O_2 \rightleftharpoons Hb(O_2)_4$$

헤모글로빈이 산소와의 결합은 산소분압(pO_2)과 관계가 있다. pO_2가 높은 폐에서는 산소와 결합하고 낮은 조직에서는 산소를 쉽게 방출하고 환원형(Hb)으로 된다.

산소의 헤모글로빈에 대한 협동 효과는 H^+과 CO_2와 같은 리간드(ligand)에 의해서도 영향을 받는다. H^+과 CO_2는 둘 다 헤모글로빈과 결합하여 단백질의 삼차원 구조에 변화를 일으킴으로써 헤모글로빈의 산소에 대한 친화력에 영향을 미친다(그림 12−4). 1904년 산소의 헤모글로빈에 대한 H^+의 영향을 밝힌 덴마크의 생리학자인 Christian Bohr의 이름을 따서 H^+와 CO_2

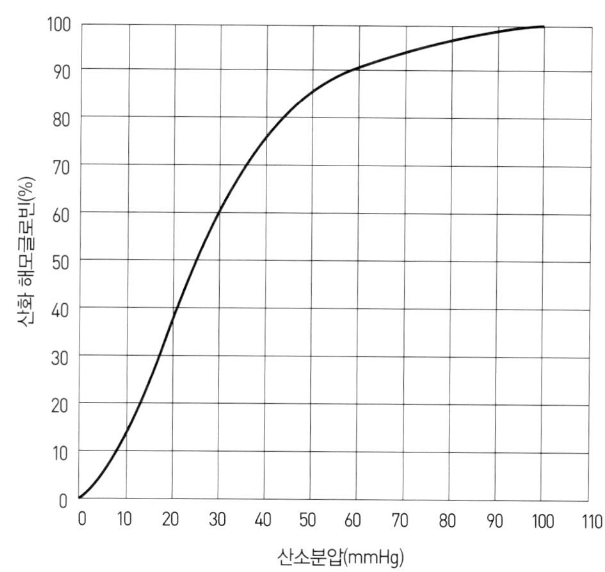

그림 12−3 • **산소포화곡선**

의 효과를 보어 효과(Bohr effect)라 한다.

H^+ 농도의 증가, 즉 pH의 감소는 헤모글로빈의 산소 친화력을 감소시킨다. H^+ 농도가 증가하면 탈산소화형인 데옥시헤모글로빈(deoxyhemoglobin)을 구성하는 α-사슬의 N-말단과 β-사슬의 146 히스티딘에 양성자가 결합하게 된다. 양성자가 결합된 146 히스티딘은 94 아스파르트산과 염다리(salt bridge)를 형성하여 안정화된다(그림 12-5). 그러나 pH가 증가하면 146

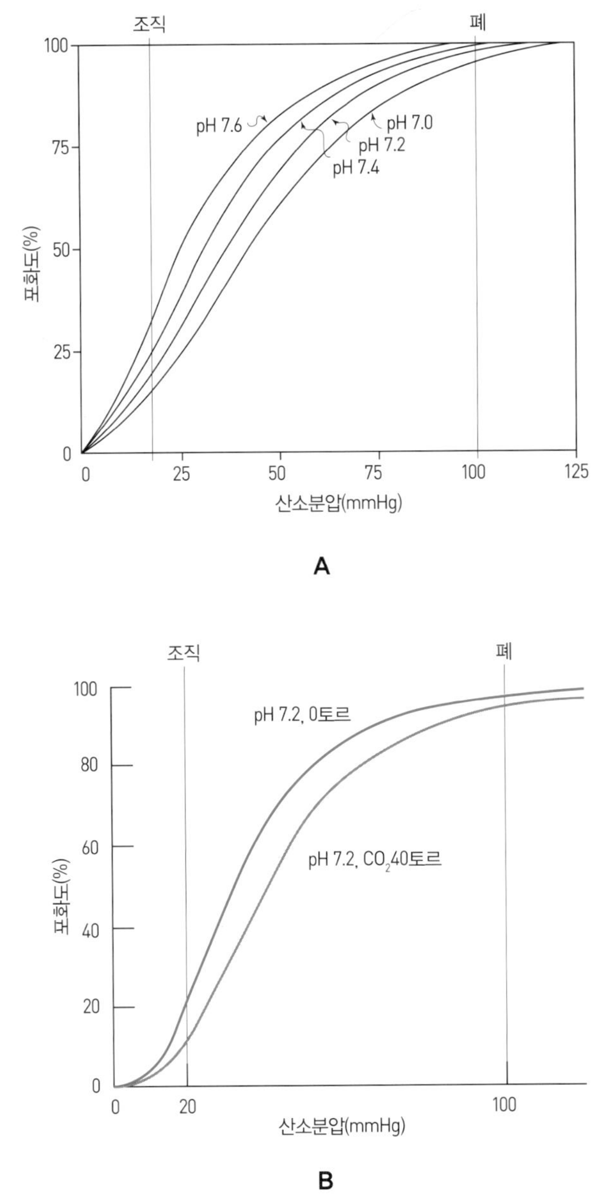

그림 12-4 • 헤모글로빈의 산소 결합에 미치는 pH(A)와 CO_2(B)의 영향

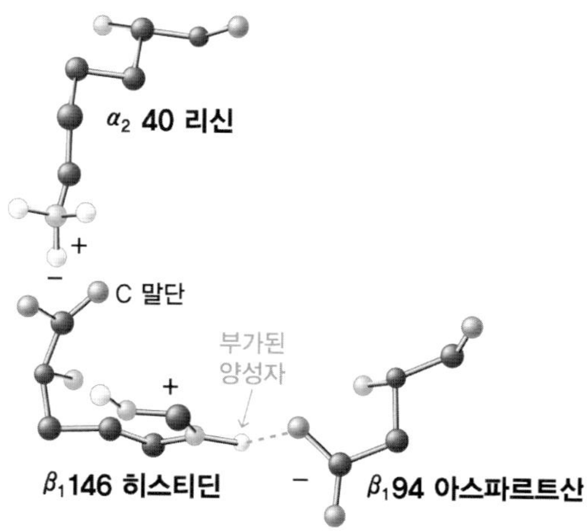

그림 12-5 • **히스티딘과 아스파르트산의 염다리**

히스티딘은 양성자화 되지 않음으로 인해 염다리가 형성되지 않아 산소의 결합이 더 잘 된다. 데옥시헤모글로빈은 옥시헤모글로빈보다 H^+에 대한 친화력이 더 높다.

CO_2 운반 : CO_2는 혈액에서 수화되어 중탄산염(bicarbonate; HCO_3^-)을 만든다. 이 반응은 적혈구에 풍부하게 들어 있는 탄산 탈수소효소(carbonic anhydrase)에 의해 촉매된다.

$$H_2O + CO_2 \rightleftharpoons H_2CO_3 \rightleftharpoons H^+ + HCO_3^-$$

CO_2의 수화는 조직에서 H^+ 농도의 증가를 유발한다. H^+ 농도가 증가, 즉 pH가 감소하면 헤모글로빈의 산소에 대한 친화력은 낮아진다. 중탄산염은 폐로 운반되고, 여기에서는 헤모글로빈이 산소화될 때 방출된 H^+와 결합하여 탄산(H_2CO_3)을 생성한다. 탄산으로부터 CO_2가 유리되고, 이 CO_2는 호흡과정에서 배출된다.

헤모글로빈은 약간의 CO_2를 직접 운반하기도 한다. CO_2는 헤모글로빈의 아미노 말단의 α-아미노기와 결합하여 카르밤산염(carbamate; R−N−HCOO$^-$)을 형성한다.

$$R-NH_2 + CO_2 \rightleftharpoons R-N-H-COO^- + H+$$

음이온으로 바뀐 α-아미노 말단이 α-사슬의 141 아르기닌과 염다리 상호작용을 통해 데옥시헤모글로빈을 안정화시킨다.

조직에 H^+와 CO_2가 다량으로 존재하면 헤모글로빈은 산소를 방출하며, 폐에서는 역과정을 통해 헤모글로빈이 산소와 결합하게 된다. 그 결과 산소가 결합된 헤모글로빈이 산소를 조직으로 운반할 수 있다.

헤모글로빈에 산소 결합은 위의 요인들 외에 2,3-비스포스포글리세르산(2,3-bisphosphoglycerate; 2,3-BPG)에 의해서도 영향을 받는다. BPG의 음전하와 단백질의 양전하 사이의 정전기적 상호작용에 의해 헤모글로빈에 BPG가 결합되어 있다(그림 12-6).

BPG는 모체로부터 태아의 산소 공급에 중요한 역할을 한다. 태아는 태반을 통해 산모의 혈

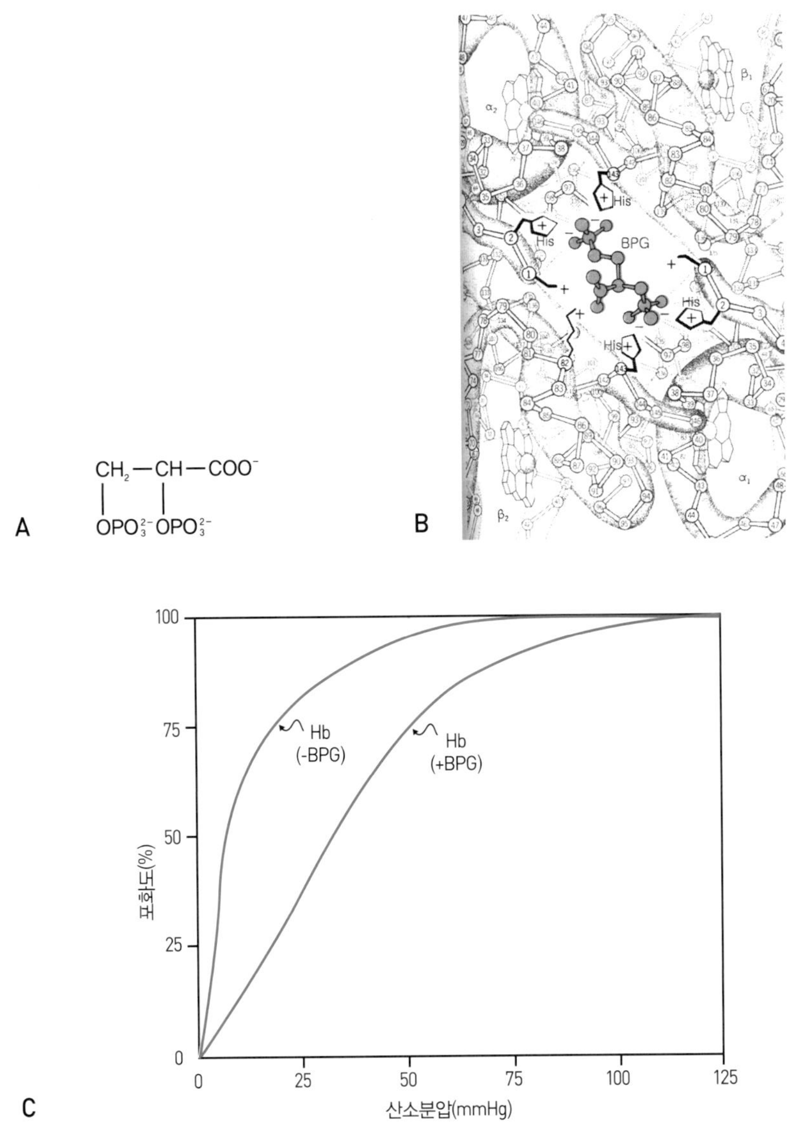

그림 12-6 • BPG의 구조(A), 헤모글로빈에 BPG의 결합(B), BPG 유무에 따른 산소포화곡선(C)

류에서 산소를 얻는다. 태아의 헤모글로빈(Hb F)은 산모의 헤모글로빈보다 산소 친화력이 높아서 산모에게서 태아로 효율적으로 산소가 전달될 수 있다. 태아 헤모글로빈의 산소 수용력이 높은 이유는 성인의 헤모글로빈인 Hb A(adult)는 $\alpha_2\beta_2$ 구조이나 Hb F(fetal)는 $\alpha_2\gamma_2$ 구조로서 γ–사슬은 β–사슬과는 구조가 유사하지만 완전히 같지는 않다는 것이며, Hb F가 Hb A보다 BPG에 덜 강하게 결합한다는 것이다. Hb A β–사슬의 143 히스티딘이 BPG와 염다리를 형성하지만 Hb F γ–사슬은 143 히스티딘이 세린으로 치환되어 있다. 이와 같이 양전하를 띤 아미노산이 중성 아미노산으로 바뀌면 헤모글로빈과 BPG 사이의 접촉이 많이 줄어들어 알로스테릭 효과가 감소되기 때문에 Hb F는 Hb A보다 더 높은 산소 결합력을 갖게 된다. 이로 인해 태아는 모체로부터 산소를 공급받을 수 있는 것이다(그림 12–7).

03 헤모글로빈의 이상

헤모글로빈 이상에 기인되는 비정상 구조의 헤모글로빈이 많이 존재하는데, 이는 유전적인 질환이다(표 12–4).

1904년 시카고의 한 병원 외과의사인 James Herrick는 입원한 20세의 흑인 학생으로부터 비정상적인 구조를 하고 있는 적혈구를 발견하여 이를 낫과 모양이 비슷하다고 하여 낫세포적혈구 또는 겸상적혈구(sickle cell erythrocyte)라 하고 이의 헤모글로빈을 Hb S라 하였다. 이 학생은 이 적혈구로 인해 만성 빈혈을 가지고 있었다. 이를 후에 낫세포빈혈증(sickle cell ane-

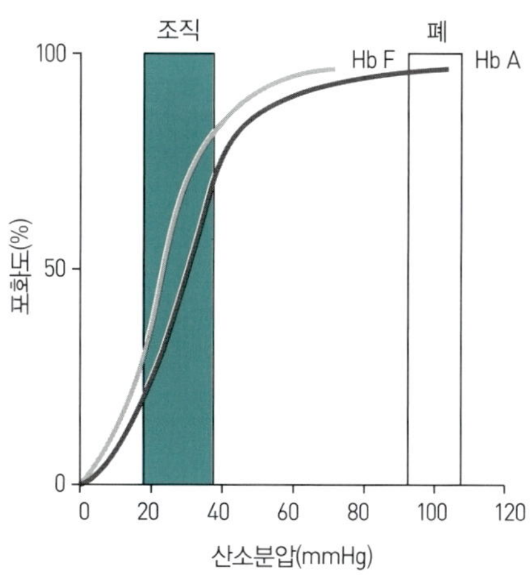

그림 12–7 • Hb A와 Hb F에 미치는 BPG의 영향

표 12-4 • 비정상 구조의 헤모글로빈

비정상 헤모글로빈	위치	정상 잔기	치환된 잔기
		α사슬	
I	16	리신	글루탐산
$G_{Honolulu}$	31	글루탐산	글루타민
Norfolk	57	글리신	아스파르트산
M_{Boston}	58	히스티딘	티로신
$G_{Philadelphia}$	68	아스파라긴	리신
$O_{Indonesia}$	116	글루탐산	리신
		β사슬	
C	6	글루탐산	리신
S	6	글루탐산	발린
$G_{SanJose}$	7	글루탐산	글리신
E	26	글루탐산	리신
$M_{Sankatoon}$	63	히스티딘	티로신
Zurich	63	히스티딘	아르기닌
$M_{Milwaukee}$	67	발린	글루탐산
D_{Punjap}	121	글루탐산	글루타민

mia)이라 하였다. 성인인 정상적인 HbA β-사슬의 6번째 아미노산이 극성인 글루탐산인데, 이와는 달리 Hb S는 비극성의 발린으로 치환되어 있다. 이로 인해 발린은 헤모글로빈의 바깥쪽으로 이동하게 된다. 이와 같이 비극성 아미노산이 표면에 있으면 단백질 분자들이 비극성 상호작용으로 서로 결합하게 되어 적혈구가 낫 모양으로 변하게 된다(그림 12-8). 뿐만 아니라 헤모글로빈의 산소용해도도 크게 달라지게 된다.

겸상적혈구를 가지고 있는 사람은 오히려 말라리아에 잘 감염되지 않기 때문에 역설적으로 생존에 유리한 측면이 있다. 특히 말라리아 모기가 많이 유행하는 아프리카의 중앙 지역에 거주하는 흑인들에게서 겸상적혈구가 많이 발견된다.

04 혈액의 응고

혈액은 상처 등에 의해 혈관 밖으로 나오면 곧 응고되어 계속적인 출혈이 방지된다. 혈액 응고 과정은 내재성 경로(intrinsic pathway)와 외인성 경로(extrinsic pathway) 및 공통적 경로(common pathway)를 통해 이루어진다. 내재성 경로(intrinsic pathway)는 표면 손상으로부터

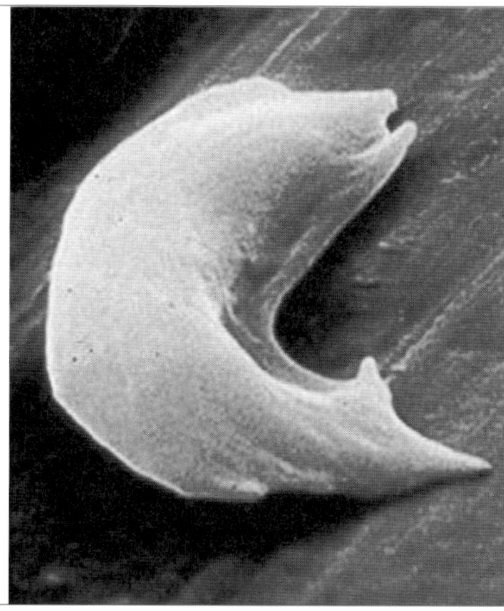

그림 12-8 • **낫세포 적혈구의 구조**

시작된다. 키니노겐(Kininogen), 칼리크레인(Kallikrein), 하게만(Hageman) 인자(XII) 및 혈장 트롬보플라스틴 전구물질(plasma thromboplastin antecedent; PTA, XI)에 의해 활성화된 단백질 가수분해효소의 일종인 크리스마스 인자(IX)와 촉진 단백질(stimulatory protein)인 항혈우병 인자(antihemophilic factor; VIII)가 함께 작용하여 혈장 내에서 단백질분해효소인 스튜어트(Stuart; X) 인자를 활성화시킨다.

외인성 경로(extrinsic pathway)의 최종 목적은 응고인자 X의 활성화이다. 혈관이 외상(trauma)을 받으면 혈장 내의 프로콘베르틴(Proconvertin; VII)인자가 활성화되고 지질단백질(lipoprotein)인 조직인자(tissue factor)와 결합한다. 응고인자 VII은 세린계 단백질분해효소(serine protease)이며, 조직인자는 세포 표면에 존재하는 수용체(receptor)로서 활성형의 응고인자 VII이 결합한다. 조직인자와 응고인자 VII 복합체가 함께 작용하여 응고인자 X를 활성화시킨다. 조직인자가 없으면 응고인자 VII은 비활동적이 된다. 혈액의 응고과정에는 세 가지의 촉진 단백질인 응고인자 VIII, 조직인자 및 응고인자 V가 필요하다. 응고인자 VII은 단백질 가수분해 억제제인 조직인자계 응고억제제(tissue factor pathway inhibitor; TFPI)에 의해 억제된다.

내재성 경로와 외인성 경로에서 활성화된 응고인자 X는 공통적 경로를 통해 Ca^{2+}과 인지질(phospholipid)의 존재하에서 응고인자 V와 함께 작용하여 불활성 상태의 프로트롬빈(prothrombin; II)을 활성 상태의 트롬빈(thrombin)으로 전환시킨다. 트롬빈에 의해 피브리노겐(fibrinogen; I)으로부터 전환된 피브린(fibrin)은 피브린 안정화 인자(fibrin stabilizing factor; XIII)에 의해 응혈(fibrin clot)이 형성된다(그림 12-9).

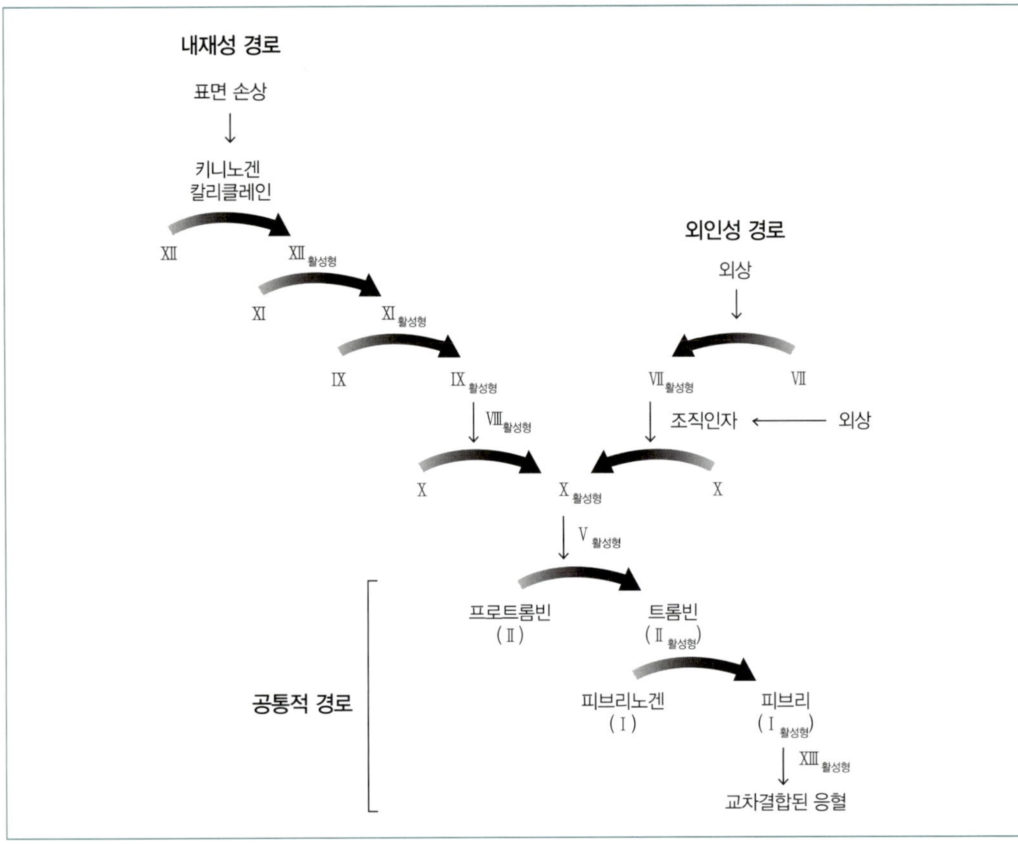

그림 12-9 • 혈액응고 기전

표 12-5 • 혈액응고인자

응고인자	경로	기능
키니노겐	본질적	XI의 활성화
칼리크레인	본질적	
하게만 인자(XII)	본질적	
혈장 트롬보플라스틴 전구물질(XI)	본질적	IX의 활성화
크리스마스 인자(IX)	본질적	X의 활성화
항혈우병 인자(VIII)	본질적	
프로콘베르틴(VII)	비본질적	X의 활성화
조직인자	비본질적	
스튜어트 인자(X)	공통적	II의 활성화
악셀레린(V)	공통적	II의 활성화 자극
프로트롬빈(II)	공통적	I의 활성화
피브리노겐(I)	공통적	피브린 응혈의 형성
피브린 안정화 인자(XIII)	공통적	피브린 교차결합, 응혈의 안정화

혈액응고인자들의 종류, 관여하는 경로 및 기능을 표 12-5에 열거하였다. 항트롬빈 III(antithrombin III)은 혈장 단백질로서 트롬빈과 비가역적으로 결합하여 트롬빈을 불활성화시킨다. 또한 항트롬빈 III은 활성화된 응고인자 IX, X 및 XI의 작용을 억제한다. 이 억제작용은 음으로 하전된 다당류로서 항응고제(anticoagulant)인 헤파린(heparin)에 의하여 촉진된다. 헤파린은 트롬빈과 항트롬빈 III과의 비가역적인 복합체의 형성속도를 증가시키는 작용을 한다.

05 혈우병

혈우병(hemophilia)이라는 용어는 피(hemo)를 사랑한다(philia)는 뜻으로, 1823년 스위스의 의사 호프(Hopff)에 의해 처음 사용되었다. 혈우병에 대한 연구는 1803년 미국의 의사 오토(Otto)가 특정 가족을 대상으로 조사하면서 시작되었다. 이 연구를 통하여 혈우병의 증상과 혈우병이 유전적 요인에 의해 다음 세대로 유전된다는 사실이 밝혀졌다. 혈우병은 성과 관련된 열성형질로, X 염색체상의 유전자 돌연변이로 인해 발생하는 출혈성 질병으로 유전된다. 혈우병은 약 10,000명 중 한 명 비율로 발병하는데, A형과 B형으로 나누며, A형이 전체의 80%, B형이 20%를 차지한다.

A형은 X 염색체에 위치한 F8 유전자의 돌연변이로 인해 제VIII인자인 항혈우병 인자(antihemophilic factor)가 만들어지지 않거나 활동성이 현저하게 감소된 데 기인하는 병이며, B형은 F9 유전자의 돌연변이에 의해 제IX인자인 크리스마스 인자(Christmas factor)가 부족하게 되어 생기는 병이다. B형은 크리스마스병이라고도 불리는데, 이는 스티븐 크리스마스(Stephen Christmas)라는 5살 어린아이에게서 처음 발견되어 붙여진 이름이다.

혈우병은 남자에서만 생기며, 여자의 경우 2개의 X 염색체 중 하나에 이상이 있어도 다른 정상 염색체에 의해 응고인자가 생산되므로 대부분 증상이 나타나지 않아 잠재성인 보인자가 된다. X 염색체 2개 중 하나의 기능이 비활성화되는 X 염색체의 용원화(lyonization) 현상으로 인한 응고인자의 부족 정도는 개인마다 다르다. 혈우병은 유전성 질병이지만 약 30%의 경우는 자연적인 돌연변이에 의해 발생하기도 한다.

1937년 미국의 의사 페이텍(Patek)과 테일러(Taylor)가 혈우병이 혈액응고의 이상에 기인된다는 사실을 발견하고, 정상인의 혈액 속에 이를 치료할 수 있는 물질이 있다는 것을 알아내었다. 1965년에는 미국의 풀(Pool)에 의해 혈액 속에서 혈액응고인자가 발견되면서 혈우병 치료의 길이 열리게 되었다. 혈우병 환자들이 여러 가지 요인으로 출혈이 생기면 제VIII응고인자나 제IX응고인자가 함유된 혈액제제를 주사하여 치료하는 방법이 있으며, 약물인 데스모프레신(desmopressin; DDAVP)을 사용하기도 한다.

06 빅토리아 여왕의 가계

혈우병의 대표적인 가계는 영국 빅토리아 여왕(Victoria; 1837~1901)의 혈족들이다(그림 12-10). 빅토리아 여왕이 혈우병 보인자였기 때문에 자손들을 통해 유럽 왕가와 서로 혼인 관계를 맺으면서 그녀는 이 병을 프러시아, 스페인, 러시아의 왕족들에게 유전시켰다. 여왕은 아홉 명의 자녀를 두었는데, 아들 중 첫째와 둘째는 정상이었으나 여덟째 레오폴드(Leopold)는 혈우병 환자였으며, 셋째 딸 앨리스(Alice)와 아홉째 딸 베아트리체(Beatrice)는 보인자였다. 현재의 영국 황실은 혈우병과는 상관이 없다. 프러시아로 시집을 간 앨리스 공주로부터 태어난 알릭스(Alix)는 후에 황제가 된 러시아 로마노프 왕조의 황태자인 니콜라스(Nicholas) 2세와 결혼하여 올가(Olga), 타티에나(Tatiana), 마리(Maria), 아나스타샤(Anastasia) 등 공주 4명과 혈우병 환자인 알렉시스(Alexis) 왕자를 얻었다. 이 니콜라스 황제 가족들은 1917년 러시아 볼세비키 혁명 후 1918년 7월 17일 처형되는 비극을 맞이하였다. 막내인 아나스타샤는 비

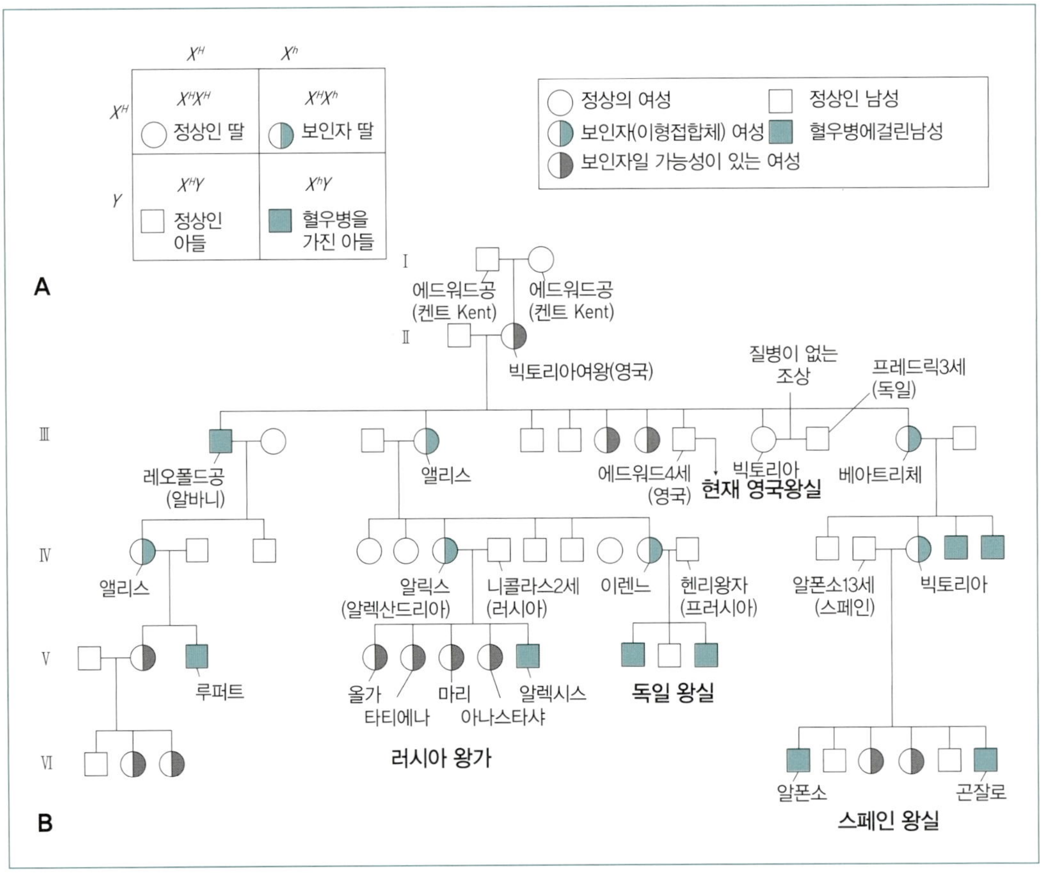

그림 12-10 • 빅토리아 여왕의 가계도

운의 공주로서, 자신이 생존한 아나스타샤라고 사칭한 여인이 나타나기도 하였다.

빅토리아 여왕(1837~1901)과 러시아 로마노프 왕조(니콜라스 2세 가족)

07 혈액형의 이상

Rh^-인 여자와 Rh^+인 남자가 결혼할 때 Rh^- 모친의 체내에서 Rh^+의 태아가 생기는데, 모친이 갖고 있지 않는 항원을 태아가 갖고 있을 때 모체와 태아의 혈액은 부적합이라고 한다.

Rh^- 모친이 Rh^+의 아이를 임신할 때, 태아의 혈액이 태반을 통해 모친의 혈류에 들어 가게 되면 모친의 혈액 속에 항 Rh 항체가 생긴다. 이를 모아면역(maternal immunity)이라 한다. 항 Rh 항체의 양은 임신 횟수에 따라 증가된다. 이 항 Rh 항체가 Rh^+의 태아의 혈액에 들어가면 태아 적혈구를 파괴하여 간에 이상이 생겨 황달을 일으키는데, 혈류 중에 적아세포가 다수 나타나서 신생아적아세포증(erythroblastoma)을 일으킨다.

동양인은 Rh^-가 희귀하기 때문에 신생아적아세포증은 극히 드물다. 서구 등의 외국인에서는 Rh^- 빈도가 15% 정도로 높아서 Rh^-인 여자가 Rh^+인 남자와 결혼하는 비율이 자연스럽게 높아지게 되며, 신생아 적아세포증이 200회 출산에 1회 정도의 비율로 일어난다고 한다.

08 사람 요의 생성

신장은 여과(filtration) 및 재흡수(reabsorption) 작용을 하는데, 이 과정은 한쪽 신장에 약 100만 개가 존재하는 네프론(nephron)이라는 소단위에서 이루어진다. 사구체 내의 혈액 중의 물, 포도당, 요소, 아미노산, 무기염류 등은 보우만주머니로 여과되고 세뇨관을 통해 방광으로 들어간다. 사구체에서 여과된 물질은 세뇨관을 통과하는 동안 세뇨관을 싸고 있는 혈관으로 대부분 선택적으로 재흡수된다. 아미노산이나 당분은 거의 모두 흡수되지만 요소는 거의 흡수되지 않는다. 요산은 사구체에서 여과된 후 근위세뇨관에서 재흡수와 분비가 이루어진다. K^+는 원위세뇨관에서 분비되며, 암모니아는 주로 원위세뇨관 세포에서 글루타민과 글루탐산이 되거나 세뇨관강에서 H^+와 결합하여 암모늄 이온으로 요중에 배설된다. 혈중농도에 따라 무기염류의 흡수율은 달라진다. 재흡수과정은 ATP를 소비하여 일어나는 능동수송(active transport)에 의한다. 당뇨병은 혈당농도가 높거나 인슐린의 부족으로 인해 세뇨관에서 흡수되지 않고 오줌 중에 섞여서 배출되는 병이다.

09 사람 요의 성분

요소는 정상인의 오줌에 가장 많이 들어 있는 성분으로, 단백질, 아미노산, 질소화합물들의 대사에 의해 생성된다(표 13-1). 사람은 아미노산의 분해 대사과정에서 생긴 암모니아를 간에서 요소 회로(urea cycle)를 거쳐 요소로 전환시킨다. 합성된 요소 분자의 두 질소 원자들 중 하나는 암모니아에서 유래된 카르바모일 인산으로부터, 다른 하나는 아스파르트산으로부터 유도된다. 요소 회로에서 아르기닌은 아르기닌 가수분해효소에 의하여 요소와 오르니틴으로 가수분해된다. 재생된 오르니틴은 운반체에 의해 미토콘드리아로 수송되며, 요소는 신장에서 여과되어 오줌으로 배설된다.

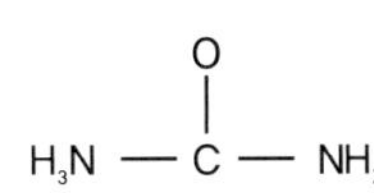

요소의 구조

요산은 핵산의 퓨린 염기(purine base)가 대사되어 생기는 크산틴(xanthine)으로부터 크산틴 산화효소(xanthine oxidase)에 의해 생성되는 물질로서, 사람에서 배설되는 최종 생성물이다. 요산이 체내에서 너무 많이 생산되거나 요산의 배출이 감소되면 혈중에 요산의 농도가 증가하는데 이 현상을 고요산혈증(hyperuricemia)이라 한다. 요산은 대부분 요산나트륨의 상태로 용해되는데, 고요산혈증 현상이 지속되면 요산나트륨이 결정화되어 손과 발의 관절에 쌓여서 통풍(gout)을 유발하게 된다. 알로퓨리놀(allopurinol)은 이의 치료제로서, 하이포크산틴(hypoxanthine)이 크산틴으로 되는 반응과 크산틴이 요산으로 전환되는 반응을 억제하여 요산이 쌓이는 것을 방지한다. 알로퓨리놀은 크산틴과 구조가 유사한 경쟁적 억제제(competitive inhibitor)이다.

표 12-6 ● 사람의 오줌에 들어 있는 성분

성분	양	요/혈장 비
포도당	<0.02	<0.02
아미노산	0.5	1.0
암모니아	0.8	100
요소	25	70
크레아티닌	1.5	70
요산	0.7	20
H^+	pH 5~8	300 이상
Na^+	3.0	1.0
K^+	1.7	15
Ca^{2+}	0.2	5
Mg^{2+}	0.15	2
Cl^-	0.3	1.5
인산	1.2	25
황	1.4	50
탄산	0~3	0~2

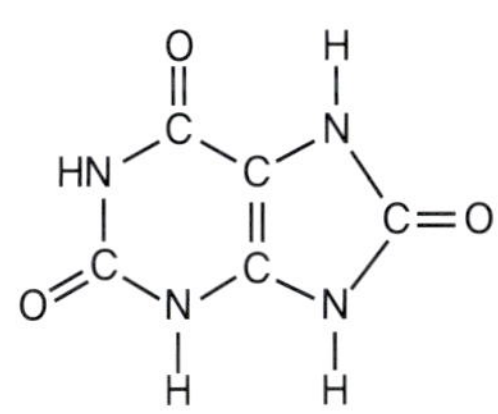

요산의 구조

크레아티닌(creatinine)은 아르기닌, 글리신, 메티오닌으로 생성된 크레아틴으로부터 만들어진다.

Arginine + Glycine ⟶ Ornithine + Guanidinoacetic acid

Guanidinoacetic acid + S−adenosylmethionine ⟶

Creatine Creatine ⟶ Creatinine + H_2O

오줌 중의 크레아티닌량은 근육량이나 운동량과 관계가 있으나 섭취하는 음식과는 무관하다. 오줌으로 배설되는 크레아티닌 양은 근육운동 후에 증가하고 영양이 결핍되거나 신부전증 환자에게서는 감소한다.

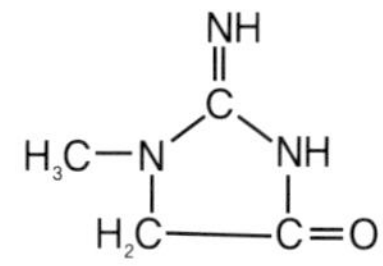

크레아티닌의 구조

이 외에도 오줌에는 요당, 요단백, 우로빌리노겐(urobilinogen) 및 빌리루빈(bilirubin)이 존재한다. 요에 함유된 당은 포도당으로, 이를 요당(urine sugar)이라 하며, 정상인의 오줌에는 극히 소량이 들어 있다. 오줌으로 포도당을 배출하는 현상을 당뇨(diabetes)라 한다.

소변에 단백질이 섞여 나오는 현상을 단백뇨(proteinuria)라 한다. 정상인의 소변에도 어느 정도의 단백질이 포함될 수 있으나, 성인인 경우 하루 500 mg 이상이 배설될 때 단백뇨라 한다. 사구체에서는 단백질 중 분자량이 비교적 작은 알부민과 같은 물질은 여과되지만 대부분은 근위세뇨관에서 재흡수되고 요에는 극히 소량만 배설된다. 사구체신염 등 신장에 질환이 있을 경우 단백뇨가 나타난다. 혈뇨(hematuria)는 오줌으로 적혈구가 배설되는 현상을 말하며, 헤모글로빈뇨(hemoglobinuria)는 옥시헤모글로빈(oxyhemoglobin)이 오줌 중에 존재하여 생기는 현상으로 헤모글로빈이 나오며 암갈색을 띤다. 메트헤모글로빈(methemoglobin)은 헤모글로빈의 헴기 철이 Fe(II)에서 Fe(III)로 변화한 헤모글로빈의 유사체로서 산소운반 능력

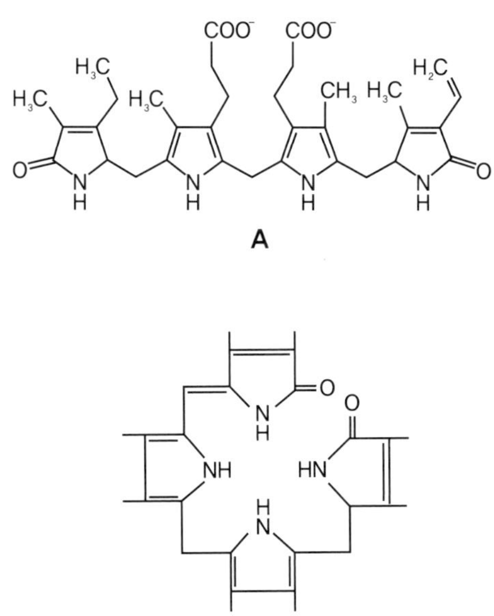

그림 12-11 • 우로빌리노겐(A)과 빌리루빈(B)의 구조

을 상실한다.

우로빌리노겐(urobilinogen)은 비란(bilane)에 속하는 담즙 색소의 화합물로 4개의 피롤이 3개의 메틸렌 다리로 연결된 구조를 하고 있다. 무색의 우로빌리노겐은 담즙 속의 갈색을 띠는 빌리루빈 색소가 장내 세균의 환원작용으로 생성되는 물질이다. 우로빌리노겐은 공기 중에서 쉽게 환원되어 노란색의 우로빌린(urobilin)이 된다. 오줌을 오랜 시간 놓아 두면 갈색으로 변하는 것은 우로빌린 때문이다. 장 내의 우로빌리노겐이나 우로빌린의 일부는 변으로 배설되고, 대부분(약 85%)은 장으로 흡수되어 간으로 되돌아간다. 간에서 다시 빌리루빈(bilirubin)으로 바뀌어 담즙으로 들어가고, 일부는 혈액 내로 들어간 다음 신장을 거쳐 오줌으로 배설된다. 정상인의 경우 1일 배설량은 오줌에 0.5~2 mg, 변 중에 50~200 mg 정도이다. 간의 장애나 적혈구가 파괴되어 용혈이 일어나는 등의 간 기능이 저하되면 오줌 속의 우로빌리노겐의 양이 증가한다.

제 13 장

호르몬

Hormone

생명체에서의 대사과정은 세포 단위에서 일어나며, 세포는 외부 환경으로부터 계속해서 신호와 정보들을 받아들인 다음 이를 증폭하고 융합하여 효소들을 활성화시키거나 유전자의 발현 등에 관여함으로써 세포 내에서의 반응들을 조절한다. 이를 신호전달(signal transduction)이라 하며, 신호전달물질이 호르몬(hormone)이다.

호르몬은 내분비세포에서 합성된 후 표적세포(target cell)에 작용하는데, 이 화학적 신호전달 작용은 서로 다른 세 가지의 형태를 가진다. 내분비선에서 합성된 호르몬이 혈액에 의해 운반되어 멀리 떨어진 표적세포에서 작용하는 내분비(endocrine) 과정, 같은 조직 내에서 인접한 표적세포에서 작용하는 파라크린(paracrine) 과정 및 호르몬이 합성되는 세포 자체 내에서 작용하는 자가분비(autocrine) 과정이 있다(그림 13-1).

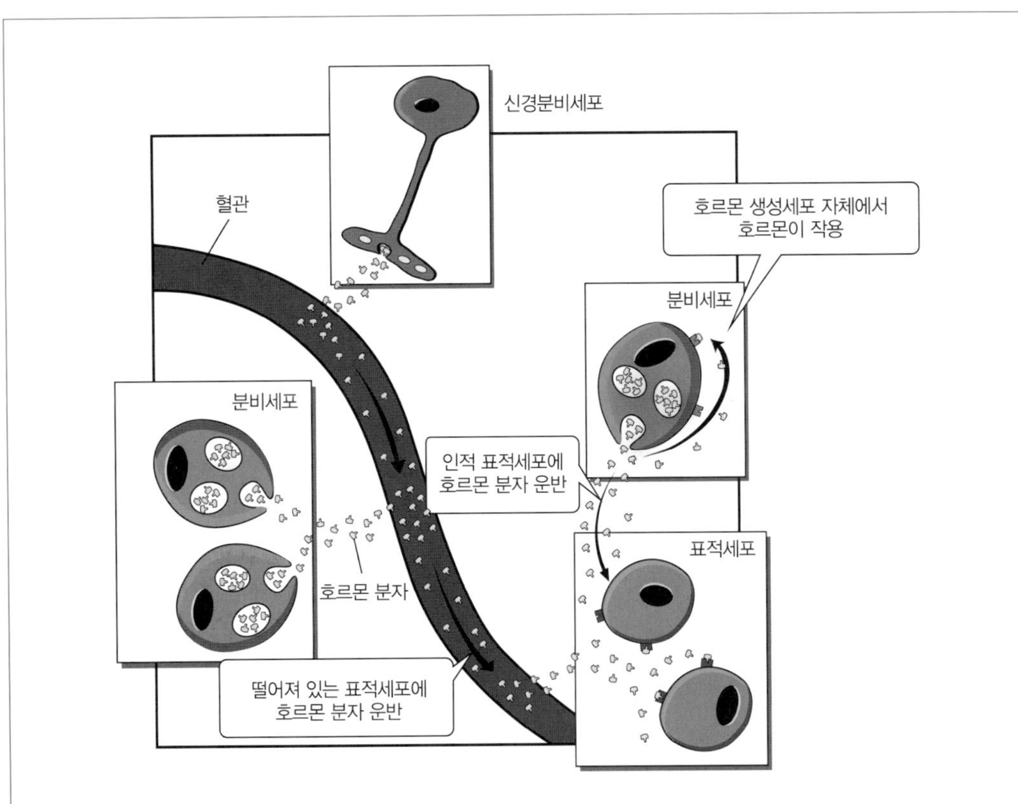

그림 13-1 • **화학적 신호전달**

1. 인슐린과 글루카곤

췌장의 랑게르한스섬(Langerhans' island)은 글루카곤(glucagon)을 분비하는 α세포와 인슐린(insulin)을 분비하는 β세포의 두 종류로 되어 있다. 다량의 탄수화물이 함유된 음식물을 섭취하게 되면 혈당량이 상승하게 되는데, 이로 인해 인슐린의 분비가 촉진되며, 인슐린은 포도당을 글리코겐(glycogen)으로 전환시켜 혈당량을 정상 수준으로 유지시켜 준다. 혈액 내에 인슐린의 양이 부족하게 되면 포도당이 글리코겐이나 지방으로 전환되지 못하고 요(尿) 중으로 배설되는 당뇨병(diabetes mellitus)을 일으킨다. 혈당량이 감소하면 글루카곤은 간에서 글리코겐이 포도당으로 분해되는 것을 촉진시켜 혈액으로 보냄으로써 혈당을 조절한다.

(1) 인슐린

인슐린(insulin)은 췌장(pancreas)에서 분비되는 펩티드 계통의 호르몬으로 A 사슬과 B 사슬이 두 개의 이황화 결합(S−S bond)에 의해 서로 연결되어 있는 형태로, 51개의 아미노산으로 구성되어 있으며, 분자량이 5,800의 작은 단백질이다. Sanger(1953)에 의해 인슐린의 아

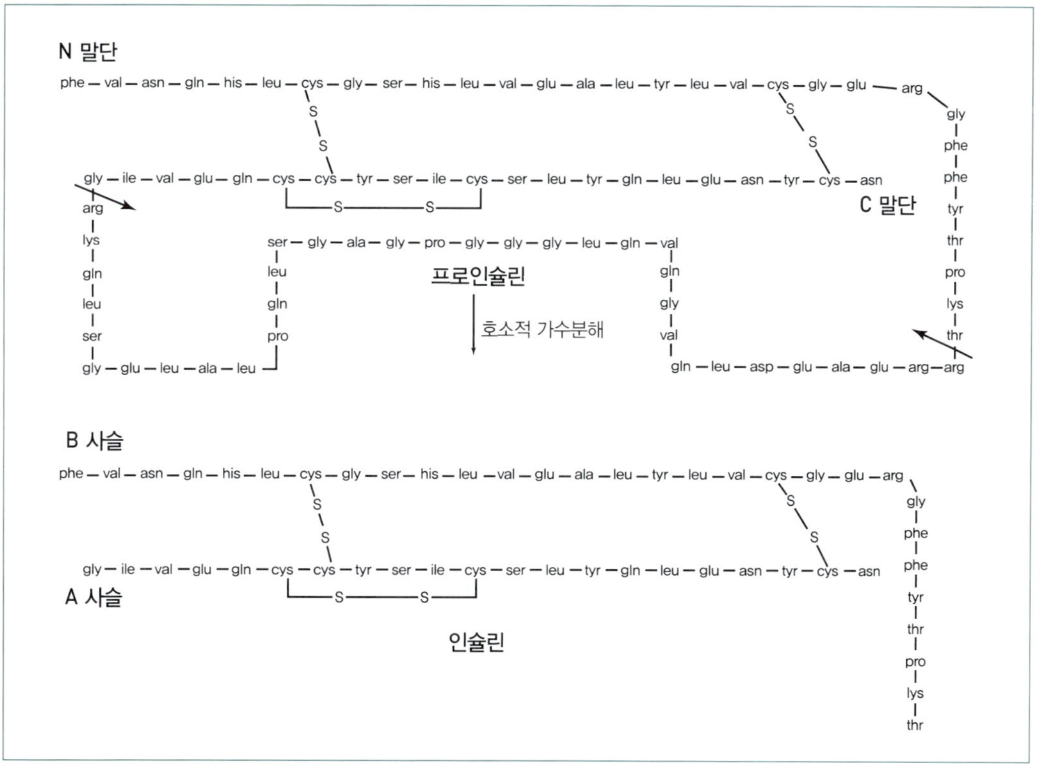

그림 13-2 • 사람 프로인슐린의 효소적 분해

미노산 결합 서열이 결정되었다. 췌장에서 불활성 상태의 프리프로인슐린(preproinsulin) 상태로 합성된 다음 단백질분해효소에 의해 86개의 아미노산 잔기로 구성된 전구체인 프로인슐린(proinsulin)으로 된다. 프로인슐린은 단백질분해효소에 의해 30번 트레오닌과 31번 아르기닌 및 65번 아르기닌과 66번 글리신 사이의 펩티드 결합이 분해되어 35개의 아미노산 잔기들이 제거됨으로써 활성형의 인슐린이 된다(그림 13−2).

인슐린 수용체(insulin receptor)는 막 단백질인 수용체 티로신 키나아제(receptor tyrosine kinase)에 속하는 알로스테릭 효소(allosteric enzyme)이다. $\alpha_2\beta_2$의 사량체(tetramer) 당단백질(glycoprotein)인 인슐린 수용체를 구성하는 개개의 소단위체(subunit)는 3개의 이황화 결합에 의하여 서로 연결되어 있다. 수용체는 세포막을 가로질러 존재하며, 막의 외부 쪽에는 호르몬 수용체인 α소단위체가 위치하고, 내부 쪽에는 티로신 키나아제 도메인인 β소단위체가 존재한다. 인슐린 결합 도메인(domain)은 α소단위체에서 시스테인(cysteine)이 많이 존재하는 부분에 위치하고 있다.

인슐린이 α소단위체의 수용체 부위에 결합하면 이량체를 형성하고, 이 변화는 티로신 키나아제 도메인의 티로신 잔기의 자가인산화(autophosphorylation)를 일으킨다. 이 인산화는 인슐린−수용체 기질(insulin−receptor substrate; IRS)이라는 표적단백질(target protein)의 티로신들을 인산화시키고, 인산화된 인슐린−수용체 기질은 이차 전달자(second messenger)로 작용하여 세포 내에서의 대사를 조절한다(그림 13−3).

인슐린은 포도당(glucose)의 흡수에 영향을 미친다. 인슐린은 막수용체 티로신 키나아제를 통하여 작용하여 혈액으로부터 포도당이 근육과 지방세포로 들어가도록 포도당의 수송을 증가시킴으로써 혈액 내의 포도당의 농도를 낮춘다. 근육과 지방세포로 들어간 포도당은 포도당 6−인산(glucose 6−phosphate)으로 전환된 다음 해당과정(glycolysis)으로 연결되어 ATP를 생성하게 된다. 인슐린은 근육과 지방세포의 막으로 포도당 수송체 단백질인 GLUT4(glucose transporter 4)의 이동을 자극한다. GLUT4가 세포막에 도달하면 이에 의해 더 많은 포도당이 세포 안으로 들어올 수 있게 되어 혈당 농도가 낮게 된다. 또한 부교감 및 교감신경계로부터 자극을 받으면 인슐린의 분비가 자극되거나 억제된다. 당뇨병 환자는 혈액으로부터 포도당을 효과적으로 흡수하지 못한다. 이와 같이 포도당 수송이 원활하게 되지 않는 것이 당뇨병의 특징이며 치명적인 요인이다.

인슐린은 간에서 글리코겐 생성효소(glycogen synthase)를 활성화하고, 글리코겐 가인산분해효소(glycogen phosphorylase)를 불활성화시킴으로써 포도당 6−인산은 글리코겐(glycogen)으로 전환된다.

인슐린은 탄수화물의 대사에 관여할 뿐만 아니라 지방산, 트리아실글리세롤, 콜레스테롤 및 케톤체의 대사에도 관여한다(표 13−1).

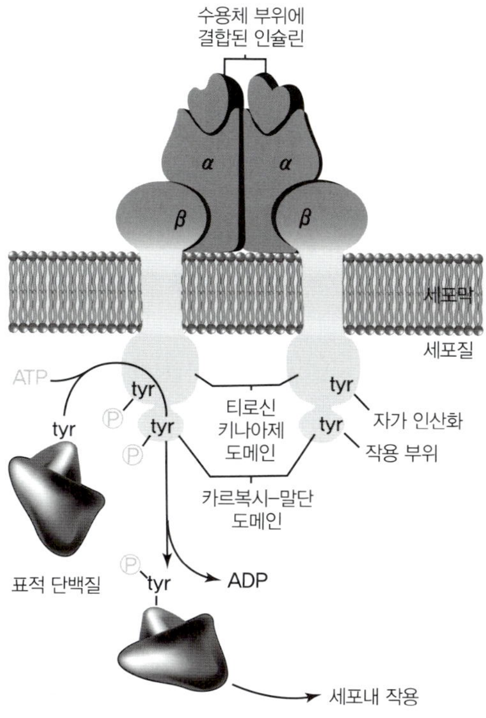

그림 13-3 • 수용체 티로신 키나아제에 의한 작용 기전

표 13-1 • 대사에 미치는 인슐린의 효과

대사과정	세포	효 과	표적 효소
포도당	골격근	흡수 증가	GLUT4 수송체
	간	분해 증가	포도당 키나아제
해당과정	골격근, 간	증가	포스포프룩토오스키나아제
아세틸-CoA	골격근, 간	생산 증가	피루브산 탈수소효소
글리코겐	골격근, 간	합성 증가	글리코겐 생성효소
지방산	골격근, 간	분해 감소	글리코겐 가인산분해효소
트리아실글리세롤	골격근, 간	합성 증가	아세틸-CoA 카르복실화효소
	지방세포	합성 증가	지질단백질분해효소
케톤체	골격근	흡수 증가	아세틸-CoA 카르복실화효소

(2) 당뇨병

당뇨병(diabetes mellitus)은 발생빈도가 비교적 높은 질환의 일종이다. 당뇨병의 특징적인 증상은 심한 갈증(thirst)과 다뇨(polyuria) 그리고 이로 인한 다량의 물을 요구하는 다음(polydipsia)이다. 이와 같은 증상은 오줌으로 다량의 당이 배설되기 때문에 나타난다. 당뇨병은 제1형 당뇨병과 제2형 당뇨병으로 나눈다. 제1형 당뇨병은 인슐린-의존성 당뇨병(insulin-dependent diabetes mellitus)으로, 췌장에 있는 랑게르한스섬의 β세포가 파괴됨으로써 인슐린이 거의 생산되지 않거나 분비되지 못하게 되어 대사적 문제가 발생한다. 제1형 당뇨병은 어린 나이에 발병하고, 증상이 빠르게 발전하여 중증환자가 되기 쉬우며, 일반적으로 마르게 된다. 치료법은 혈당이 높을 때 인슐린을 주사하는 것이며, 인슐린 투여량과 음식 섭취와의 균형을 잘 맞추어 주어야 한다.

인슐린의 생성을 위해 유전공학적 기법인 재조합 DNA 기술을 이용하여 대장균(*E. coli*)과 같은 세균을 이용한다. 유전공학을 통해 생산된 인간 인슐린은 최초로 국제적 특허를 받은 약품이다. 재조합 DNA 기술을 이용하여 인슐린을 생산하기 전에는 돼지나 소의 췌장으로부터 인슐린을 얻었다. 이 인슐린이 생물학적으로 사람에게 활성이 있다고 하더라도 아미노산 서열이 사람의 서열과 같지 않아 때때로 주입된 인슐린에 대한 항체가 생성되어 면역반응이 생길 수도 있다는 문제점이 제기되었다. 그러나 재조합 인슐린은 사람의 유전자로부터 만들기 때문에 면역반응에 대한 문제점을 해결할 수 있다.

인슐린의 A와 B 사슬을 각각 암호화하는 DNA를 올리고뉴클레오티드(oligonucleotide)로부터 만든다. β-갈락토시다아제(β-galactosidase)를 암호화하는 대장균 플라스미드(plasmid)에 각각 A와 B DNA를 삽입하여 운반체(vector)를 만든다. 발현될 때 인슐린의 A와 B 사슬이 β-갈락토시다아제(β-galactosidase)의 카르복실 말단에 융합될 수 있도록 세균 발현 운반체에 연결시킨 다음 운반체를 대장균에 삽입시켜 형질전환시킨다. 세균은 β-갈락토시다아제의 말단에 융합된 인슐린 서열을 가진 분자량이 큰 β-갈락토시다아제-인슐린 융합단백질(fusion protein)을 생산한다. 메티오닌(methionine)의 카르복실기(carboxyl group)를 자르는 시아노겐브로미드(cyanogen bromide; CNBr)를 처리하여 융합단백질로부터 인슐린의 A와 B 사슬을 얻는다. 이들을 혼합하여 성숙한 활성형의 인슐린 분자로 재구성한다(그림 13-4).

제2형 당뇨병은 인슐린-비의존성 당뇨병(insulin-independent diabetes mellitus) 또는 인슐린 저항성 당뇨병으로, 인슐린의 생성과 분비는 거의 정상이지만 인슐린의 작용이 어떠한 기전에 의해 현저하게 억제되어 인슐린으로서의 역할을 제대로 하지 못하여 생기는 병이다. 인슐린이 수용체에 정확하게 결합하지 못하거나 수용체의 정보가 이차 전달자에게 올바르게 전달되지 못하기 때문이다. 주로 50~60대에 발병하므로 성인 당뇨병(adult-onset diabetes)이라 하며, 서서히 진행되고 증상은 심하지 않기 때문에 본인도 모르는 경우가 많다. 흔히 비만

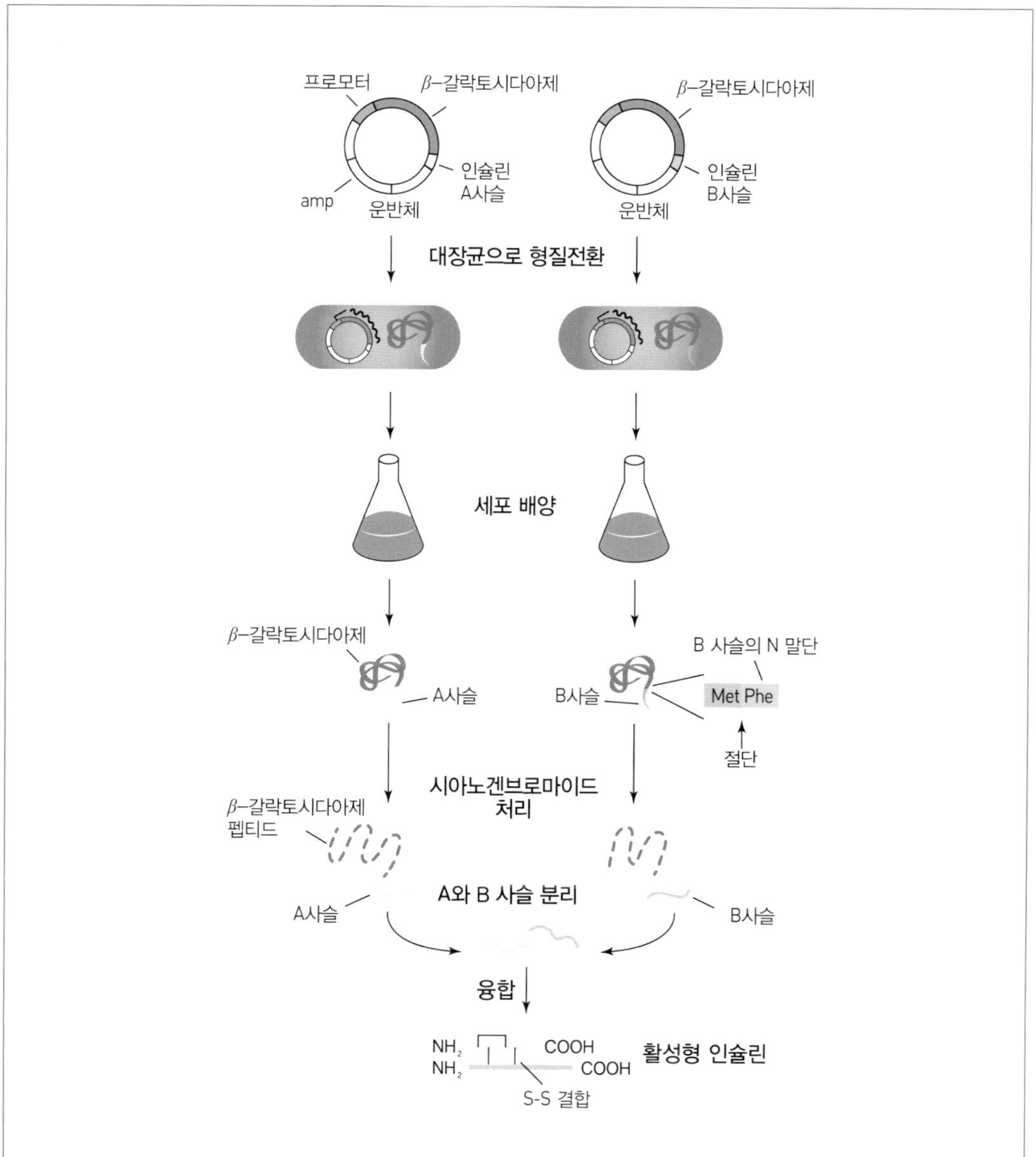

그림 13-4 • **대장균에서 인간 인슐린 생성**

인 사람에서 많이 발생하는 것으로 보아 비만과 제2형 당뇨병은 연관성이 있는 것으로 보고 있다. 성인의 제2형 당뇨병이 근육 미토콘드리아의 장애와 관련되어 있다는 증거들이 제시되고 있으며, 인슐린의 생성보다는 인슐린의 작용을 활성화하는 연구에 무게를 두고 있다.

전 세계적으로 제2형 당뇨병 인구가 훨씬 더 많아 전체의 90~95%를 차지한다. 최근 들어, 현대인의 활동량이 적어지고 생활습관이 서구적으로 변화하면서 비만이 늘고 이에 따라 제2형 당뇨병이 급속하게 증가하고 있다. 제2형 당뇨병은 미세혈관과 거대혈관 합병증을 유발하여 동맥경화, 심혈관질환, 신장질환 및 망막질환 등의 발생과 이로 인한 사망률을 증가시키는 것으로 알려져 있다.

최근 연구들에 의하면 제2형 당뇨병 환자들이 알츠하이머병에 걸릴 위험성이 매우 높다는 것이다. 세포 내로 들어온 포도당을 대사시키기 위해서는 많은 양의 인슐린이 필요함으로써 인슐린이 증가된다. 인슐린의 증가는 뇌에서 침전물을 형성하는 β–아밀로이드 단백질(β–amyloid protein)의 농도를 증가시키는 것으로 보고 있다. 뇌 인슐린 분해효소(insulin degrading enzyme)는 인슐린을 분해시킬 뿐만 아니라 β–아밀로이드 단백질을 분해한다. 인슐린의 농도가 높으면 인슐린 분해효소가 인슐린을 분해시키기 위해 많은 시간을 소비하므로, 상대적으로 β–아밀로이드 단백질을 분해하는 데 필요한 시간이 감소하게 된다. 이러한 이유로 탄수화물 함량이 높은 음식을 먹으면 이의 대사를 위해 인슐린이 많이 생산되므로 알츠하이머병에 걸릴 위험성이 매우 높다. 따라서 당뇨병의 예방과 관리에는 운동을 통한 체중 조절과 탄수화물의 섭취를 줄이는 식이요법을 병행하는 것이 바람직하다.

당뇨병은 생활습관으로부터 오는 병이기 때문에 부적절한 식사, 움직이지 않는 습관, 과도한 스트레스를 피하는 것이 좋다. 이러한 생활습관을 과감하게 고치지 않는다면 어떠한 첨단 치료법이 개발되어도 당뇨병은 치료될 수가 없다.

당뇨병의 또 다른 특징적인 대사 변화는 간에서 지방산의 불완전 산화가 과도하게 일어나는 것이다. 지방산의 β–산화에 의해 생성된 아세틸 CoA는 옥살로아세트산(oxaloacetate)과 반응하여 구연산 회로로 들어가지만, 아세틸 CoA가 많이 만들어지면 옥살로아세트산이 충분하지 않기 때문에 많은 양의 아세틸 CoA를 소화할 수 없다. 아세틸–CoA가 축적되면 아세토아세트산(acetoacetate), β–하이드록시부티르산(β–hydroxybutyrate), 아세톤(acetone)과 같은 케톤체(ketone body)가 많이 생성된다. 당뇨병 환자의 혈액에는 케톤체가 존재한다. 케톤체가 과잉으로 생성되면 케톤증(ketosis)이 발생하며, 혈액에서 케톤체의 농도가 높아지면 케톤혈증(ketonemia)이 되고, 요중에 케톤체의 농도가 높으면 케톤뇨증(ketonuira)이 된다. 아세토아세트산의 자발적 탈카르복시화반응(carboxylation)으로 생기는 아세톤은 휘발성이 있고 증발하므로, 당뇨병 환자의 내쉬는 숨 속에는 때때로 에탄올로 착각되는 냄새를 낸다. 당뇨병 환자는 고혈당으로 인해 정신혼란(mental confusion)을 일으키기도 한다. 당뇨병 환자에서 케톤체는 카르복실산(carboxylic acid)으로서 이온화되어 양성자를 방출하면 혈액의 pH가 떨어짐으로써 산증(acidosis) 또는 케톤증이 겹치므로 생명을 위협하는 케토산증(ketoacidosis)이 발생하기도 한다.

당뇨병은 치명적인 합병증을 유발하므로 이를 예방하기 위해서는 혈당 관리가 중요하다. 혈압은 수축기 130 mmHg 이하, 이완기 80 mmHg 이하로 유지하여야 하며, 저밀도 지질단백 콜레스테롤(LDL 콜레스테롤)은 100 mg/dL 이하, 고밀도 지질단백 콜레스테롤(HDL 콜리스테롤)은 50 mg/dL 이상을 유지하도록 하여야 한다. 제2형 당뇨병의 합병증을 낮추기 위하여 당화 혈색소를 6.5~7.0%로 유지하여야 한다.

생활습관을 개선하였음에도 불구하고 2~3개월 내에 혈당 조절이 제대로 되지 않으면 약제 투여를 시작하여야 한다. 여러 종류의 경구용 혈당강하제가 있고, 약제마다 작용기전, 부작용 등이 다르므로 개인적 특성에 맞는 약제를 선택하여 단독 혹은 병합요법을 시행하여야 한다. 심한 고혈당이 있거나 경구용 혈당강하제를 사용한 후에도 목표 혈당에 이르지 못할 경우 인슐린을 주사해야 한다.

(3) 글루카곤

펩티드 호르몬인 글루카곤(glucagon)은 췌장 랑게르한스섬의 α세포에서 생성된다. 혈당 농도가 떨어지면 글루카곤 분비가 시작되고, 인슐린의 분비가 감소된다. 글루카곤은 여러 가지 대사경로를 통해 혈당의 농도를 증가시킨다.

에피네프린과 마찬가지로 cAMP를 매개로 하여 글루카곤은 글리코겐 가인산분해효소(glycogen phosphorylase)를 활성화시키고, 글리코겐 생성효소(glycogen synthase)를 불활성화시킴으로써 간에서의 글리코겐 분해를 촉진시킨다.

글루카곤은 간에서 해당과정에 의한 포도당의 분해를 억제하고, 포도당신합성 과정을 통한 포도당의 합성을 자극한다. 이 현상들은 해당과정 효소인 포스포프룩토키나아제(PFK)의 활성인자로 작용하며, 또한 포도당신합성 과정의 효소인 과당 1,6-비스인산 가수분해효소(fructose 1,6-bisphosphatase; FBPase)의 억제인자로 작용하는 과당 2,6-비스인산(fructose 2,6-bisphosphate)의 농도가 감소될 때 일어난다. FBPase의 농도는 cAMP 의존성 단백질 인산화반응(cAMP-dependent protein phosphorylation)에 의하여 궁극적으로 조절된다(그림 13-5).

글루카곤은 cAMP 의존성 인산화반응의 결과로 해당과정의 피루브산 키나아제(pyruvate kinase)의 억제작용에 관여하여 포스포엔올피루브산(phosphoenolpyruvate; PEP)이 피루브산(pyruvate)으로 전환되는 것을 억제한다. 이 억제의 결과 PEP가 축적되면서 구연산 회로에 의한 피루브산의 산화과정이 억제되고, 포스포엔올피루브산 카르복시키나아제(phosphoenolpyruvate carboxykinase)의 합성을 촉진함으로써 포도당신합성은 활성화된다. 글루카곤은 간에서 글리코겐의 분해를 자극하고, 해당과정을 억제하며, 포도당신합성을 촉진시킴으로써 포도당을 간에서 혈액으로 내보내게 한다.

글루카곤은 주로 간에서 작용하지만 지방세포에서도 작용한다. cAMP에 의한 페리리핀(perilipin)의 인산화와 리파아제(lipase)에 의하여 트리아실글리세롤이 분해된다. 활성화된 리파아제에 의해 생긴 지방산은 간과 다른 조직들로 운반되어 에너지원으로서 사용된다.

글루카곤은 간에서 포도당의 합성과 방출을 자극하고, 지방세포에서 뇌 외의 다른 조직이

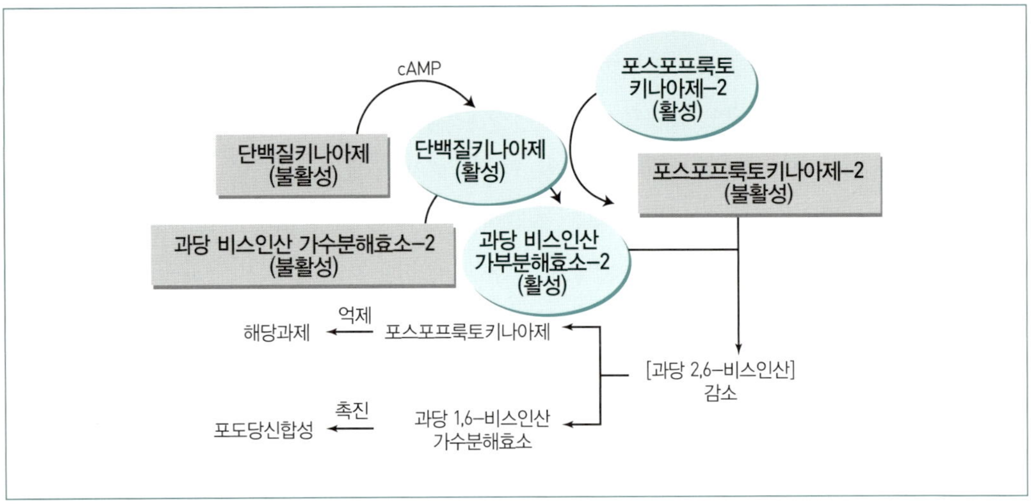

그림 13-5 • 글루카곤에 의한 포도당의 조절

표 13-2 • 혈당에 미치는 글루카곤의 효과

대사과정	세포	효 과	표적 효소
해당과정	간	포도당 감소	포스포프룩토키나아제
글리코겐	간	분해 증가	글리코겐 포스포릴레이스
		합성 증가	글리코겐 생성효소
포도당신합성	간	아미노산 → 포도당	과당 비스인산 가수분해효소-2
		글리세롤 → 포도당	피루브산 키나아제
		옥살로아세트산 → 포도당	PEP 카르복시키나아제
케톤체	간	합성 증가	아세틸-CoA 카르복실화효소

포도당 대신 지방산을 연료로 이용하도록 한다. 글루카곤에 의한 모든 작용은 cAMP에 의존하는 인산화반응에 의하여 이루어진다.

2. 호르몬의 작용기전

호르몬은 내분비기관에서 생성된 후 분비되어 신체 각부에 혈액을 통해 운반되어 어떤 특정한 기관에만 작용을 한다. 혈류를 따라 운반되는 혈액 내의 호르몬의 농도는 매우 적어서 스테로이드 호르몬은 약 10^{-9} M이고, 펩티드 또는 단백질 호르몬은 약 10^{-12} M이다. 이와 같은 소량의 호르몬이 물질 대사에 많은 영향을 미치는 것은 호르몬에 의한 생리적인 증폭효과가 있기 때문이다.

호르몬이 표적세포 원형질막의 외부 표면(external surface)에 존재하는 수용체에 결합하면 수용체의 입체 구조가 변화한다. 이 변화는 α, β, γ의 소단위체(subunit)로 구성된 G 단백질(G protein)을 활성화하게 한다. 수용체의 G_{α}에 결합된 GDP가 GTP로 치환되면 GTP가 결합된 G_{α}가 $G_{\beta,\gamma}$와 분리되어 원형질막 내부에 존재하는 아데닐사이클라아제(adenyl cyclase)와 결합한다. 이 효소가 활성화되면 세포 내의 ATP를 cAMP(3′,5′-cyclic adenosine monophosphate)로 전환시킨다. GTP가 G_{α}의 GTPase에 의해 GDP로 가수분해되면 GDP가 결합된 G_{α}는 아데닐사이클라아제에서 분리되어 $G_{\beta,\gamma}$와 결합하여 불활성 상태의 G 단백질로 되돌아간다(그림 13-6).

cAMP는 제2의 전달자(second messenger)로 작용하여 단백질 키나아제(protein kinase)를 활성화시키고, 활성화된 이 효소는 세포 내의 여러 종류의 불활성효소들을 인산화시켜 활성화 효소로 전환시킨다.

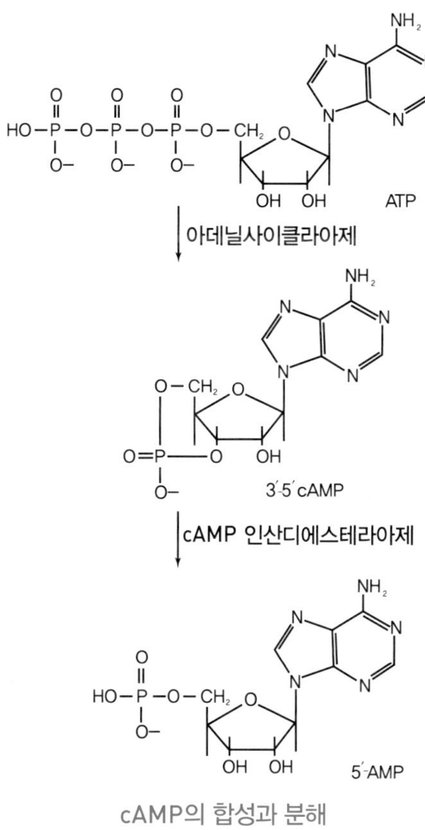

cAMP의 합성과 분해

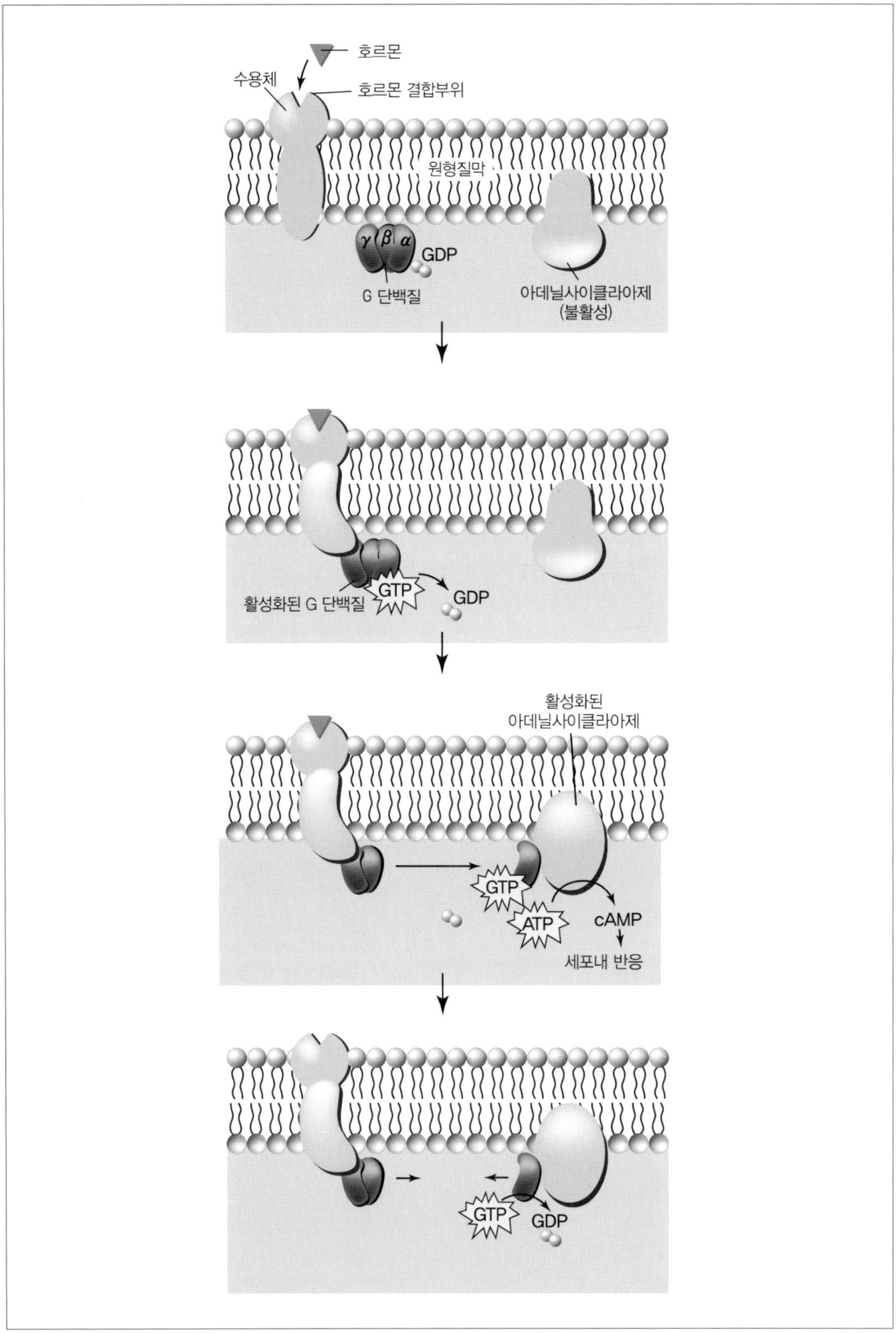

그림 13-6 • G 단백질에 의한 아데닐사이클라아제의 활성화

에피네프린(epinephrine)은 cAMP를 통해 효소의 활성을 조절한다. 호르몬이 수용체에 결합하여 G 단백질과 아데닐사이클라아제를 통해 신호가 전달되면 cAMP가 생성되고 이는 단백질 키나아제를 활성화시킨다. 활성화된 단백질 키나아제는 ATP로부터 인산기를 글리코겐 생성효소(glycogen synthase)에 전달하여 이 효소의 활성을 억제한다. 또한 ATP로부터의 인산기를 포스포릴라아제 키나아제(phosphorylase kinase)에 결합시켜 이 효소를 활성화시킨다. 이 효소에 의해 활성화된 포스포릴라아제(phosphorylase)는 글리코겐(glycogen)을 포도당-1-인산(glucose-1-phosphate)으로 전환시키는 반응을 촉매하여 글리코겐을 분해시킨다. 이 연속적인 폭포식의 효소반응 각 단계마다 10~100배의 증폭효과를 나타내기 때문에 극소량의 호르몬만 있어도 많은 양의 포도당-1-인산이 생성된다. 포도당-1-인산은 포도당-6-인산으로 전환된 후 해당과정을 거치게 된다(그림 13-7).

바소프레신과 같은 호르몬이 수용체에 결합하면 G 단백질을 통해 신호가 전달되어 활성화된 인지질분해효소 C(phospholipase C; PLC)는 세포막에 존재하는 인지질인 포스파티딜이노시톨 4,5-이인산(phosphatidylinositol 4,5-bisphosphate; PIP_2)을 디아실글리세롤(diacylglycerol; DAG)과 이노시톨 1,4,5-삼인산(inositol 1,4,5-trisphosphate; IP_3)으로 분해시킨다.

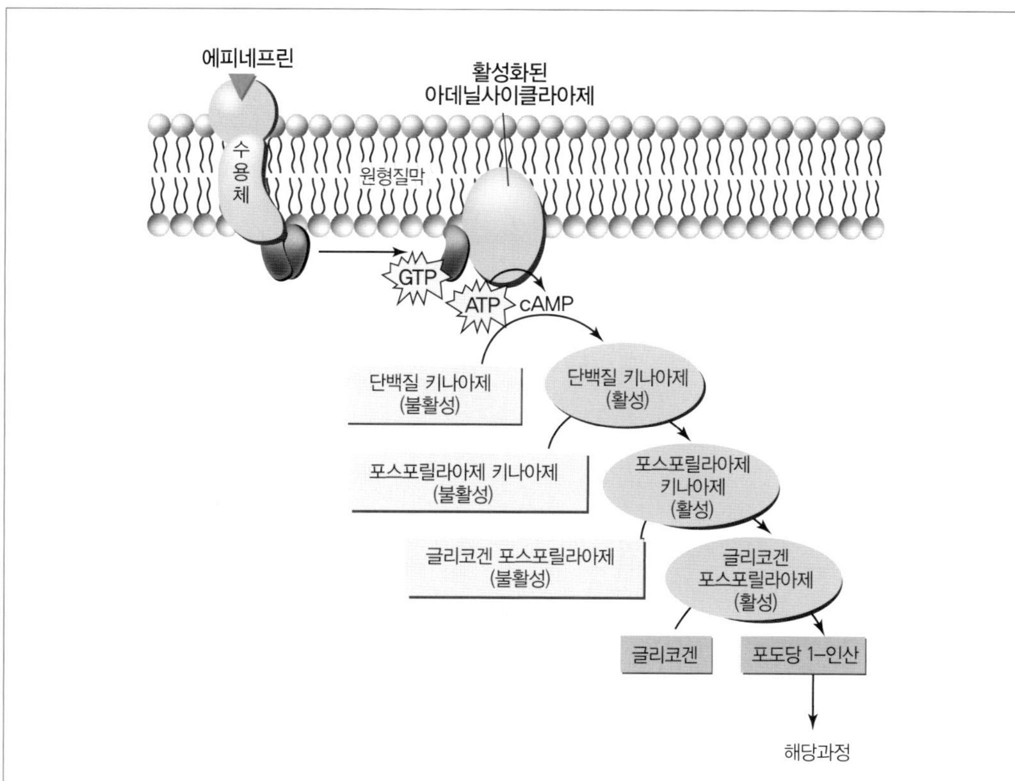

그림 13-7 • 에피네프린에 의한 글리코겐의 분해

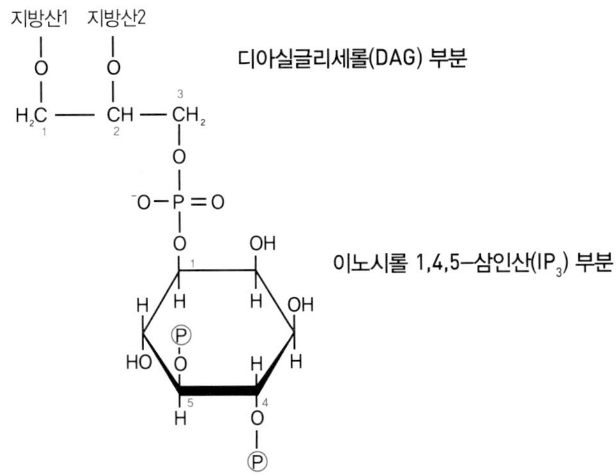

PIP$_2$의 구조

수용성인 IP$_3$는 세포막에서 소포체로 확산되고 소포체 막에 있는 칼슘 통로인 막단백질에 결합하여 직접적으로 소포체 내부에 존재하는 Ca^{2+}의 방출을 촉진시킨다. 소포체 내의 Ca^{2+}

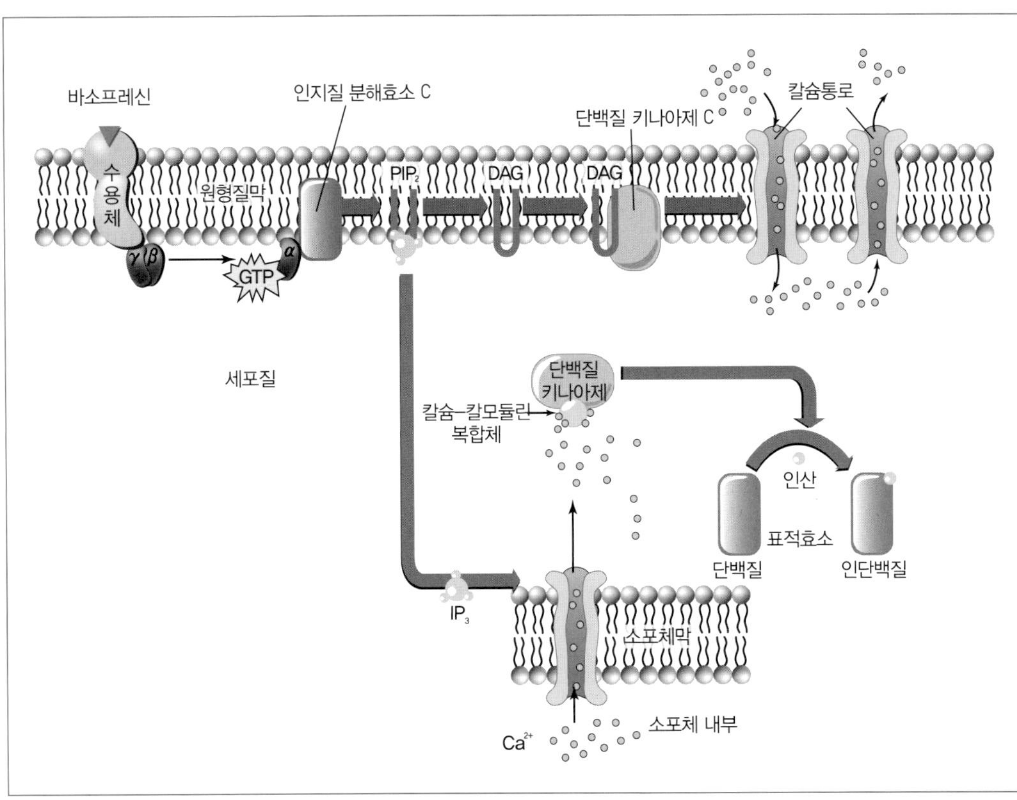

그림 13-8 • **호르몬에 의한 PIP$_2$의 분해**

은 세포질보다 매우 높은 농도로 존재하기 때문에 열린 칼슘 통로를 통해 빠르게 나와 세포질의 Ca^{2+} 농도를 약 10^{-6} M까지 상승시킨다. Ca^{2+}은 세포질 내에서 칼슘 결합단백질인 칼모듈린(calmodulin)과 결합하여 복합체를 형성한 후 단백질 키나아제에 결합하여 이를 활성화시킨다. 활성화된 단백질 키나아제는 표적효소를 인산화시킨다.

DAG는 소수성의 성질을 가지므로 막을 통해 확산된다. DAG가 막에 존재하는 단백질 키나아제 C(PKC)에 결합하여 이 효소를 활성화시킨다. 이와 같이 PKC를 활성화시키므로 DAG는 제2의 전달자로 작용한다. Ca^{2+}도 PKC에 결합하여 이를 활성화시키는 제2의 전달자이다(그림 13-8). 에스트로겐(estrogen)이나 안드로겐(androgen)과 같은 스테로이드 호르몬(steroid hormone)은 표적세포에 들어간 후 세포질 내에 존재하는 수용체(cytoplasmic receptor protein)

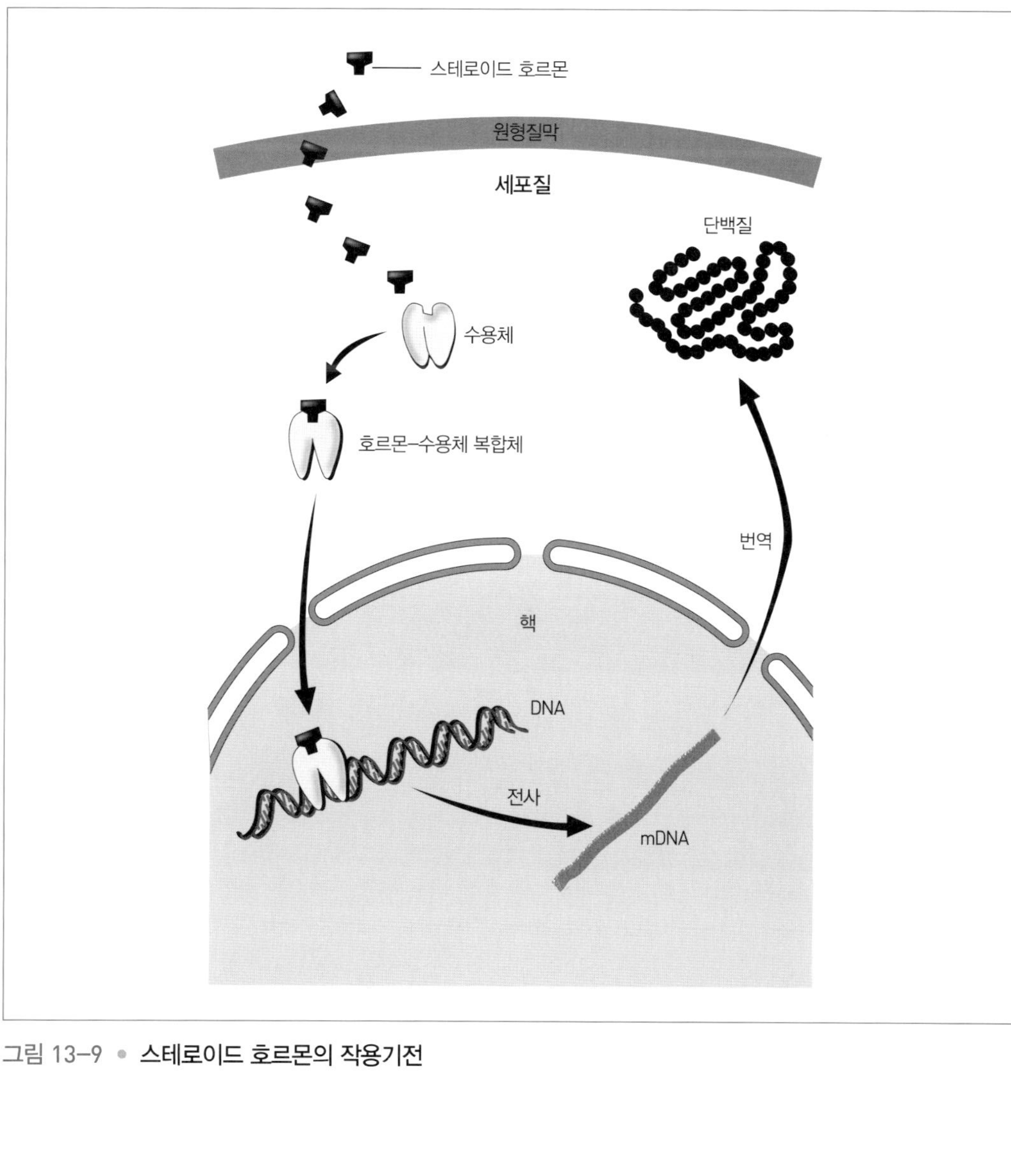

그림 13-9 • **스테로이드 호르몬의 작용기전**

와 결합하여 호르몬-수용체 복합체(hormonereceptor complex)를 형성한다. 이 복합체는 핵으로 이동한 후 핵 내의 불활성상태의 특정 유전인자의 전사(transcription)를 유발하여 mRNA를 생성된다. 이 mRNA로부터 특정 단백질이나 효소가 합성된다(그림 13-9).

제 14 장

생명공학과 생명윤리

Biotechnology & Bioethics

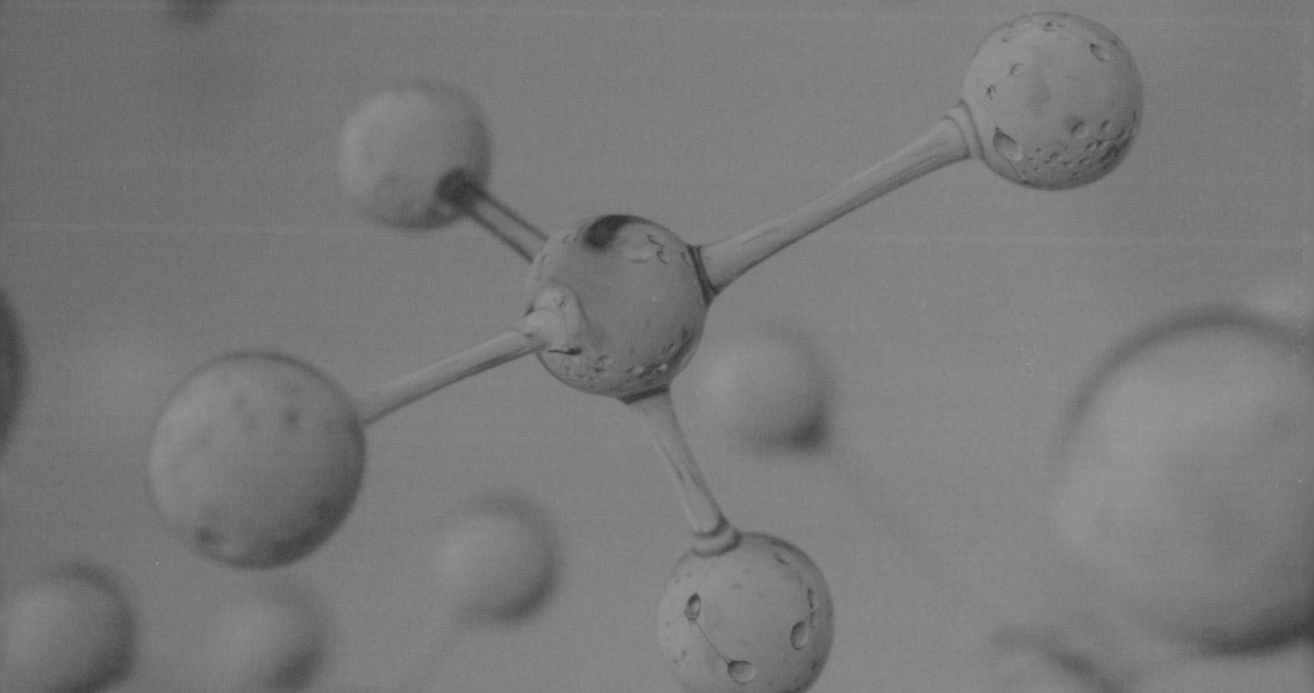

01 인간 게놈 프로젝트

생명활동에 필요한 유전정보의 총칭을 게놈(genome)이라고 한다. 게놈은 'gene'(유전자)과 'chromosome'(염색체)의 합성어이며, '유전체'라고 번역을 한다.

인간 게놈은 한 사람을 구성하는 전체 게놈을 말하는데, 인간 게놈의 염기수는 약 30억 개에 달한다. 그러나 이 30억 개 중에서 실제 유전자로 작용하는 부분은 10% 남짓하다. 유전자는 물론 그 외에 아직 의미가 밝혀지지 않은 부분들까지 포함한 사람의 DNA 전체 염기배열을 해독하는 작업이 바로 인간 게놈 프로젝트(human genome progect; HGP)였다. HGP는 미국의 주도 아래 유럽, 일본 등의 국가들이 참여해 HUGO라는 학술회의를 결성하여 시작된 사상 유례없는 거대 프로젝트이다. 그리고 인간 게놈의 총체적 해석은 21세기 첨단과학인 바이오테크놀로지(Biotechnology)의 탄생을 가능하게 만들었다.

생물학적 프로젝트 중 인류 역사상 가장 규모가 큰 프로젝트인 게놈 분석연구는 1988년 미국의 국립연구재단(NRC)에서 "인간 게놈지도와 염기서열(Mapping and Sequencing the Human Genome)"이라는 보고서를 발표하면서 구체화되기 시작하였고, 1990년에 드디어 국립보건원(NIH)과 에너지성(DOE)이 공동으로 인간 게놈 프로젝트에 대한 1단계(1991~1995) 협동연구를 착수하였다.

연구 초기에는 2005년까지 모든 염기서열을 다 밝히는 것이 목표였다. 그러나 민간 벤처기업인 셀레라 지노믹스(Celera Genomics)가 가세하면서 HUGO와 치열한 경쟁을 벌이게 되었고, 그 결과 당초 예상을 훨씬 앞당겨서 2000년 6월 26일에 약 90% 이상의 염기서열 분석이 끝나 초안이 발표되게 되었다.

인간 게놈 프로젝트에는 두 가지 방법이 사용되었다. 하나는 샷건(shotgun) 방식으로, 인간의 전체 DNA를 실험하기 적당한 길이의 작은 절편으로 모두 자른 다음, 이 절편들을 순서대로 맞추어 늘어놓아 염색체 지도를 만들고, 각 절편을 하나씩 분석하여 순서대로 서열을 읽는 방법이다. 미국 정부 주도의 HUGO가 바로 이 방법으로 연구를 진행하였다.

또 다른 하나는 무작위적으로 전체 DNA를 잘라 조각을 만든 다음, 그 모든 조각의 서열을 분석하고, 분석한 서열을 컴퓨터에 입력시켜서 흡사 조각을 끼워 맞추듯이 서열을 이어나가는 방법이다. 이는 슈퍼컴퓨터와 자동 DNA 서열 분석기가 등장함으로써 가능해진 방법인데, 셀레라 지노믹스가 이러한 방법으로 연구 기한을 4년 가까이 앞당기게 할 수 있었다.

어떤 방법을 사용하든지 게놈 해독은 인간 유전자를 전체적으로 파악하여 이를 바탕으로 각 유전자의 작용을 알아내어 결함을 수정하고, 기능을 강화하는 등 다양한 생물공학적 응용을 가능하게 만들었다. 먼저 인간 게놈에 대한 정보를 이용하여 유전자 치료(gene therapy)와 같은 분야의 점진적인 개발이 가능하게 되었다. 이는 인류 역사상 건강, 보건복지에 하나의 전환점이 될 것이 분명하다. 그리고 앞으로 생체기능과 생체기관에 대한 모방 및 응용기술에 대한 연구가 활발해지게 될 것이다. 두뇌기능 모방, 생체감지장치 모방, 생체동력기관 모방 및 생합성공장 모방 등을 그 예로 생각해 볼 수 있다.

또한 인류 집단 간 비교는 물론, 인류의 기원과 이동에 대한 정확한 연구가 가능하게 됨으로써 인류 탐구에 대한 새로운 출발점이 될 것이다. 생명의 기원을 밝히는 노력이 활발해질 것이고, 다른 생명체와의 비교를 통해 게놈 진화에 대한 구체적인 해답을 찾을 수 있게 될 것으로 생각된다.

그러나 염기서열을 모두 밝혀냈다고 해도 그 안에 숨은 유전정보를 모두 알아낼 수 있는 것은 아니다. 먼저, 이들 중 어느 부분이 유전자를 암호화하고 있는지를 확인해야 하며, 그 다음에 유전자에 대한 기능 분석이 이어져야 한다. 그럼에도 불구하고 일단 대량적인 분석이 가능하기 때문에 이를 통해 유전자들이 상호 간 어떠한 연관성을 가지고 있는지 알아낼 수 있을 뿐 아니라 그 유전자에 의해 나타나는 단백질 산물에 대해서도 보다 정확히 알 수 있게 됨으로써 유전자 기능에 대한 전반적인 연구의 지름길이 될 것이 분명하다. 즉, 체내에서 각각의 유전자가 어디에 위치하며, 어떠한 역할을 하는지를 밝혀내고, 각각의 인종과 개인들이 서로 어떻게 다른지를 비교할 수 있게 되며, 이를 근거로 질병을 일으키거나 심각한 유전병을 유발시키는 유전자를 밝혀내어 미리 예방할 수 있게 될 전망이다.

전체 염기서열을 밝혀내는 게놈 프로젝트는 이제 시작에 불과할 뿐이다.

방대한 양의 정보를 분석할 수 있는 데이터베이스의 구축뿐만 아니라 서열상의 유전자가 상호 어떠한 작용을 하는지 등을 밝혀내야 하며, 이렇게 분석되고 저장된 유전자 자료가 사회 전반에 그리고 각 개인에게 어떠한 역할을 하며, 반대 급부는 무엇인지에 대한 논의가 있어야만 할 것이다.

사실 게놈 연구로 인한 그 이후의 영향력과 파급 효과는 그 어느 누구도 전혀 예상하지 못한 방향으로 나아가게 될 수도 있다. 그 영향력이 인류의 행복과 삶의 질 향상이라는 좋은 방향으로 나아갈지, 아니면 인류 역사 이래 그 어떠한 재앙보다도 더 치명적인 것이 될지는 이제 우리 모두의 몫이라고 해도 과언이 아니다.

02 포스트 게놈 시대

포스트 게놈 시대란 게놈 프로젝트로 인해 인간뿐만 아니라 우리와 밀접한 생명체의 유전자 정보를 모두 밝혀낸 이후를 말하는 것으로, 게놈 프로젝트를 통해서 얻어진 각 생물체의 방대한 유전정보와 생명체의 기능적 정보를 종합한 생물정보학(bioinformatics)의 시작을 일컫는 것이다. 또한 DNA의 최종산물이나 생화학 대사의 기초물질인 DNA가 발현되는 단백질에 대한 연구인 프로테오믹스(proteomics) 시대로 이어지는 것을 의미하기도 한다. 포스트 게놈 시대에는 게놈 프로젝트를 통해 얻어진 방대한 양의 정보를 이용한 분석이 필수이므로 DNA chip 등 대규모 분석기술의 필요성이 높아졌다고 보아야 한다.

03 DNA chip

DNA chip은 기존의 분자생물학적 이론에 기계 · 전자공학적 기술을 접목해서 만들어진 유전자 분석에 있어 획기적인 도구이다. 기계 자동화와 전자제어 기술을 이용하여 적게는 수백 개로부터 많게는 수십만 개의 DNA를 아주 작은 공간에 고밀도로 집어넣을 수 있게 만든 것이다.

게놈 프로젝트의 완료와 함께 유전자에 대한 비밀과 기능들이 하나둘씩 밝혀지면서 유전자 연구가 가속화되었으며, 한정된 시간에 신속하고 정확하게 수많은 유전자의 기능에 대한 연구를 가능하게 하는 신기술이 필요하게 되었다. 그 결과 좁은 공간에 수백 개에서 수십만 개의 유전자를 고밀도로 붙여 놓은 형태로 유전자의 검색 및 분석이 가능한 DNA chip이 탄생하게 되었다. DNA chip은 유전자 분석의 대표적인 방법이었던 서던블로팅(southern blotting)이나 노던블로팅(northern blotting), 돌연변이 검색 그리고 DNA sequencing을 대신해서 사용될 수 있다. 가장 큰 차이점은 기존의 방법들이 한 번에 고작 하나 내지는 수 개의 유전자를 검색하고 확인할 수 있는 데 비해 수백여 개 이상의 유전자를 빠른 시간 안에, 그것도 동시에 손쉽게 검색할 수 있다는 것이다. 게다가 유전물질을 붙이는 매체로써 니트로셀룰로오스(nitrocellulose) 막을 사용하는 고전적 방법과 달리 DNA chip에서는 유리와 같은 고형체를 사용함으로써 아주 적은 양의 유전물질을 고밀도로 붙일 수 있다는 장점이 있다. DNA chip은 사용되는 유전물질의 크기에 따라 cDNA chip과 올리고뉴클레오티드(oligonucleotide) chip으로 나누어질 수 있다. cDNA chip에는 최소한 500bp 이상의 유전자가 붙여져 있고, 올리고뉴클레오티드 chip에는 약 15~25개의 염기들로 이루어진 짧은 올리고뉴클레오티드가 붙어 있다. DNA chip에 붙여놓은 cDNA나 올리고뉴클레오티드들은 특정 질병에서 발현되는 것들이며, 그 위에 형광물질을 붙인 환자 DNA를 부어 미리 붙인 탐침자와 상보적으로 결합하면 형광에 의해서 관련된 유전정보를 가진 유전자가 존재하고 있는가의 여부를 알아내게 된다. 또 특정한 질병의 경우 유난히 많이 발현되는 특정 단백질의 존재를 확인함으로써 진단 자체를 빠르고 정확하게 만들어 준다.

처음에는 DNA chip으로 시작하였으나, 이제는 그 범위가 단백질 칩까지 확대되어서 현재는 유전자 칩이라고 하면 작은 chip 안에 각종 유전정보 및 생체 정보를 담고 있는 DNA 혹은 단백질 등을 붙여서 원하는 분자생물학적 방법으로 분석(진단)을 할 수 있는 모든 장치가 이 범주에 포함된다. 또한 처음에는 유전자 분석 등의 연구용 목적으로 이루어졌으나, 그 후 유전자 칩이 세계적으로 연구, 개발되면서 암, 유전질환, 바이러스 감염 등과 같은 질병진단이나 장기이식 가능성 검사, 신약 개발, 동식물 검역, 사람의 신원 확인, 친자 확인, 법의학, 고고학 등에까지 활용 가능성을 넓히고 있다.

04 유전자 칩의 응용

앞에서 이야기 한 것과 같이 DNA chip은 연구용으로 사용되는 것 이외에도 벌써 여러 가지로 응용되고 있으며, 앞으로도 기대되는 응용범위가 빠르게 확대되고 있다. DNA chip은 질병진단 분야에서 가장 큰 효과가 기대되고 있다. 유전자 돌연변이 검색을 통한 유전질환의 진단, 암 관련 유전자의 돌연변이 검색을 통한 암의 진단, 바이러스나 세균의 유전자 검색을 통한 감염여부 진단 등에 응용이 가능하다. 또한 선천적으로 질병의 가능성을 가지게 되는 경우나 여러 가지 생체 대사에 관련하는 유전자 및 생체 물질에 대한 존재 및 발현 여부를 미리 알 수도 있어서 이러한 진단을 통해서 질병에 대한 확인 및 예방에 큰 도움이 되어 개인의 건강증진과 수명 연장에도 기여할 수 있다.

다음으로 약제에 대한 내성진단과 신약개발에 중요한 도구가 될 수 있다. 새로운 물질을 발견 또는 개발했을 경우 인체에 해로운 영향을 일으키는지 판단할 수 있고 주변 환경에 존재할 수 있는 유독 화학물질의 검출에도 이용될 수 있다. 그 예로써 자궁경부암을 일으키는 여러 가지 형태의 바이러스를 단 한 번에 찾아낼 수 있는 자궁경부암용 진단 chip, 결핵 진단 및 약재내성 진단용 chip, 장관계 바이러스 진단용 chip 등을 들 수 있다. 이 외에도 산전진단을 위한 유전질환, 성병 진단용 chip의 개발에도 힘쓰고 있다.

05 독성유전체학과 DNA chip

독성유전체학(Toxicogenomics)은 종래의 독성학에 첨단 유전체학을 접목시킨 새로운 학문이다. 지금까지의 신약 개발 단계를 보면 신약 후보물질의 효능이 검증되고 체내 흡수와 배설이 확인되면 최종적으로 동물실험으로 생체조절 물질에 대한 바람직하지 않은 생체반응을 발견 · 조사 · 평가하는 독성평가 과정을 거치는 것이 일반적이었다. 그러나 독성유전체학에서는 동물실험을 하지 않고 '독성 DNA chip'을 사용함으로써 실험동물을 희생시키지 않고 시간을 절약할 수 있어 획기적인 학문으로 평가받고 있다.

독성 DNA chip은 실리콘으로 만든 판 위에 체내에서 정상적인 기능을 하는 DNA 조각을 수만 개 정도 붙인 것이다. 독성 DNA chip으로 진단할 때는 신약 후보물질을 처리한 세포나 조직에서 추출한 유전자의 mRNA를 chip 위에 떨어뜨리고, mRNA가 chip 위의 DNA와 결합한 정도를 형광물질로 스캔하여 후보물질과 정상 유전자의 발현 정도 차이를 비교함으로써 안전성을 평가하게 되는 것이다.

이제까지 신약개발 단계에서의 동물실험은 동물을 희생시켜야 된다는 윤리적인 부담과 함께 많은 시간과 비용이 문제점이긴 하였지만 어쩔 수 없이 거쳐야 하는 단계였다. 그러나 독성 DNA chip을 이용하면 동물실험으로 인해 일어나는 문제점들에서 벗어날 수 있을 뿐만 아니라 시간과 비용을 절약하면서도 쉽게 신약 후보물질의 독성여부를 쉽게 가려낼 수 있을 것으로 기대하고 있다.

06 생물정보학

앞에서 언급한 HGP나 DNA chip 등의 발전을 위해서는 생물정보학(bioinformatics)의 발달이 무엇보다도 선행되어야 한다. 게놈 프로젝트로 인해 이전까지와는 비교할 수 없을 만큼 넘쳐나는 데이터들과 그 데이터 간의 유기적인 상호 연계와 보완 등 유전정보들의 효율적인 관리가 필요하기 때문이다. 또한 DNA chip으로 알아낸 결과들의 분석과 게놈 프로젝트로 얻어진 데이터들을 이용한 결과 도출 등을 위해서도 생물정보학은 이제 생소한 학문이 아닌 꼭 필요한 학문으로 인정받고 발전해야만 할 것이다. 생물정보학이란 생물학과 전산학, 그리고 정보기술이 하나로 합쳐진 학문을 말한다. 생물정보학은 게놈에 대한 총체적인 연구를 하는 학문으로, 게놈의 염기서열에 대한 연구 이외에도 단백질의 2차, 3차 구조를 연구하는 프로테오믹스, 기능유전체학, 게놈 간의 계통 연구, 세포 간의 비교 연구 등의 매우 다양한 분야들을 포함하는 학문이다. 생물정보학은 1990년대에 들어오면서 게놈 프로젝트 등에 의해 늘어난 데이터들로부터 유용한 정보를 얻어내고자 하는 노력으로 인해 그 발전속도가 점점 더 빨라지고 있다.

생물정보학은 bioinformatics, computational biology 또는 computational molecular biology 등의 용어로도 표현되고 있으나, 국내에서는 세계적으로 통용되고 있는 bioinformatics를 주로 사용하고 있다. 생물정보학에 대한 용어적 정의는 일반적으로 "생명현상 연구에 필요한 전산학 · 통계학 · 수학적인 방법의 종합 학문"이라고 할 수 있을 것이다. 따라서 생물정보학은 생물학적 데이터에 통계학적 방법과 전산시스템이 유기적으로 이루어지는 학문이다. 그러나 이와 같은 특징 때문에 생물정보학을 포함한 게놈 연구 전산화의 가장 큰 문제점은 현재 연구인력이 절대적으로 부족하다는 것이다. 즉, 생물정보학을 위해서는 게놈 연구 등을 포함한 생물학, 생화학, 화학 등에 대한 전문 지식과 전산학과 수학, 컴퓨터공학, 통계학 등의 지식을 고루 갖춘 전문인력을 필요로 하지만 생명과학과 전산학 간에 학문적 교류가 이제까지 없었으며, 이 두 학문 분야를 동시에 담당할 수 있는 전문인력은 절대 부족한 것이 현실이기 때문이다. 이는 다시 말해서 유전정보를 가지고 있으면서도 의미 있는 유전정보로 도출해 내지 못할 수 있다는 이야기가 된다. 그러나 여기서 또 한 가지 잊지 말아야 할 것은 전문인력이 부족하다고 해서 전산학계의 인력이 생물학적 데이터만 가지고 생물정보학을 다루어서는 안 된다는 것이다. 생물이란 매우 유기적인 시스템이며 보편적이긴 하지만 그 다양성이 이루 헤아릴 수 없기 때문이다. 근본적인 유기체에 대한 구체적인 이해도 없이 단순한 데이터만으로 생물정보학을 다룬다면 엄청난 오류를 범할 가능성을 항상 지니게 되기 때문이다.

게놈 프로젝트 이후 생물정보학이 생물학 연구에 있어서 필수적인 학문인 것은 반론의 여지가 없다. 생물정보학은 자료를 정리하고 관리하는 것뿐만 아니라 새로운 정보를 이용하여 실험을 보다 쉽고 빠르게 해 주며, 동시에 인터넷을 통해 다양한 데이터베이스를 구축하여 정보를 공유할 수 있게 해 주기도 한다. 이러한 점에서 생물정보학은 생명공학이 다른 학문과 상호 접목하고 응용하는 대표적인 학문이라 할 수 있을 것이다.

07 프로테오믹스

인간 게놈의 완전한 해독에 이어서 단백질을 본격적으로 연구하려는 움직임이 매우 활발히 전개되고 있다. 즉, 게노믹스(genomics)에서 프로테오믹스(proteomics)로 옮겨가고 있다는 것이다. 프로테움(proteome)이란 게놈에 상대되는 의미로, 하나의 세포나 조직에 들어 있는 단백질(protein) 전체를 통칭하는 용어이다. 따라서 프로테오믹스의 연구대상은 동 · 식물 세포와 조직, 기관 및 미생물 세포까지 포함하여 그 안에서 발견되는 모든 단백질인 것이다. 프로테오믹스는 DNA의 산물인 단백질을 대상으로 하여 이를 분석하고 그 구조를 밝히고, 상호 어떠한 작용을 하는지에 대한 지도를 작성하여 결국에는 특정 단백질과 이를 만드는 유전자의 기능을 연관지어 밝혀내는 학문이다. 결국 현대 생물학은 게놈 프로젝트로 시작하여 프로테오믹스로 완결된다고 할 수 있다.

현재 인체 내에서 기능을 하는 단백질은 약 30,000~100,000개 정도로 추정하고 있다. 따라서 현재 진행되고 있는 "프로테움 프로젝트"를 통해서 아직 밝혀지지 않은 대다수의 인체 단백질에 대한 구조를 완벽하게 밝힐 때 인류의 질병을 정복하고 인체의 신비를 이해할 수 있을 것으로 기대된다.

08 생명 복제

복제 또는 개체 복제(individual cloning)는 한 생명체와 유전적으로 동일한 다른 개체를 만드는 방법이다. 복제에 사용되는 방법에는 수정란 분할을 이용한 수정란 복제와 체세포 핵이식을 이용한 체세포 복제의 두 가지 방법이 있다.

수정란 분할법은 수정란이 4~8개의 세포로 분열한 상태에서 각각의 할구들을 분리해 내는 기술이다. 이렇게 분리된 세포들 역시 다시 하나의 완전한 개체로 분화할 수 있는 능력이 있으므로 분리한 할구 각각을 자궁에 착상시켜서 인공적인 일란성 쌍둥이들이 나오게 하는 것이다. 체세포 핵이식법은 복제양 돌리(Dolly)를 만드는 데 사용된 것과 마찬가지로 성체의 체세포를 이용하는 방법이다. 성체의 체세포에서 핵을 분리해 내어 핵이 제거된 난자에 집어넣

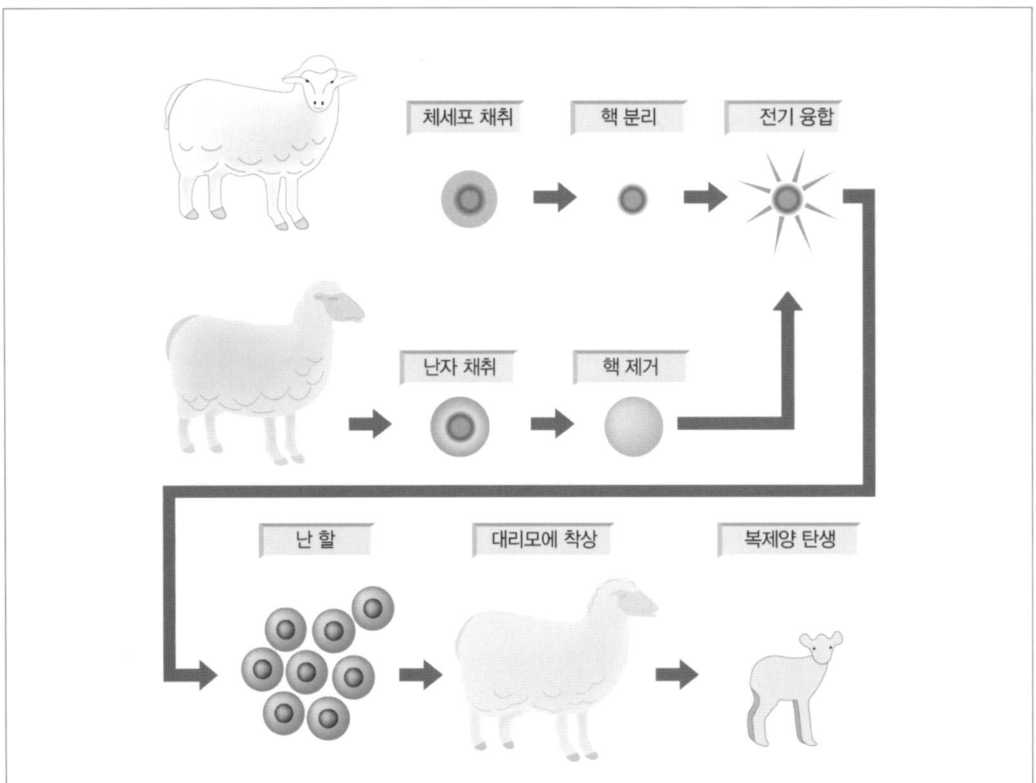

그림 14-1 • 체세포 핵이식법

고 새로이 분화하게 만드는 방법이다. 이 수정란을 자궁에 착상시켜서 핵을 떼어낸 성체와 유전적으로 동일한 새로운 개체가 탄생하게 하는 것이다.

그러나 돌리의 예에서 보았듯이 체세포 복제 동물의 경우에는 출산 후의 높은 사망률, 출산 시의 과체중, 일부의 유전자가 기능하지 않을 때에 생기는 문제점, 세포 연령이 제공 세포에 의해서 정해짐으로써 단명할 수 있다는 문제점, 제공된 핵의 유전자와 난자의 미토콘드리아 DNA 사이에 마찰 가능성이 있다는 문제점들이 있다. 윤리적으로는 수정란 복제가 형제자매 간의 복제를 의미할 때, 체세포 복제는 세포를 제공한 성체와 사실상의 부모 자식 관계를 의미한다는 차이점이 있다.

09 복제의 장점과 문제점

복제는 무엇보다도 불임부부에게 새로운 희망을 줄 수 있다는 장점을 가지고 있다. 즉, 정자에 문제가 있어서 정상적인 방법으로는 수정이 불가능한 부부를 위해 체세포 핵이식술을 이용하면 정자가 없이도 수정이 가능하므로 불임문제를 해결할 수 있는 길이 된다는 것이다. 어머니의 난자를 이용하고 어머니 혹은 아버지의 체세포 핵을 이용한다면 어머니와 꼭 닮은 딸, 아버지와 꼭 닮은 아들을 낳을 수도 있는 것이다. 또 수정란의 배분리 기술을 이용하면 자궁에 이식하기 전에 수정란을 검사하여 결함이 있는 것을 걸러내거나 혹은 그 유전자만을 교정하여 원하는 건강한 아기를 얻을 수도 있다. 그렇다면 복제에는 아무런 문제점이 없는 것일까? 그렇지 않다.

첫째, 복제된 동물 모두가 암컷이라는 것이다. 이는 복제실험이 치료용 단백질을 만드는 젖을 생산해 내고 새끼를 출산시키기 위한 목적에서 시작되었기 때문이기도 하지만, 여러 가지 문제점(성염색체의 차이점과 같은)으로 인하여 수컷의 복제는 거의 실패하였기 때문이다.

두 번째 문제점은 복제 성공의 확률이 너무 낮다는 것이다. 돌리만 하더라도 277번의 시도 끝에 단 한 번 성공을 하였으며, 그 이후에 탄생된 복제동물에서도 역시 낮은 성공률을 보이고 있다. 따라서 개체를 제대로 복제하기 위해서는 체세포 핵을 이식받은 난자를 착상시킬 대리모가 수십 내지 수백 개체까지 필요하다는 이야기가 된다.

세 번째 문제점은 복제된 개체의 노화가 핵을 제공한 개체의 노화속도와 비슷하다는 것이다. 쉽게 설명하자면 돌리의 경우 6년생 암양을 복제한 후 3년이 지나서 세포의 노화를 알아보았더니 노화의 정도가 3년이 아닌 9년이었다는 것이다. 즉, 노화는 염색체에서도 진행되기 때문에 이러한 현상이 일어난다는 것이며, 이것은 윤리적인 문제를 배제한 채 인간을 복제하였다 하더라고 불로장생하는 데에는 아직도 많은 기술적인 문제점이 있다는 뜻이 된다.

10 줄기세포와 배아 복제

배아 복제는 기술적으로 일반 복제와 유사하지만 개체를 얻으려는 것이 아니라 완전히 분화되기 이전의 배아줄기세포(embryonic stem cell)를 얻거나 그 과정을 연구하려는 것이다. 발생학에서 인간의 수정란은 수정 후 약 14일 정도에 배아(embryo) 단계로 들어간다. 이때부터 모든 기관이 형성되는 8주까지를 배아기(embryonic period)라고 부르며, 그 이후를 이미 형성된 기관과 신체부위가 배에서 성장하는 태아기(fetal period)라고 한다. 그러나 배아 복제에서의 배아는 엄밀하게 말해서 착상 이전의 수정란을 말한다. 즉, 임신의 시작에서부터 원시선이

그림 14-2 • **배아 복제를 이용한 장기 생산방법**

출현하는 수정 후 약 14일(2주)까지의 배아를 전배아라고 부르고, 배아 복제는 착상 이전까지의 전배아의 복제를 의미한다. 배아의 형성과정은 임상의학과 기초 생물학의 발전에 매우 커다란 의미가 있기 때문에 많은 학자들이 여기에 관심을 보이고 있다. 배아줄기세포가 난치성 신경계 질환과 당뇨병 등을 치료하는 데 획기적인 방법으로 사용될 수 있다고 기대하기 때문이다. 이미 백혈병, 파킨슨병, 당뇨병 등에 걸린 환자에게 장애가 생긴 세포의 기능을 회복시킬 수 있도록 정상 세포를 외부에서 배양하여 주입하는 치료가 행해지고 있다. 그러나 면역학적으로 거부반응을 일으킨다는 문제점 때문에 치료목적으로 주입하는 정상 세포는 배아줄기세포로부터 얻은 것을 사용하는 것이 이론상 가장 좋다. 이 단계의 세포는 아직 면역반응을 일으킬 만큼 성숙하지 않았기 때문이다. 배아 복제는 환자 자신의 세포를 역분화시켜 사용하는 것이므로 면역학적 거부반응의 문제나 배아세포를 사용하는 데 대한 윤리적인 문제를 상당히 줄일 수 있다. 아울러 배아 복제에 대한 기술과 이론이 발전한다면 이를 이용하여 손상된 장기나 신체 부분을 세포 하나로부터 재생시킬 수 있는 장점이 있다. 즉, 이식용 장기들을 대량으로 생산하여 현재의 이식용 장기의 수급 불균형을 어느 정도 완화시킬 수 있다는 기대를 가지게 한다. 그럼에도 불구하고 배아 복제는 곧 인간 복제로 이어질 수 있다는 우려를 낳고있고, 사회적, 윤리적, 법적 고찰을 받아야 할 것이다.

11 형질전환 동물

형질전환 동물은 인간에게 유용한 물질을 만들어내도록 유전적으로 변형된 동물이다. 형질전환 동물로부터 얻은 1g짜리 물질이 무려 9억 원 정도라면, 다른 어떤 산업에서도 얻기 힘든 고부가가치의 상품이 될 것은 너무도 분명한 사실이기 때문이다.

형질전환 동물을 만드는 방법에는 크게 다섯 가지가 있다. 수정란의 핵에 유전자를 주입하는 방법, 유전자가 변형된 배아줄기세포를 이용하는 방법, 바이러스 벡터를 이용하는 방법, 직접 정자를 사용하는 정자 매개법, 생식세포가 아닌 체세포를 이용하는 체세포 핵이식 복제 방법 등이다. 이 중에서 수정란의 핵에 유전자를 주입하는 방법과 배아줄기세포를 이용하는 방법, 체세포 핵이식 복제 방법에 대해 간단히 살펴보자.

미세주입법을 이용해 형질전환 동물을 만들어내는 방법은 다음과 같다.

먼저 필요로 하는 유전자의 증식부분과 조절부분을 결합시켜 미생물에서 배양한 후 잘라낸다. 그런 다음 목적 동물의 암수에서 각각 난자와 정자를 얻은 후 시험관에서 수정시킨다. 미수정란 가운데 핵이 결합하기 이전 상태의 것을 골라내고 필요로 하는 유전자를 수정란의 정자핵이나 난자핵에 삽입한다. 수정란을 대리모의 자궁에 이식한 다음 착상시켜서 새끼를 여러 마리 출산시킨다. 이 가운데 목적한 유전자를 가졌는가를 조사하여 형질전환 동물을 골라낸다. 이 방법은 다양한 동물에 응용할 수 있는 장점은 있으나 아직은 성공률이 낮아서 막대한 비용이 소요될 뿐 아니라 세심한 조작이 어렵다는 단점이 있다. 그러나 지금은 복제기술이 발달함으로써 일단 한 마리의 형질전환 동물이 만들어지면 그로부터 여러 마리를 복제해 낼 수 있게 되었다. 줄기세포를 이용하는 방법도 있다. 효율성이 높을 뿐만 아니라 목적하는 유전자에 조준을 맞추는 유전자 표적법이라는 방법으로 고도의 조작도 가능한 방법이다. 그러나 아직까지 줄기세포를 이용한 형질전환 동물은 쥐처럼 하등한 포유류에 한정되어 있다는 단점이 있다.

그림 14-3 • 형질전환 동물을 만드는 과정

최근 들어 가장 주목받고 있는 체세포 핵이식 방법은 1997년 영국에서 태어난 복제양 돌리에 처음으로 적용되었다. 체세포 핵이식 복제는 난자와 정자가 결합하는 수정과정이 없이 생명체를 만드는 과정이다. 즉, 생식세포를 이용하지 않고, 체세포의 일부를 떼어내 복제하는 기술을 말한다. 체세포핵 이식 방법은 미세핵주입법의 단점을 보완하여 형질조절 작업이 크게 향상한 방법이며, 태어난 형질전환 동물은 거의 100%의 형질전환율을 보일 정도로 높은 효율을 자랑한다.

그러나 이러한 장점과 함께 문제점도 존재한다. 먼저 핵을 이식하는 과정 자체가 매우 어려운 작업이며, 복제된 수정란이 발달하는 과정 중에서 돌연변이가 생기기 쉬워서 유산할 가능성도 높은 편이다. 또한 형질전환되어 태어났다 하더라도 생명을 유지할 확률이 매우 낮다는 문제점이 있다.

초기의 형질전환 동물은 기초 연구를 위한 실험동물용이었으나 생명공학의 발달과 함께 형질전환 동물의 유용성은 광범위하게 확대되었다. 이러한 이유에서 선진국에서는 국가 경쟁력 확보와 국민의 삶의 질 향상이라는 측면에서 형질전환 동물 연구 분야에 집중적인 지원을 아끼지 않고 있다. 이러한 점에서 우리나라는 형질전환 동물 분야에서 다소 늦은 감이 있다. 그러나 늦은 출발에도 불구하고 단시간에 형질전환된 젖소 · 흑염소 · 돼지 등을 생산하는 데 성공하였다. 이와 같은 빠른 성장과 고도의 기술을 바탕으로 이제 우리나라도 형질전환 동물을 이용한 고부가가치 산업을 점차 주도해 나갈 수 있을 것으로 기대되고 있다.

12 인공 장기와 장기 복제

동물의 기관이나 장기를 인간에 이식하는 방식을 이종이식(xenotransplant)이라 한다. 지금까지 이종이식을 위한 최적의 동물로서 사람의 장기와 크기가 비슷하고 유전자 배열이 유사한 돼지가 집중적으로 연구되어 왔다. 특히 돼지의 경우는 가축으로서 인간과 오랫동안 같이 생활해왔으므로 바이러스의 전염 가능성이 다른 여타 동물보다는 적다는 점이 장점이다. 게다가 다산을 하는 동물이므로 대량 생산이 가능하다. 그러나 아직까지 이종장기이식에서 가장 어려운 문제점은 거부반응이다. 돼지의 조직을 환자에게 이식하면 인체 내에서 즉각적인 면역 시스템이 작동하여 돼지의 조직은 2~3시간 내에 급속히 파괴되기 시작하기 때문이다. 이와 같이 일반 동물의 장기를 이식하면 인체 내에서 면역거부 반응을 일으키는 문제점을 해결하기 위해서 유전자재조합과 체세포 복제기술을 응용한 형질전환 동물을 이용하려는 연구가 최근 들어 관심을 모으고 있다. 인체에서의 즉각적인 면역작용은 보체라고 불리는 단백질 때문에 발생한다. 돼지의 조직을 이식했을 때 인체는 이를 물리칠 수 있는 적절한 항체를 만들어내는데, 보체는 이 항체와 결합하여 항원을 퇴치하는 물질이다. 따라서 인체에서 보체가 만들어지지 않도록 작용하는 효소의 유전자를 추출하여 돼지의 수정란에 이식하여 형질을 전환시킨 돼지를 이용하려는 방법이 경쟁적으로 연구되고 있다.

1992년 12월, 인간의 보체억제인자 유전자를 삽입한 최초의 돼지가 태어났다. 이는 형질전환된 장기이식용 동물의 생산 시대가 시작되었으며, 형질전환 동물의 인공 장기를 활용할 수 있다는 가능성을 확인시켜 준 것이다.

하지만 면역반응을 일으키지 않는 동물의 장기가 개발된다고 하더라도 해결해야 할 문제는 아직 많이 있다. 윤리적 · 종교적인 반대도 만만치 않으며, 돼지에게는 해를 끼치지 않지만 사람에게 치명적인 병균이나 바이러스가 존재할 가능성을 배제할 수 없기 때문이다.

인공 장기 개발에 이용되는 또다른 방법은 조직공학이다. 조직공학은 생체조직이나 생체와 유사한 합성 소재로 장기를 만들어 내는 기술로, 이를 이용한 인공 장기의 개발은 이론적으로는 어떠한 장기의 재생도 가능하기 때문에 관심을 갖게 하는 것이다. 조직공학은 인체 각 부위의 조직을 배양해서 이식용 장기나 뼈, 근육 등을 생산하는 것을 말한다. 다시 말하면, 환자의 조직 일부를 떼어내 분해성 고분자 재료에 파종하여 귀나 코와 같은 장기의 모양으로 배양하는 것이다. 이를 환자의 몸에 이식하여 고분자 재료는 체내에 흡수되고 세포만 계속 장기조직으로 커나가도록 하는 것이다. 현재 이러한 조직공학 방법으로 만들어진 인공 피부는 이미 상용화되어 있으며, 인공 눈, 인공 뼈, 인공 췌장 등의 개발도 많은 진전을 보고 있다. 아직까지는 인공 심장, 인공 판막, 인공 신장 등과 같이 기계적 인공 장기가 많이 쓰이고 있지만, 이렇게 발전되어가는 조직공학의 기술로 기계적 인공 장기와 조직공학이 복합된 생체복합 인공 장기의 시대도 멀지 않았다고 기대되고 있다.

마지막으로, 줄기세포를 이용한 인공 장기이식법을 들 수 있다. 이는 환자의 세포로 만든 장기를 이식하는 방법이다. 먼저 환자의 몸에서 체세포를 떼어낸 후 이를 핵을 미리 제거한 난자와 융합시킨다. 이 수정란이 분열을 거듭하다 배반포기에 이르면 장차 태아로 자랄 부분인 안쪽의 세포덩어리를 떼어내 배양한다. 이 가운데 분열을 거듭하다 적절한 처리에 의해 조직으로 분화될 수 있는 세포, 즉 줄기세포가 근육이나 신경과 같이 목적한 특정 신체부위로 자라게 되면 이를 환자에게 다시 이식하는 방법이다. 그러나 아직은 배아줄기세포를 이용한 연구 자체가 제한되어 있으며, 윤리적으로도 논란이 되고 있다. 더욱이 배아줄기세포를 이용한 기술의 주된 연구인 세포 분화에 대한 연구가 이제 막 시작되는 단계이므로 실용화까지는 다소 시간이 걸릴 것이다.

13 생명윤리

생명윤리학(bioethics)은 생명을 의미하는 바이오(bio)와 윤리를 뜻하는 에식스(ethics)의 합성어로, 생명을 다루는 모든 활동에 입각한 윤리문제와 윤리관을 이야기한다. 내용적으로는 생명에 관한 윤리와 생물학의 기본 원칙에 입각한 윤리의 두 가지로 생각할 수 있다. 생물학과 생화학의 급속한 발전이 이루어지기 전까지는 생명윤리가 단순한 '의료의 윤리' 문제나 '의사의 윤리' 문제에 국한되었었다. 즉, 의료의 발전과 인권의식의 고양이 서로 연관되어 넓은 입장에서 생명, 특히 인간의 생명에 대한 문제를 취급하는 것이었다. 예를 들어, 행동 이상이 있는 사람에 대해 강제적인 입원이라든가 약의 사용범위, 뇌수술과 같은 어려운 수술 등을 실시해야 하는가의 여부 등이 그런 문제이다. 안락사를 인정하는가 인정하지 않는가에 대한 문제와 뇌사나 식물상태에 있는 환자에 대한 치료를 계속해야 하는가에 대한 문제, 장기이식 · 체외수정 · 출생 전 진단 · 인체실험 · 직업적 대리모에 의한 임신 등 이제까지의 윤리학설에서 의견이 갈라졌던 여러 문제도 여기에 깊이 연관된다.

그러나 근래에는 유전자의 재조합이나 복제와 같은 분자생물학의 발달에 의해서 이전까지는 생각조차 해보지 못했던 문제점들이 파생됨으로써 단순한 의학의 문제를 넘어선 여러 가지 기술과 실험들이 사회적으로 큰 영향을 미치게 되었기 때문에 생명윤리학의 중요성이 더욱 커지게 되었다.

포스트 게놈 시대를 맞이하여 개인의 유전적 정보가 노출되어 취업이나 결혼 등 생활의 전반에 있어서 이전과는 다른 차별을 받게 된다면, 또한 자신도 알지 못하는 사이에 자신과 똑같은 복제인간이 태어나 거리를 활보하거나 생체실험에 사용된다면, 우생학적인 사고관이 지배하는 사회가 되어 자신의 2세가 출생에 불이익을 당하거나 출산 자체를 거부당하게 된다면, 비록 지금은 혹시라는 생각만으로 그칠지 모르나 여태까지 살펴보았듯이 어느 학문이나 기술보다 빠른 성장속도를 보이는 의료생화학 분야에서는 이러한 문제점이 가까운 시간 내에 현실로 다가와서 우리를 불안하게 만들지도 모르는 일이다.

여러 나라에서 대통령 직속 위원회를 설치하기도 하고, 의학 · 생물학 · 생화학 등의 연구조직에 윤리위원회를 설치하여 기본적 원칙의 검토는 물론이고 개별적인 적용범위 및 관리와 같은 면에서도 구체적으로 명시화하려 하고 있다. 그러나 여타의 윤리문제에서와 마찬가지로 생물학의 기본원칙에 입각한 윤리는 그 발전속도가 가치관이나 법률, 도덕적 잣대가 미리 생성되는 것보다 훨씬 빠르기 때문에 어려운 점이 많을 수 밖에 없다.

14 게놈 프로젝트의 그림자

우리는 앞에서 게놈 프로젝트가 인류에게 가져다줄 영향에 대해 알아본 적이 있다. 그렇다면 살펴본 것처럼 게놈 프로젝트가 과연 인류에게 장미빛 미래만을 가져다줄 것인가에 대해서도 살펴보아야 할 것이다. 결론부터 이야기하자면 반드시 그런 것만은 아니라는 것이다. 미국뿐 아니라 우리나라를 포함해 게놈 프로젝트에 참여한 국가들에서는 이러한 문제점과 사회적 파장에 대한 연구와 검증을 해오고 있으며, 이러한 활동은 더욱 활발해지고 있다. 즉, 게놈 프로젝트 이후 우려되는 문제점들을 과학이나 기술적인 측면뿐 아니라 사회적, 법적, 윤리적인 측면에서 다각도로 조명하고 있다.

15 개인의 유전정보를 보호해야 한다.

게놈 프로젝트로 알게 된 개인의 유전정보에 대한 더욱 철저한 보호라는 문제점이 우선적으로 대두된다. 인간의 게놈이 밝혀지고 포스트 게놈 시대의 영향으로 인해 개개인의 정보가 앞으로 모두 밝혀질 것인데, 이러한 개인의 신상과 정보는 반드시 보호되어야 한다는 것이다.

지금도 심심치 않게 보도되는 주민등록번호와 같은 개인 정보가 유출됨으로써 나타나는 사회적인 문제와 범죄가 개인에게 얼마나 큰 피해와 정신적 고통을 가하는가 하는 점을 생각해 보자. 또한 인터넷 해킹으로 인한 개인 비밀번호 유출로 자신도 모르게 생기는 유형 · 무형의 피해를 생각했을 때 이보다 더 중요한 한 개인의 유전적 정보가 얼마나 완벽하게 보호되어야 하는가 하는 것은 더 말할 필요도 없을 것이다.

이미 신입사원 채용이나 보험 가입 시 가계조사에 의해 유전적으로 질병을 일으킬 확률이 높은 사람들에 대한 불이익이 실제로 행해지고 있다고 한다. 더욱이 확률이나 통계에 의한 조사가 아닌 실제 검사와 같은 방법으로 알게 되는 개인의 유전정보는 한 개인이 사회의 구성원으로 활동하는 데 있어서 많은 제약과 불이익을 줄 수 있기 때문이다. 또한 이러한 개인정보나 유전정보가 유출됨으로써 상업적으로 이용이 되거나 범죄에 악용될 소지가 있을 수도 있다.

따라서 포스트 게놈 시대를 맞아 개인이 원하든, 원하지 않든 간에 적나라하게 공개되는 정보는 인류와 인류사회에 대한 기조를 밑바닥부터 흔들어 놓을 수 있기 때문에 우리는 유전체 연구에서 얻어진 유전정보의 공개 범위와 활용 문제를 심각하게 검토하여야 한다.

16 유전자의 변형에 따른 문제점과 남용, 오용, 악용

유전자의 변형이라는 문제점을 생각해 보자. 이미 걸려 있는 유전적 질환을 고치기 위해서라든지, 유전적 검사를 통해서 미리 알게 된 질환을 예방하기 위해서 유전자 치료(gene therapy) 등의 방법을 이용하여 약간의 조작만으로도 건강을 되찾는 유전자 변형은 절대적으로 필요하다는 데에 대부분 공감을 한다. 그러나 치료나 의료의 목적이 아닌 곳에 인간의 유전자를 변형하는 것에 대해서 생각해 보도록 하자. 예를 들어, 좀 더 나은 모습을 위해, 즉 키를 크게 한다든지, 쌍꺼풀을 만든다는지 하는 것이 굳이 기존의 수술이나 약물을 이용하지 않고도 태어날 때부터 아주 쉽게 조절이 가능해질 수 있다면 어떻게 될까?

쌍꺼풀이나 성형수술의 경우 비용의 문제도 있지만, 그보다는 빈번히 일어나는 후유증이나 부작용의 문제도 매우 심각하다. 더욱이 이러한 시술 후에는 얼마간의 휴식기와 함께 시술 후 세심한 배려가 필요하다는 단점도 가지고 있다. 또한 키와 같은 것은 수술이나 약물치료만으로는 단지 얼마간의 효과를 볼 뿐 가시적으로 만족할 만한 효과를 얻지는 못하고 있는 것이 현실이다. 그러나 태어나기 이전에 간단한 몇 번의 조작만으로도 원래의 부모의 형질과는 전혀 다른 모습과 형태를 가질 수 있다면 어떻게 될까? 원래 부모가 키가 작았기 때문에 키가 큰 유전자를 주입시킨다든지, 미용의 효과를 가진 유전자를 재조합하여 원하는 아기를 맞춤으로 태어나게 할 수 있을지도 모른다. 심지어는 이와 같은 유전자 변형이 남용되어 같은 병원에서 태어난 아기들은 비슷한 모습과 비슷한 체형의 사람으로 자라날지도 모를 일이다.

또한 스포츠 스타의 재능이나 운동신경, 천재의 사고능력, 세계적인 가수의 음악 실력과 관련된 유전자까지도 알아내어 조작을 한 채로 아이를 맞추어 내어 그러한 능력을 가지게 한다면, 그것은 유전자 변형이라는 기술의 오용이 아닐까 생각된다.

이와 더불어 유전자 변형이 기존의 생물체나 인간을 통제하도록 악용될 수도 있을 것이다. 즉, 지배층이나 특정 계층에서 유전자를 조작하여 일부 계층과 특정 생물체의 사고와 행동에 대하여 유전자를 제어 · 조절함으로써 통제하는 것이 가능해질 수도 있다는 것이다.

17 계층 간 갈등의 원인과 이윤추구의 수단이 되어서는 안 된다.

유전자 조작으로 인하여 생기는 사회의 계층화와 불평등 심화의 문제도 간과해서는 안 된다. 우량 유전자의 특허를 받은 연구자나 기업은 이익을 추구하기 위해 막대한 금액을 제시하게 될 것이고, 획기적인 유전자 조작기술을 가진 병원이나 연구소는 시술과 조작을 하는 데에 많은 비용을 요구하게 될 것이다. 또한 유전자의 소유권을 가진 개인이나 단체는 이러한 소유권을 부동산처럼 사고 팔 수도 있을 것이다. 그렇게 된다면 유전자 조작은 소수의 특정 계층에서만 이루어질 것이며, 빈곤층은 더욱 더 소외되어 계층간 갈등의 원인이 될 것이고, 유전적 차이의 심화 역시 큰 사회적 문제로 남게 될 것이다. 또한 기업이나 몇몇 연구자들은 유전자와 그 조작기술을 과학적 업적이나 공공의 이익은 전혀 무시한 채 무조건적인 고부가가치의 산물로 보는 과오를 범할 수 있다는 것을 명심해야 할 것이다.

18 우생학적 목적에 사용되어서는 안 된다.

정치적으로 악용될 수도 있다. 개인 간, 인종 간에 존재하는 유전적 차이를 악용하여 인종차별이나 우생학적 목적으로 사용할 가능성도 존재하기 때문이다. 과거에도 여러 가지 이유로(어떤 과학적 근거도 없는) 인종을 차별하거나 우생의 목적으로 정치를 하던 역사적 사실을 간과해서는 안 될 것이다. 개인이나 인종, 민족 간에 존재하는 이러한 유전적 차이는 그 개인이나 집단에게 해당하는 유전자일 뿐 그것이 우열의 기준이 되어서는 안 되기 때문이다. 또한 그러한 차이점에 대해 우열의 기준을 명확하게 내릴 수 없기 때문에 어설픈 기준이나 어느 한 개인이나 집단을 위한 잘못된 기준은 또 다른 역사적인 과오를 범할 뿐이다. 만일, 다양성을 인정하지 않은 채 이러한 유전적 차이에 대해 우열의 기준을 모호하게 정해 버린다면 사회적으로 다양성이 무시된 계층의 심화현상이 일어날 가능성도 배제할 수 없다.

19 인류에게 효용성 있게 실행하자.

엄청난 투자와 노력을 기울여 인류에게 이득을 주기 위해서 실행한 인간 게놈 프로젝트의 결과로 얻어진 유전정보가 인류를 위해 차별 없이 효용성 있게 사용되는가 하는 문제의 관점에서 살펴보자. 과학은 그 자체만으로도 인정받을 수 있는 것이지만 그것이 인류에게 어떠한 영향을 미치는가 하는 점도 무시할 수 없으며, 그 영향이 얼마나 효과적으로 골고루 미치는가 하는 것도 중요하다고 할 수 있다.

위에서 살펴본 문제점 이외에도 포스트 게놈 시대에는 생각지도 못했던 심각한 문제점들이 우리를 위협할지도 모른다. 따라서 이에 대한 대비책을 미리 세워서 이러한 문제점들을 예방해 나가야 할 것이다. 또한 게놈 시대와 포스트 게놈 시대에 대한 사회적인 공감대와 이해를 확산시켜서 어떤 사람도 이러한 시대에 뒤떨어지거나 소외받아서는 안 될 것이다. 그러기 위해서는 유전자의 변형에 대한 확실한 기준과 신속한 심의가 필요하며, 이에 대한 규제와 함께 이를 집행할 수 있는 법률적 근거가 하루 빨리 정립되어야 한다. 또한 올바른 유전자 재조합을 위한 일반인들의 올바른 이론의 정립과 가치관의 확립이 필요하다.

20 배아 복제와 줄기세포 논란

개체 복제만큼이나 뜨거운 윤리 논쟁을 불러일으키는 것이 줄기세포를 얻기 위한 배아 복제이다. 앞에서 이야기하였듯이 각종 난치병을 치료하는 데 있어서 획기적인 계기가 될 수 있으며, 심각한 이식용 장기의 부족을 해소할 수 있다는 여러 가지 이점 때문에 배아줄기세포를 얻기 위한 배아 복제는 세계 각국에서 경쟁적으로 진행되고 있다. 그리고 배아 복제 연구를 적극적으로 육성해야 한다는 측은 이와 같은 의학적 이득을 근거로 하고 있다. 그러나 이러한 의학적 · 산업적 · 과학적 이득을 현실화하기 위해서는 해결되어야 할 윤리적 · 법적 · 사회적 문제가 매우 많은 것도 사실이다.

배아 복제 연구의 허용 근거는 수정 후 14일 이내의 인간 배아는 아직 원시 생명선이 나타나기 이전이므로 연구를 해도 크게 문제가 되지 않는다는 주장에 기초한 것이다. 그러나 그 주장은 수정 후 14일 이내의 배아를 온전한 생명체로 간주하지 않는다는 점 때문에 논란의 여지가 생긴다. 종교적, 특히 기독교적 관점에서 보았을 때 인간의 생명은 수정되는 순간부터 시작되는 것으로 판단하므로 수정 후 14일 이내의 배아라 하더라도 생명체로 간주하여 인간 배아 복제 연구는 인간을 실험대상으로 삼는 것이 된다. 더욱이 배아 복제는 하나의 개체를 연구나 어떠한 목적의 대상과 수단으로 삼는 것이기 때문에 더욱 허용할 수 없다는 것이 종교계의 입장이다. 또한 배아 복제 연구가 인간 복제로 이어질 수 있다는 점에서 배아 복제를 금지시켜야 한다는 주장도 만만치 않게 제기되고 있다. 인간 복제를 허용하지 않은 채 배아 복제만을 허용하였을 때 배아 복제를 표면적 이유로 하여 인간 복제에 대한 연구와 복제를 행할 수 있는 가능성도 배제할 수 없다는 것이다.

물론 "인간 생명의 시작을 언제부터로 보는 것인가?"하는 것은 오랜 시간 동안 논쟁의 핵심에 서 있었던 문제로, 수많은 과학자와 이론가들이 여러 학문적 입장에서 풀어왔지만 아직도 해답을 얻어내지는 못했다. 따라서 연구의 자유를 박탈당하고, 배아 복제를 통해 난치병이나 불치병을 치료할 수 있는 의학적 이득과 장기수급 해결이라는 사회적 문제를 해결할 수 있는 배아 복제 연구를 포기할 수 없다는 연구 지지자들과 생명의 존엄성과 생명의 신비를 지키려는 반대자들 간의 배아 복제에 대한 윤리적인 논쟁과 자율적 규제에 대한 토론이 매우 활발한 실정이다.

또 한 가지, 배아 복제를 통해서 이식용 장기를 대량 생산하여 장기이식을 기다리다 목숨을 잃는 환자들이 수만 명을 헤아리는 안타까운 현실을 타개할 수 있다는 주장에 대해서도 한 번 생각해 보아야 한다. 배아 복제가 허용되고 그 기술의 발달로 이식용 장기가 생산된다고 하더라도, 이러한 과학의 성과가 이를 필요로 하는 모든 사람들에게 과연 아무런 차별과 제한 없이 이용되어질 수 있을까 하는 것이다. 현재도 이식용 장기를 얻기 위해 어두운 곳에서 매매가 행해지고 있으며 심지어는 아주 고가에 장기가 거래되기도한다. 그런데, 배아 복제와 같은 첨단의학으로 만들어진 이식용 장기 역시 당분간은(허용이 된다 하더라도) 소외된 계층에 돌아가기는 힘들 것으로 생각된다. 만일, 그렇다면 배아 복제에 의한 장기 역시 돈과 사회적 권력에서 소외된 여러 계층에게는 또 다른 차별로 다가갈 것이 분명하다.

그렇다면 이러한 찬성과 반대의 논쟁으로 인하여 모든 연구를 중단하여야 만 할 것인가? 인류의 복지증진과 과학의 발달을 위해서도 그렇게 해서는 안 될 것이다. 대안을 찾고, 허용과 규제의 범위를 명확하게 하여 규제할 것은 규제하고 허용할 것은 분명히 허용하여 이러한 과학이 우리에게 희망으로 다가올 수 있도록 하여야 할 것이다. 그 좋은 예가 배아를 이용하지 않은 줄기세포 연구이다. 줄기세포는 태아의 조직뿐만 아니라 성인의 골수 등에서도 발견이 된다. 따라서 배아 복제를 통한 줄기세포의 사회적 · 윤리적 논쟁에서 피할 수 있는 대안이 될 수 있을 것으로 생각된다. 또한 로마 교황청에서는 인간 배아의 의학적 연구의 대안으로 탯줄과 태반을 통한 연구를 지지하고 있다. 탯줄과 태반에도 줄기세포가 포함되어 있어서 윤리적인 우려 없이 탯줄과 태반을 통한 연구가 가능하다는 이유에서이다.

21 바이오테크놀로지의 빛과 그림자

바이오테크놀로지, 즉 생명공학은 사전적 의미로 '식물이나 동물을 개량하거나 특별한 사용 목적을 위한 미생물을 개발하기 위하여 살아있는 생물체나 그들 생물체로부터 유래된 물질을 사용하는 기술'을 말한다. 앞에서 살펴보았듯이 생명공학의 이론과 기술들은 20세기 들어 우리에게 많은 혜택을 주었고, 21세기를 맞이한 지금 의학적 · 산업적 희망의 메시지를 전달해 주고 있다.

그러나 다른 과학들이 그러했듯이 바이오테크놀로지 역시 희망과 혜택만큼이나 두려움과 위험성을 안고 있다. 핵 연구가 원자력을 이용한 산업과 에너지의 발달과 함께 핵폭탄과 그 사용이라는 무시무시한 결과를 가져왔듯이, 인터넷이 세계와 개인 간의 거리를 좁혀주고 정보를 공유하는 등 아직도 무궁무진한 발전의 가능성을 가지고 있지만, 그와 더불어 음란물의 범람과 탈선의 장이 되기도 하고 자살이나 범죄에 악용되듯이, 생명과학 역시 장밋빛 청사진의 이면에는 항상 그에 상응하는 재앙도 내재하고 있다는 점을 명심해야 할 것이다.

그렇다면 양면의 얼굴을 가진 생명과학이 우리에게 바람직하게 나아갈 수 있도록 하기 위해서는 어떻게 해야 할까 생각해 보자. 먼저, 생명을 다루는 연구자들이 생명의 소중함을 항상 깨닫고 있어야 한다는 것이다. 다른 과학도 마찬가지지만, 특히 생명과학에 몸담고 있는 연구자들은 자신의 사고와 행위, 그리고 판단이 다른 사람들뿐만 아니라 인류에게, 더 나아가 미래의 후대에까지 영향(좋은 영향이든 나쁜 영향이든)을 미칠 수도 있다는 생각을 가지고 과학적 행위의 전반에 사명감과 생명의 존엄성을 바탕으로 하여야 할 것이다.

두 번째는 적절한 규제와 허용의 조절이다. 시험관 아기가 처음에는 종교적인 도전으로 받아들여졌다가 현재에는 자연스러운 현상이 되었듯이 사회적 윤리의 잣대는 사회구성원들에게 어떠한 영향을 미치는가에 따라 바뀐다. 만일 지금 우려하고 있는 문제점들이 다각도로 사회구성원에게 그럴듯하게 포장이 된다면 문제점들은 어느새 숨겨진 채 위험한 방향으로 흘러가게 될지도 모를 일이다. 그렇다고 해서 무조건적인 규제만을 하게 된다면 올바른 방향으로 나아갈 수 있는 연구마저도 지하나 음지로 숨어들어 가게 되어서 결국에는 순기능마저 억제시킨 채 또 다른 사회적 문제만을 탄생시킬지도 모른다. 과학자들의 과학적 호기심과 연구의 의욕은 사회적 · 법률적 규제만으로는 억제시킬 수 없는 것이기 때문이다. 더욱이 첨단 생명과학이 막대한 고부가가치를 생산해낼 수 있는 현실에서 무조건적인 규제는 기업과 정부와의 갈등을 유발시킬 수 있을 뿐만 아니라 비밀리에 연구를 진행시켜서 결국에는 그 연구의 결과가 특정 계층에만 돌아갈 수 있는 계층 간 심화현상을 나을 수도 있다. 따라서 규제를 하기 위한 위원회나 심의기관의 구성원들은 반드시 윤리적인 기준과 함께 생명과학에 대한 올바른 지식과 가치관을 가지고 철저하고 합리적인 규제와 심의를 내려 생명과학의 순기능 이 사회에 골고루 퍼질 수 있도록 해야 할 것이다.

이와 더불어 기업의 올바른 기업관 확립과 이윤 추구의 지향이 필요하다.

기업의 목적은 이윤의 추구임은 누구도 부정할 수 없고 누구도 비난할 수 없는 것이다. 그러나 우리는 기업이 올바르지 못한 기업관을 가지고 이윤만을 추구했을 때 사회구성원들은 물론 사회 전체에 엄청난 문제를 일으킬 수 있다는 것을 잘 알고 있다. 기업에 있어서 생명과학은 이윤 추구의 수단이며 생명과학의 결과물은 고부가가치의 산물이지만, 더불어 그 결과물은 인류 전체의 소유이자 인류에게 있어서 엄청난 영향을 미칠 수 있다는 것을 명심해야 할 것이다.

마지막으로, 사회구성원들이 모두 바이오테크놀로지의 지지자이며 동시에 감시자가 되어야 할 것이다. 바이오테크놀로지는 연구자들에게 있어서 연구의 산물이기도 하지만, 그 영향력은 개인은 물론 사회 전체에 있어서도 무시하지 못할 파장을 가지고 있다. 순기능을 잘 이용한다면 인류에게 있어서 생명 연장이나 복지증진, 의료문제 해결이라는 미래를 열어주겠지만, 역기능이 파생되었을 때에는 인류에게 인종 간 · 계층 간 차별 심화라든가 인간존엄성 파괴, 개인의 행복 추구 박탈과 같은 상상조차 하기 싫은 것들이 현실로 다가올 수 있기 때문이다. 따라서 사회구성원 모두가 바이오테크놀로지를 이론과 상상이 아닌 현실과 생활이라고 여기고 늘 관심을 가지고 지지할 것은 지지하고 비판할 것은 비판하는 모습을 보일 때 생명과학을 연구하는 연구자나 생명과학을 지원하고 그에 따라 이윤을 추구하려는 기업 모두가 올바른 방향으로 나아갈 수 있을 것이다. 물론 그렇게 되기 위해서는 구성원 모두가 생명과학에 대한 올바른 지식과 판단의 근거를 가져야 할 것이며, 이를 위해서 생명과학을 연구하는 사람들은 사회구성원들에게 그러한 지식과 가치관을 쉽고 정확하게 전달할 수 있는 프로그램을 개발해야 할 것이다.

과학은 항상 양면의 동전과도 같은 것이다. 동전은 세워지지 않으며, 앞뒤의 확률은 50 : 50으로 존재한다. 동전의 어느 쪽이 보이는가 하는 것은 동전을 가지고 있는 사람에 의해 결정된다. 과학의 보이는 쪽이 희망인가 절망인가하는 것도 어느 한 개인이나 단체, 국가의 몫이 아니라 인류 전체에 의해 결정되는 것이다.

찾아보기

한글

ㅎ

영어

A

B

F

G

H

I

P

Q, R

저자소개

노광수 고려대학교 생물학과(학사)
고려대학교(박사)
University of Wisconsin–Madison 교환교수 겸 연구교수
전, 계명대학교 생물학과 교수
현, 계명대학교 생명과학전공 명예교수

유 민 연세대학교 생물학과(학사)
Kent State University(박사)
NIH, Duke University 교환교수
현, 계명대학교 생명과학전공 교수

저자와의
협의로
인지생략

디딤돌 생화학

발 행 일 2021년 7월 20일 초판 인쇄
2021년 7월 30일 초판 발행
저 자 노광수 · 유 민
발 행 인 김재민
발 행 처 정문각JMK
서울특별시 마포구 백범로 104, 봉화빌딩 4층
출판등록 2011년 1월 19일 제2011–000035호
전 화 02)713-0421~3
팩 스 02)704-6265
전자우편 jmk@jmkp.co.kr
홈페이지 www.jmkp.co.kr

정 가 **25,000원**

ISBN 979-11-6260-186-0 93510